国家出版基金项目
NATIONAL PUBLICATION FOUNDATION

"十三五"国家重点图书出版规划项目

海洋强国出版工程第二期：

高技术船舶与海洋工程装备系列

总主编 吴有生

无人遥控潜水器技术

Remotely Operated Vehicle

连 琏 陶 军 马厦飞 等 编著

上海交通大学出版社
SHANGHAI JIAO TONG UNIVERSITY PRESS

内容提要

本书介绍无人遥控潜水器的基本系统组成及各子系统的设计和选型方法。全书共分 10 章,第 1 章介绍潜水器的定义与分类、发展历程与现状,以及意义与应用;第 2～8 章分别介绍无人遥控潜水器的设计基础与本体设计方法、操纵与控制、能源和传输系统设计、吊放回收系统与中继器、控制系统设计、传感器与作业工具等。第 9 章简要介绍国外比较著名的无人遥控潜水器,重点介绍我国自主研发的“海马‒4500 号” ROV 及其在海洋地质勘探和科学考察方面的应用。

本书可供从事无人遥控潜水器研究的科研人员、研究生以及工程技术人员阅读参考。

图书在版编目(CIP)数据

无人遥控潜水器技术/ 连琏等编著. 一上海:上
海交通大学出版社,2018
(高技术船舶与海洋工程装备系列)
海洋强国出版工程. 第二期
ISBN 978‒7‒313‒21040‒1

Ⅰ. ①无… Ⅱ. ①连… Ⅲ. ①遥控‒潜水器 Ⅳ.
①P754.3

中国版本图书馆 CIP 数据核字(2019)第 043271 号

无人遥控潜水器技术

编　著:连　琏　陶　军　马厦飞 等
出版发行:上海交通大学出版社　　　　　　　　地　　址:上海市番禺路 951 号
邮政编码:200030　　　　　　　　　　　　　　电　　话:021‒64071208
印　　制:上海盛通时代印刷有限公司　　　　　经　　销:全国新华书店
开　　本:710 mm×1000 mm　1/16　　　　　印　　张:21.25
字　　数:375 千字
版　　次:2018 年 12 月第 1 版　　　　　　　　印　　次:2018 年 12 月第 1 次印刷
书　　号:ISBN 978‒7‒313‒21040‒1
定　　价:138.00 元

总　序

在人类历史上，船舶是最早出现的人造运载器之一。世界上的江河湖海孕育了人类数千年的文明史，也见证了船舶技术漫长的发展历程。进入 21 世纪，船舶设计制造技术为适应世界经济与社会发展的需求而不断推陈出新，众多类型各异、功能多样的载人和无人海洋工程装备正以融合当代创新技术的新面貌出现在浩瀚的海洋空间中，创造出海洋运输、海洋探测、海洋开发的新局面。这一新局面的技术内涵十分丰富，覆盖了"海洋科学研究、海洋资源开发、海洋安全保障"三大方向，其技术发展的总趋势可简要概括为"绿色、智能、深海、极区"这八个字，即聚焦于"绿色、智能"技术，以"深海、极区"装备技术为两个新增长点。具体而言，以"节能减排"为主要目标的"绿色技术"成为决定船舶市场竞争力的主导因素之一；针对海洋探测与开发的不同需求而出现的特种工程船舶正在以前所未有的功效大显神通；属于"智能船舶"领域的水面无人艇及水下无人潜水器技术以丰富多彩的形式在国内外"遍地开花"；缆控无人作业潜水器和深海油气开发的前沿水下生产系统等深海装备技术获得了迅猛的发展和广泛的应用。这些创新技术驱动着人类向更深、更远的大洋海底进发。

在此背景下，上海交通大学出版社邀请了一批国内船舶与海洋工程界的专家学者，策划了"海洋强国出版工程第二期：高技术船舶与海洋工程装备系列"。这套系列丛书不是为了覆盖海洋装备的所有类型，也不是想展示从基础理论、设计技术、评估方法到系统配置和特种设备的技术内容，而是想从高技术船舶与海洋工程装备的"浩瀚海洋"中选取几滴极具代表性的"水珠"，通过其各自折射出的"晶莹剔透、色彩缤纷"的技术内涵，帮助广大读者树立对我国在该技术领域的发展趋势的初步印象，同时对高技术船舶与海洋工程装备的相关技术形成全面、清晰的概念，这将对我国船舶与海洋装备技术的进一步创新发展起到极大的启迪与推动作用。

整套丛书包含 4 个板块。第 1 个板块是船舶总体技术中与"绿色技术"相关的两个亮点：水动力节能技术和一项特种推进技术。

"绿色技术"对"研究水面与水下流场中运载器的运动，以及与运动相关的流场"的船舶水动力学提出了要求,即减小船舶的航行阻力、提高推进效率、优化航行性能,从而节省船舶功率消耗,降低温室气体的排放。因此,与"精细流场预报、精细流场测量、精细流场控制"("三精细")相关的科学与技术必然成为今后相当长一段时期内船舶水动力学关注的焦点。在内容丰富的基础类共性技术中,我们选择能够反映出"三精细"的一个侧面,且受到国际航运界与船舶界高度关注的"水动力节能技术"列入本套丛书,这就是由周伟新、黄国富编著的《船舶流体动力节能技术》。该书结合中国船舶科学研究中心的作者团队多年来研究与应用于数百艘船舶的成功经验,详细介绍了国内外船舶流体节能技术的最新研究成果;针对船型优化减阻技术、船舶表面减阻技术、高效推进技术、桨前水动力节能装置、桨后水动力节能装置、风力助推技术等主流节能技术,不仅阐述了其机理、基础理论、设计方法和性能预报方法,还介绍了包括模型试验、数值水池虚拟试验和实船试验在内的相关水动力节能效果验证技术。这些内容既适用对新造船的设计优化,也适用对服役船舶的节能改造。该书是我国在该技术领域的第一部专著,其问世无疑顺应了当今发展绿色船舶技术和未来的长远发展需求。

推进器是决定船舶经济性、快速性、安静性等绿色性能的重要环节。在众多不同类型的船舶推进器中,有关各种螺旋桨的研究是最多的,其应用也是最广泛的。此外还有喷水推进器、泵喷推进器、电磁流推进器等方面的研究。目前在船舶螺旋桨技术领域中,我国虽已有多部学术专著出版,然而有关喷水推进技术的专著在国内外并不多见。在本套丛书内,针对这类推进系统的绿色优化问题,由王立祥、蔡佑林编著的《喷水推进及推进泵设计理论和技术》一书,紧密围绕性能优良的喷水推进泵及装置的设计需求,分别以环量理论和三元速度矩理论阐述了轴流和混流两类喷水推进泵性能的定量分析与设计技术,并介绍了高比转速前置导叶轴流泵和低比转速轴流泵两类新型喷水推进泵。全文凝聚了来自中国船舶及海洋工程设计研究院的作者团队四十余年来对喷水推进和推进泵理论研究、技术设计、试验以及工程应用的经验和成果。

本套丛书的第2个板块为读者展示了用于海洋探测与工程作业的四类极具代表性的特种船舶:一类是我国近十年来在数量及船型种类上增长较快且技术水平已跨入世界先进行列的海洋综合科考船,另外三类是在海洋开发中发挥重要作用却又很少被总结成书的特种工程船舶——挖泥船,半潜船与起重、铺管船。

在人类尚在使用风帆船航海时就开始了对海洋的考察。继19世纪机械动力取代风帆、20世纪初钢质船得到普遍应用之后,海洋科考船作为较早出现的船舶类型之一,为人类认识海洋发挥了重要的作用。进入 21 世纪,我国海洋科考船技术迎来了突飞猛进的发展。以"科学""向阳红""东方红""大洋""实验""雪龙"等知名系列的大型综合科考船纷纷面世。它们集成了船舶领域的诸多新技术,其中部分船舶的综合技术水平已跨入了世界海洋科考船的先进行列。在本套丛书中,由中国船舶及海洋工程设计研究院的专家吴刚、黄维等编著的《海洋综合科考船设计》一书,正是作者基于其科考船设计团队的多年科研成果和设计经验,从海洋科考船的各种使命和典型船型出发,系统描述了由其特有功能、特点所决定的关键设计技术及相应的科考探测设备与支持系统。这本书的面世填补了国内有关此类船型设计技术专著的空白,顺应了我国加快海洋科学研究步伐的需求。

数百年前我国的渔民和南下远航商船就以南海九段线内的岛礁为生息和休整的家园。进入 21 世纪以后,为改善南海海洋经济发展的环境条件,提升海域安全救助保障能力,我国利用自主建造的"天鲸号"绞吸挖泥船和"通途号"耙吸挖泥船等海洋工程船,在我国南沙领海创造了前所未有的高效施工奇迹,大大改善了海岛生态环境。此后,这类工程船就成了人们关注的"神器",它是一种依靠船载的绞吸挖泥装置及配套的输运系统,在一片水域中连续进行挖掘、提升、搬移和运送海底泥沙和岩石等作业的工程船舶,俗称"挖泥船"。近年来,为适应我国国民经济的持续稳定发展,提出了从内河、沿海到深远海的水利清淤防洪、港口航道建设、滨海区域开发、吹填造陆筑岛的广泛需求,也带动了挖泥与疏浚装备技术的发展。经过多年努力,我国已经成为挖泥与疏浚装备的设计与建造大国,并拥有世界上最大的挖泥船船队,不仅摆脱了对国外产品的依赖,还实现了对外出口。目前我国在该领域已具备了从耙吸到绞吸、从清淤到挖岩、从浅挖到深挖、从短排距到长排距的施工能力,单船最大开挖与输运能力达到了每小时几千方,实现了全电驱动、自动和智能挖掘操控。由费龙、程峰、丁勇等编著的《耙吸、绞吸挖泥船工程设计》一书即是作者团队在中国船舶及海洋工程设计研究院完成了近百艘挖泥船的设计工作而形成的成果与经验结晶。这本书的内容包含了耙吸、绞吸两类挖泥船,分别阐述了这两类船型的总体与结构设计,动力系统、疏浚系统与集成监控系统的设计技术,同时还介绍了泥泵、泥管、绞刀、闸阀、转动弯管、快速接头、装驳装置等特有关键件的相关技术,为读者全面、清晰地梳理了该类工程船的技术概貌。

针对大型军民特种装备的水面运输与装卸、海洋能源开发装备与海上建筑的水面安装定位、特种海洋打捞工程的支撑作业等不同需求,"半潜运输船""半潜工程船""半潜打捞船""多功能半潜船""坞式半潜船"等各类半潜船应运而生。

半潜船的设计既不同于其他水面船,也不同于潜艇。它的装载对象多种多样,各自的重量与重心位置也各不相同,不仅需要优化承载平台结构的安全可靠性,更需解决装载、卸载和航行过程中船货重心和浮心的精细调控,从而完成那些看似原理简单却极其危险的海洋任务。中国船舶及海洋工程设计研究院的专家仲伟东、尉志源、迟少艳等编著了《半潜船工程设计》一书,填补了该类船船的设计技术在出版领域的空白。该书从半潜船的需求与运用、历史与发展等角度出发,总结了半潜船设计的关键要素、系统组成、原则与方法,重点剖析了对半潜船甚为关键的全船和局部结构设计、快速精准的压排载和调载系统、安全可靠的阀门遥控和液位遥测系统、符合世界压载水公约要求的超大排量压载水处理系统、节能高效的推进系统与动力定位系统、先进智能的船载运动监测及预报系统所涉及的关键技术要义,还通过案例分析说明了典型作业模式的关键环节和控制要素。全书内容丰富,渗透了作者和所在团队与单位的心血。

近百年来,海洋资源开发广度与深度的不断拓展对海上起重与铺管作业的水深、起重能力、铺管方式、环境适应性的要求越来越高。起重船、铺管船和兼具起重和铺管两种功能和用途的起重、铺管船便由此产生。这类特种海洋工程船舶是海洋油气开发装备安装、海底管线铺设、海上桥梁建设、海上风电安装、水工桩基施工、废弃平台撤除、应急抢险打捞等海洋作业中不可或缺的利器。当今的起重船已有单体型、双体型、多体型、半潜式等多种船型,最大起重能力可达上万吨;同时,装备全回转起重机,具备自主航行、深海作业、动力定位等功能已成为现代起重船的特点。铺管船也随着漂浮铺管法、拖曳铺管法、挖沟铺管法、S 型铺管法、J 型铺管法、R 型法等铺管工艺的演进而出现了多种船型。中国船舶及海洋工程设计研究院的专家周健、马网扣等编著了《起重、铺管船工程设计》一书,本书介绍了多类起重、铺管船设计中与常规船舶不同的总体、结构、总布置、稳性的特点与原则,着重描述了体现这类船特有功能的全回转起重机、J 型和 R 型铺管作业系统、压载和抗倾调载系统、动力定位系统、多点锚泊系统等特殊系统的原理、机构组成、技术要点及计算分析方法。该书是作者团队多年以来从事起重、铺管船研究积累的宝贵成果,也是国内第一本该技术领域的学术专著。

本套丛书的第 3 个板块是在"智能船舶"领域中基于遥控、路径规划、自主感知控制,率先实现部分"智能化"的水面无人艇及水下无人潜水器技术。"智能船舶"是指运用感知、通信、网络、控制、人工智能等先进技术,具备环境及自身感知、多等级自主决策及控制能力,比传统船舶更加安全、经济、环保、高效的新一代船舶;其技术内涵覆盖了环境目标智能探测、航行航线智能操控、能源动力智能管理、辅机运行智能监控、安全状态智能监护、节能环保智能监测、振动噪声智能控制、载货物流智能跟踪、特定作业智能实施、全船信息综合集成等众多方面。时至今日,世界上出现的真正的大型智能船舶凤毛麟角,已投入运行的"智能船舶",其实也只实现了上述技术内涵中的一部分。与此同时,国内外涌现出大量不同尺度、不同功能的小型水面无人艇和水下无人潜水器。它们虽体形小、装载设备不多,但集中反映了智能感知、航行、操控技术中的不少最新研究成果。其中,由哈尔滨工程大学的专家张磊、庄佳园、王博等编著、苏玉民主审的《水面无人艇技术》一书全面介绍了水面无人艇的总体技术、环境感知与数据融合技术、目标识别与跟踪技术、决策规划技术、智能控制与系统设计技术、导航通信技术、集群协同技术、任务载荷技术、搭载技术等;由哈尔滨工程大学的专家张铁栋、姜大鹏、盛明伟等编著、庞永杰主审的《无人无缆潜水器技术》一书则重点介绍了这类水下航行器的承压结构和密封技术、推进与操纵技术、水下导航定位技术、水下声学通信技术、浮力调节技术、安全自救技术、能源管理及水下能源补充技术、布放与回收技术、自主决策与控制技术、编队控制与协同导航技术、水下声/光/电探测技术等。这两本书能够帮助读者在了解无人海洋航行器技术的同时,拓展对智能船舶共性技术的认识。

本套丛书的第 4 个板块是"深海"开发技术中值得关注的两类截然不同的典型装备。一类是深海油气开发的前沿技术装备——水下生产系统;另一类是深海探测与作业不可或缺的无人遥控潜水器。

海洋是人类远未充分开发的资源宝库。2018 年,我国原油对外依存度已达69.8%;天然气对外依存度达 45.3%。开发深海油气资源对我国经济的可持续发展具有重要的意义。世界海洋油气开发已经并正向深海域延伸,油气生产系统从水面向水下与海底转移是必然的趋势。而"水下生产系统"是深海油气开发装备的关键组成部分,其技术水平和可靠性决定了深海油气田开发的成败,其演化也引领着深海油气开发技术的发展。来自中国海洋资源发展战略研究中心的李清平、秦蕊,中国石油大学(北京)的段梦兰等编著了《水下生产系统》一书,这本书是基于作者二十多年来在该领域的研究经历及其在国内外水下油气田开发工程实践与科研成果,系统梳理了我国在该领域的科研成果,介绍了水下井口及采油树、水下连接器和管汇、水下控制系统、水下增压与水下输配电系统等水下生产系统关键设备内涵的相关技术,剖析了典型的工程方案,分析了该技术领域的未来发展趋势和我国的重点发展方向。该书的出版将有助于加快我国深海油气开发技术的研究与发展进程。

由水面母船(水面海洋平台、水下深海空间站)上的操作人员通过脐带缆遥控、操纵带机械手和作业工具,用无人遥控潜水器进行的水下作业,是数十年来人类开展深海探测和深海资源开发作业必不可少的技术手段。世界上已经出现了一大批具备潜深能力达百米至万余米、配备多种探测器件与作业工具的轻载级和重载级无人遥控潜水器，根据其作业要求分为观察型、取样型或作业型。来自上海交通大学的专家连琏、马厦飞与来自广州海洋地质调查局的专家陶军等人成功完成了我国 4 500 米级无人遥控潜水器"海马号"的自主研发与设计建造，同时编著了本套丛书中的《无人遥控潜水器技术》一书。本书详细介绍了无人遥控潜水器的专业基础知识及关键技术，涉及设计方法、运动学和动力学建模、运动操控与模拟、波浪中升沉运动补偿、吊放回收系统、能源与信息传输系统、水面与水下作业控制系统，及脐带缆、绞车、中继器、传感器与作业工具等内容，是国内第一本系统介绍该技术领域的学术专著。

这套"海洋强国出版工程第二期：高技术船舶与海洋工程装备系列"的10 本专著，从"绿色技术""特种工程船舶技术""无人智能技术""深海技术"四个不同的角度，为读者提供了我国高技术船舶与海洋工程装备技术领域的十滴"晶莹水珠"。每一本书都饱含了作者及其所在团队多年来的研究成果和实践经验，兼顾了国内外相关技术信息的要点，取材翔实可靠，资料数据生动实用，可读性强。我想，船舶和海洋工程界的同仁们会和我一样，衷心感谢每一位作者的创新成效和辛勤付出，感谢他们所在单位的大力支持，也感谢上海交通大学出版社编辑团队热情、认真和卓越的工作。相信这套丛书的出版能为船舶与海洋工程技术领域的人才培养、科技与产业发展发挥积极的作用。

吴有生

2018 年 12 月

前　言

在众多潜水器中,无人遥控潜水器(remotely operated vehicle,ROV)是目前应用最广泛的一种,它通过脐带缆与水面母船连接,能源和信息的传输借助于脐带缆,母船上的操作人员可以通过安装在 ROV 上的摄像机和声呐等专用设备实时观察到海底的状况,并通过脐带缆遥控操纵 ROV、机械手和配套的作业工具进行水下作业。因为 ROV 带有脐带缆,所以它适合进行水下定点作业,而非大范围的探查;也因为 ROV 需由脐带缆供电,它才具有作业能力强、作业时间不受能源限制等特有的优势,从而成为水下作业,尤其是深海作业不可或缺的装备。此外,ROV 能够在各种海底环境条件下长时间地执行高强度的定点复杂作业,避免了深潜人员的作业风险。毋庸置疑,ROV 是人类进入深海、探测深海和开发深海必不可少的技术手段,也是衡量一个国家海洋工程装备水平的重要标志之一。

本书是国家出版基金及"十三五"国家重点图书出版规划项目"海洋强国出版工程:高技术船舶与海洋工程装备系列"之一,本书的编写既参考了国内外相关领域的最新成果,又汲取了我国自主研制的 4 500 米级"海马号"ROV 以及其他系列 ROV 产品的研发经验,旨在为读者呈现更切合实际、更实用的工程经验和技术。所有参与编写本书的专家都亲历了"海马号"ROV 的研制,多年来大家对无人潜水器的研制与教学成果进行整理与总结,最终形成本书,目的在于为ROV 系统的设计制造、安装调试以及使用维护等提供宝贵的经验和便捷的方法,同时提供最新、最具工程实践意义的资料数据和工程实例,顺应现代 ROV的发展,为广大科研工作者提供学术参考。

本书共 10 章。第 1 章为 ROV 的概述,介绍潜水器的定义、分类和特点,以及 ROV 的发展现状与应用需求。第 2 章介绍 ROV 的设计基础,包括设计目标、任务、标准、设计开发流程、设计特征,ROV 的系统组成、吊放和回收模式,本体结构、控制,以及能源和信息传输等。第 3 章详细介绍 ROV 的本体设计,其中包括本体结构框架设计、浮力材料、总布置、动力与推进系统、控制系统、导航定位系统、性能估算与结构校核等。第 4 章介绍 ROV 的操纵与控制,包括运动坐标系和方程的建立、控制方法以及控制模拟技术。第 5 章介绍 ROV 的能源和信息传输系统设计,包括脐带缆设计。第 6 章介绍吊放回收系统和中继器,其中包括脐带缆绞车设计与选型、升沉补偿系统和中继器等。第 7 章介绍 ROV 的控制系统设计,包括水面控制系统和水下控制系统等。第 8 章介绍 ROV 的传感器和作业工具以及作业工具底盘等。第 9 章介绍国内外具有代表性的 ROV 及其应用成果。第 10 章介绍 ROV 的最新发展趋势。

本书汲取作者所在课题组研发 ROV 的实践经验进行编写,取材翔实可靠,力求真实新颖,图文并茂,可读性强,能够帮助从事 ROV 设计的学者和工程师在短期内系统地掌握其设计方法和工程应用,解决 ROV 研发过程中遇到的一些普遍问题。

本书内容提要由魏照宇撰写;前言和第 1 章由连琏、魏照宇撰写;第 2 章由连琏和平伟编写;第 3 章由刘纯虎、黄永展、张小超、陈宗恒及平伟等编写;第 4 章由姚宝恒和张金华编写;第 5 章由谢书鸿、平伟和刘纯虎等编写;第 6 章由平伟、马厦飞和魏照宇编写;第 7 章由刘纯虎和黄永展等编写;第 8 章由陈宗恒、罗高升、平伟、连琏编写;第 9 章由陶军、陈宗恒、连琏、魏照宇编写;第 10 章由连琏和魏照宇编写;全书由连琏、魏照宇完成统稿。

本书的编写得到了国内多家同行单位、多位专家学者以及广大读者的大力支持与帮助,他们为本书提供了很多最新的技术成果、信息、经验和心得,以及翔实生动的资料和数据。与此同时,本书作者还参考了国内外同行的很多相关优秀著作,作者在此一并表示致谢。

编　者
2018 年 5 月

目　　录

ROV概述

海洋面积占地球总表面积的 71%，海洋蕴含着巨大的能源、矿产、生物等资源，是人类发展的四大战略空间之一，也是人类赖以生存的物质来源，而海洋中 90% 以上的水体是水深超过 1 000 m 的深海。进入 21 世纪以后，人口、资源与环境之间的矛盾日益加剧，这使得更深、更远的海洋成为人类社会实现可持续发展的战略空间和资源宝库。

由于海洋环境的特殊性，人类认识、开发和利用海洋必须依赖一种称为"潜水器"的装备，犹如人类进入太空必须依赖火箭和飞船一样。在保护海洋、开发与利用海洋的活动中，潜水器已成为不可或缺的重要技术装备，其发展水平体现了一个国家的海洋技术实力，同时也在一定程度上体现了一个国家的综合国力。

1.1　潜水器的定义与分类

人类到达深海的能力主要依靠"潜水器"（underwater vehicle/submersible）的运载技术与装备实现。潜水器是指具有水下观察和作业能力的水下运载装备，可以运载科学家、工程技术人员并携带各种探测、作业装备到达水下（水底），进行水下考察、勘探、搜救、资源开采等作业任务，并可作为潜水员活动的水下作业基地。

如图 1-1 所示，潜水器的分类有不同的依据：根据是否载人可以分为载人潜水器与无人潜水器；根据是否带缆可以分为带缆潜水器和无缆潜水器。总体上讲，常用的潜水器有载人潜水器、无人遥控潜水器、自治式潜水器、水下滑翔机、混合式潜水器、拖曳式潜水器等[1]。

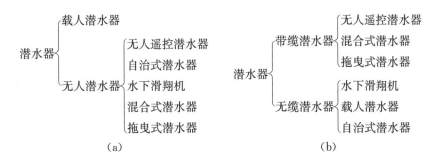

图 1-1　潜水器的分类

（a）潜水器分类Ⅰ　（b）潜水器分类Ⅱ

1.2 不同种类潜水器的用途及特点

不同种类的潜水器其用途不尽相同,即使同一种类的潜水器也因其功率、续航能力的不同,特别是其所携带的探测作业工具的不同而具有不同的应用目标和应用范围。

1.2.1 载人潜水器

载人潜水器(human occupied vehicle,HOV)就像一艘微型潜艇,它能够运载科学家、工程技术人员和仪器设备到达水下环境,进行科学探查和作业。现在大多数 HOV 属于自由自航式潜水器,它自带能源,在水面和水下具备多个自由度的机动能力,主要依靠耐压壳体或部分固体浮力材料提供浮力,最大下潜深度可达到 11 000 m,机动性好,运载和操作也较方便。由于潜水员的存在,人员的安全性和 HOV 的生命支持系统导致其设计复杂且造价昂贵。此外,其作业能力有限、运行和维护成本高、风险大,又由于其自带能源,HOV 的水下有效作业时间也是有限的,这些因素导致 HOV 发展缓慢。目前,HOV 大多用于海洋科学考察及其相关的水下作业,国际上具有代表性的载人潜水器有我国的 7 000 m级"蛟龙号"[2-5]、美国 4 500 m 级"Alvin 号"[6]、日本 6 000 m 级"Shinkai 号"[7]和法国 6 000 m 级"Nautile 号"[8],如图 1 - 2 所示。以下简单介绍一些常见的潜水器。

1.2.2 无人遥控潜水器

无人遥控潜水器(remotely operated vehicle,ROV)不同于 HOV,它通过脐带缆与水面母船连接,脐带缆担负着传输能源和信息的使命,母船上的操作人员可以通过安装在 ROV 上的摄像机和声呐等专用设备实时观察到海底的状况,并通过脐带缆遥控操纵 ROV、机械手和配套的作业工具进行水下作业。因为 ROV 带有脐带缆,因此它适合进行水下定点作业,而非大范围的探查;也因为 ROV 由脐带缆供电,具有作业能力强、作业时间不受能源限制等特有的优势,这使得 ROV 成为水下作业,尤其是深海作业中不可或缺的装备。同时,由于不存在深潜人员的生命安全风险,ROV 能够在各种海底环境条件下长时间地执行高强度的定点复杂作业。如今 ROV 已成为人类进入深海、探测深海和开发深海必不可少的技术手段,也是一个国家海洋工程装备水平的重要标志之一。

图 1 - 2 几种代表性 HOV

(a) 中国 7 000 m 级"蛟龙号" (b) 美国 4 500 m 级"Alvin 号"
(c) 日本"Shinkai 号" (d) 法国 6 000 m 级"Nautile 号"

目前国际上具有代表性的 ROV 有美国 6 500 m 级"Jason 号"[9]、日本万米级"Kaiko 号"[10]、法国 6 000 m 级"Victor 号"[11],以及我国自主研制的 4 500 m 级"海马号"(以下称为"海马- 4500 号"ROV)也已于 2015 年正式投入使用[12],如图 1 - 3 所示。

21 世纪是人类向海洋进军的时代。深海作为人类尚未开发的宝地和高技术领域之一,对其的开发和利用已经成为各国的重要战略目标,也是近几年国际上竞争的焦点之一。ROV 作为一种高技术手段在海洋开发和利用领域发挥了不可替代的重要作用。

1.2.3 自治式潜水器

自治式潜水器(autonomous underwater vehicle,AUV)属于无人无缆潜水器中的一种,目前世界上服役的 AUV 有数百艘[13]。AUV 通常具有鱼雷状的外形,自身携带能源(主要依靠自带蓄电池),由预先编制的程序指令进行自主控制,依靠单个或者双螺旋桨推进,并使用水平和垂直舵控制姿态,机动性好,适合大范围、高效率的探查任务。值得注意的是,大多数 AUV 不具备悬停功能,一

图 1-3 几种代表性 ROV

(a) 美国"Jason 号" (b) 日本"Kaiko 号" (c) 法国"Victor 号" (d) 我国"海马-4500 号"

般无法携带机械手进行精细作业,因此 AUV 多用于携带声学、光学和物理化学传感器等小型设备的海洋科学考察、海底资源调查、海底地质调查等。近年来,AUV 也已经开始用于海洋工程地质地貌调查、管线路由调查和军事领域。AUV 不需要地面或者母船支持,由于它无须带缆航行,故不存在缆线缠绕或拉断等问题,其最大的技术难点在于安全回收、自身能源以及通信等问题。另外,AUV 由于自身携带能源,因此水下有效工作时间有限,水下负载作业能力比较弱。目前国际上具有代表性的 AUV 有英国南安普顿海洋中心研制的"Autosub号"[14]、美国海军研究院研制的"NPS 号"[15, 16]、美国"Odyssey 号"[17]、美国佛罗里达大西洋大学研制的"Ocean Explorer 号"[18]、伍兹霍尔海洋研究所研制的"Remus 6000 号"[19] 以及用于搜寻马航"MH370"航班飞机的"Bluefin-21号"[20] 等,其中"Remus 6000 号"和"Bluefin-21 号",如图 1-4 所示。

我国具有代表性的 AUV 有中科院沈阳自动化研究所研制的 6 000 m 级"潜龙一号"和 4 500 m 级"潜龙二号"AUV[21, 22],如图 1-5 所示。值得注意的是,

图 1-4 两种国外的 AUV

(a)"Remus 6000 号" (b)"Bluefin-21 号"

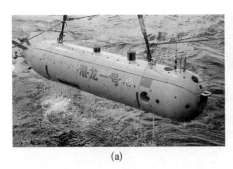
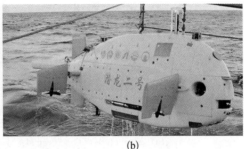

图 1-5 中国的 AUV

(a)"潜龙一号" (b)"潜龙二号"

为了扩展自治式潜水器 AUV 的水下作业功能,一些研究机构,如中国的沈阳自动化研究所[23]、美国的夏威夷大学和英国的赫瑞瓦特大学[24, 25]等,也尝试为其配置机械手使其具备一定的定点作业能力,但至今尚无成功应用的报道。

1.2.4 水下滑翔机

水下滑翔机(underwater glider)是近年来发展起来的利用水翼升力实现潜水器的上浮、下潜和前进运动的一种新型潜水器,可携带小型仪器进行长距离、大范围的水体剖面调查,具有成本低、航程长、操作方便、使用安全并可大量投放等特点,满足了长时间、大范围海洋探索的需要。另外,水下滑翔机由于无动力推进,其在滑翔时噪声极低,这一重要特点使得其在军事上具有很大的应用价值,但是水下滑翔机存在运载能力低、没有作业能力等缺点。目前国际上最具代表性的水下滑翔机有"Slocum 号""Seaglider 号"和"Spray 号"[26-28]。近年来,我国在水下滑翔机的研制方面也取得了长足的进步,天津大学研制的"海燕号"水下滑翔机与沈阳自动化研究所研制的"海翼号"水下滑翔机均已投入应用[29, 30](见图 1-6)。

1.2.5 混合式潜水器

混合式潜水器(hybrid ROV, HROV;或 autonomous and remotely operated

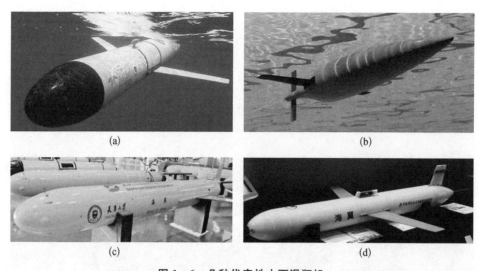

图 1-6　几种代表性水下滑翔机

（a）"Slocum 号"　（b）"Seaglider 号"　（c）"海燕号"　（d）"海翼号"

vehicle，ARV)通常指结合无人遥控潜水器和自治式潜水器特点而研制的一种
新型潜水器系统,其自带能源并携带光纤微缆,具有自主、遥控、半自主等作业模
式,可在海洋环境下实现较大范围搜索、定点观测以及水下轻作业。其优点是下
潜深度和活动范围大、吊放相对简单、远近粗细作业兼顾、可进行大范围搜索和
近目标观察取样等轻作业,弥补了 ROV 活动范围小和 AUV 无法进行机械手精
细作业的弱点。但是,由于依靠自带能源进行作业,其作业能力较弱。国际上最
具代表性的混合式潜水器曾经是美国的全海深"海神号"（"Nereus" HROV）,
图 1-7 为全海深"海神号"的 ROV 和 AUV 工作模式[31, 32]。

图 1-7　混合式全深海"海神号"混合式潜水器

（a）ROV 工作模式　（b）AUV 工作模式

1.2.6 拖曳式潜水器

拖曳式潜水器（towed vehicle）是随船走航式海洋调查设备潜水器，携带各种仪器设备（如声学、光学传感器），由水面调查船用拖缆拖曳进行水下调查和勘探。其自身不携带推进系统和动力系统，是进行大范围、远距离、长时间的海底地形地貌探测、浅层地质调查和海水物理化学等调查的常用装备，主要用于海洋科学研究和资源调查。拖曳式潜水器可控制在接近海底的空间运动，弥补了某些设备安装在水面船上而不能作为深海海底或低分辨率调查的缺陷，其缺点是不能进行定点和精细作业等。图1-8所示为各种不同用途的拖曳式潜水器。

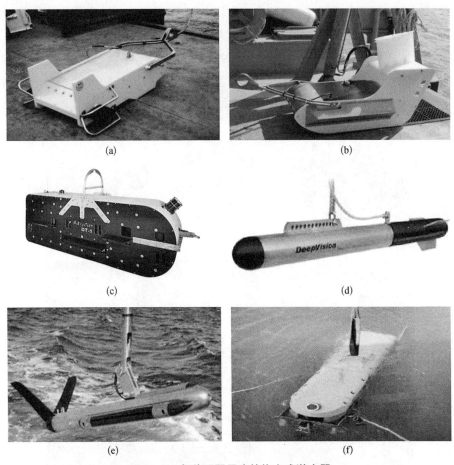

(a)

(b)

(c)

(d)

(e)

(f)

图1-8　各种不同用途的拖曳式潜水器

(a) 美国 Green Eyes 公司"U‐Tow"水下起伏式拖体[33]　　(b) 英国"NuShuttle"水下拖体[34]
(c) 美国 Edge Tech 公司"2400 DT‐1"拖体[35]　　(d) 美国"Deepvision"带尾翼侧扫声呐[36]
(e) 美国"Klein‐3000"带尾翼拖体[37]　　(f) 中国"大洋一号"搭载的声呐拖体[38]

1.3 ROV 的特点及分类

ROV 的优点在于动力充足、可以支撑复杂的探测设备和较大的作业机械、信息和数据的传递和交换快捷方便、数据量大、总体决策水平较高,因此 ROV 在海洋科学考察、海底资源开发(包括油气资源和矿产资源)、深海救捞作业、海底通信光缆铺设、水力发电、隧道检测和维修以及开采珍贵水下石料和珊瑚等方面发挥着重要作用。

ROV 按规模分为小型、中型、大型、超大型;按功能分为观察级和作业级;按作业能力的强弱分为作业级和重载作业级;按运动模式分为浮游式和着底爬行式(履带或者轮式);按提供动力方式分为液压驱动和电动[1]。图 1 - 9 所示为不同大小和类型的 ROV,其中包括“海马 - 4500 号”ROV[39] 和世界上最大的 ROV,即 SMD 生产的“UT - 1 号”(ultra trencher 1)[40]。

(a)

(b)   (c)

图 1 - 9 不同大小和类型的 ROV

(a) 小型 ROV (b) 中国“海马 - 4500 号”ROV (c) 世界上最大的 ROV“UT - 1 号”

如图 1-9 中(a)所示,小型 ROV 体积小、重量轻、操纵系统简单,主要用于水下观察,因此多为观察级 ROV。中型 ROV 空气中重量约为几百千克左右,除具有小型 ROV 的观察功能外,还配有机械手和声呐系统,具备简单的作业和定位能力。

大型 ROV 体积大、空气中重量大(可达几吨),具有较强的推进动力、配有多种水下作业工具和传感定位系统,如水下电视、声呐、工具包及多功能机械手等。另外,大型 ROV 具有水下观察、定位和复杂的重负荷水下作业能力,是目前水下作业,尤其是海上油气田开发中应用最多的一类。"海马-4500 号"ROV属于大型 ROV。

超大型 ROV 的空气中重量可达十几吨,乃至数十吨,专业用于水下特殊作业,如管道埋设等。"UT-1 号"就是用于管道埋设的超大型 ROV,重量高达60 t,功率为 2 680 hp[①]。

1.4 ROV 的发展历程

ROV 是潜水器中发展最早、应用最广泛的水下作业设备之一,其发展阶段可大致分为萌芽期、形成期和成熟期。ROV 的发展开始于 1953 年,最早的一款ROV 是由 Dimitri Rebikoff 设计的,命名为 "Poodle 号",这款 ROV 主要用于考古方面的研究。由于技术水平有限,早期的 ROV 存在各种各样的问题,如渗水、液压系统经常无法正常工作、噪声太大、性能不可靠,以及经常需要维修等[41]。

尽管之后很多企业家(包括 Dimitri Rebikoff 在内),在 ROV 技术方面的研究取得了很多突破,但是在 ROV 操控系统方面做出实质性进展的是美国军方,其开发的 ROV 主要用于打捞沉没在海底的鱼雷。1961 年,他们开发了一款可灵活操作的水下摄像系统 XN-3,这款系统最终演化成了缆控水下研究机器(cable-controlled underwater research vehicle, CURV)。之后,CURV 的改进版(CURV Ⅱ 和 CURV Ⅲ)在很多美国国家重大事件中做出贡献,如 1966 年"CURV Ⅱ号"在西班牙外海海底 869 m 水沉处打捞出一枚丢失的原子弹[41][见图 1-10(a)]。1973 年,"CURV Ⅲ号"被紧急从美国圣地亚哥派往爱尔兰用于在 480 m 的海底救援被困在载人潜水器里的两名潜水员。在当时载人潜水器中剩余空气非常稀少的危急时刻,"CURV Ⅲ号"下潜后在载人潜水器上方系上绳

---

① hp: 英制马力,一种衡量功率大小的单位,1 hp=745.7 W。

索,成功地将命悬一线的载人潜水器和潜水员营救到水面安全区域[41]。

此后,美国海军又开发了很多更加复杂的 ROV,其中包含世界上第一款便携式小型观察级 ROV"Snoopy 号",之后又开发了新一款全电驱动的 "Electric Snoopy 号",并安装声呐和其他传感器[见图 1-10(b)]。之后,美国海军向位于圣地亚哥的 Hydro Products 公司投入大量经费,帮助 ROV 行业迎来了跨越式发展,开发出诸如"Tortuga 号"等多种型号的 ROV。

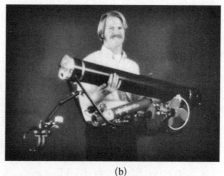

(a)   (b)

图 1-10   几种 ROV

(a)"CURV Ⅱ号" (b)"Electric Snoopy 号"

即使这些 ROV 都成功地完成了其设计和作业目标,但这不足以撬动由载人潜水器和饱和潜水员占据的市场。1974 年全年,全球仅生产了 20 台 ROV,包含芬兰的"Phocas 号"、挪威的"Snurre 号"、英国的"Consub 01 号",以及苏联的"Crab-400 号"和"Manta 号"。然而从 1974 年之后到 1982 年年底,全球已生产大约 500 台 ROV,增长的主要原因是生产 ROV 的资金来源发生了巨大变化:1953~1974 年,85% 的生产资金由政府提供;而 1974~1982 年,96%(约 350 台 ROV)的生产资金由民营企业提供。当时的 ROV 技术已经相当成熟可靠,ROV 的发展逐渐进入成熟期,最重要的是 ROV 在那时已经得到很多海洋企业的认可。1983 年,全球举办了第一届主题为"一个技术和其时代的来临"的 ROV 国际会议,此后全球很多国家,如美国、加拿大、法国、意大利、荷兰、挪威、瑞典、德国、英国和日本等都纷纷开始 ROV 的研制与开发,并生产出更多种类与型号的 ROV,其中包括微小型观察级 ROV。这些微小型便携式 ROV 由于其价格相对便宜被一些民间组织和学术研究机构所使用。

20 世纪 90 年代末期,ROV 的技术发展已经完全进入成熟期,在全球大部分的海洋里都有 ROV 作业的身影。ROV 可以在深海中完成很多复杂的作业任务,在当时,美国海军的"CURV Ⅲ号"ROV 已经可以下潜至 6 128 m 水深处,ATV

(advanced tethered vehicle，ATV)可以下潜至 7 012 m 水深处。世界上下潜深度最深的 ROV 是由日本海洋地球科学技术中心(Japan Agency for Marine-Earth Science and Technology，JAMSTEC)研制的世界上第一套全海深"Kaiko 11000 号"ROV[42, 43]，该 ROV 曾于 1994 年到达 10 909 m 的海底进行板块俯冲情况调查，但在 2003 年执行海洋考察任务时，因其中性缆断裂而导致本体丢失(见图 1 - 11)。

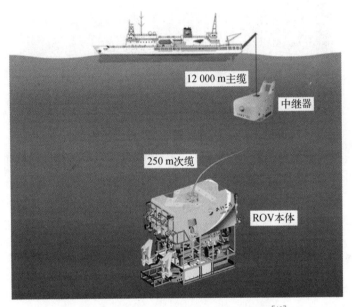

图 1 - 11 "Kaiko 11000 号"ROV 示意图[43]

海洋石油行业的发展增加了对高性能潜水器的需求[44]，尤其是海底钻井及其他复杂作业的位置要求已超出潜水员能达到的深度，这迫使海洋石油工业与 ROV 制造商进行合作，典型的代表有"Schilling Robotics UHD 号"ROV，此 ROV 设计的技术已经达到了很高的水平，可以完成水下复杂的安装、操作和维护等任务(见图 1 - 12)。

进入 21 世纪，很多 ROV 制造商纷纷进入观察级 ROV 和中型 ROV 的发展领域。在教育方面，欧洲和北美地区形成了一些针对 ROV 的培训计划，以满足日益增长的 ROV 工业对 ROV 系统操作的需求。值得一提的是在美国加州蒙特雷成立的海洋高新技术教育中心，该中心鼓励高校中有志于从事 ROV 行业的青年人才加入深海机器人的研究领域。时至今日，这个教育中心已经举办了多届 ROV 国际性比赛。

目前，在 ROV 高新技术领域，美国、加拿大、英国、法国、德国和日本等国家

图 1-12 "Schilling Robotics UHD 号"

仍处于领先地位。在商用 ROV 方面,美国和欧洲制造的 ROV 占据了绝大部分市场。目前全球拥有上百家 ROV 制造商,正在使用的、不同型号和作业能力的 ROV 有数千台,而且这个数字还在继续增长。美、日、俄、法等发达国家已经拥有了包括先进的水面支持母船、可下潜 3 000~11 000 m 的深海潜水器等系列装备,通过装备之间的相互支持、联合作业和安全救助等,能够顺利完成水下调查、搜索、采样、维修、施工和救捞等任务。

相比欧美国家和日本,我国对 ROV 的研究与开发起步较晚。从 20 世纪 70 年代末起,上海交通大学和中科院沈阳自动化研究所开始了 ROV 的研究工作,并合作研制了我国第一套 ROV "海人一号"[45][见图 1-13(a)]。但因深海装备研发投入大、风险高和周期长,直到最近 10 年我国的 ROV 技术才有了快速发展,与国际先进水平的差距也开始逐渐缩小。上海交通大学在国内 ROV 研发领域始终走在前列,其研发的产品从微小观察级 ROV 到深海重载作业级 ROV 不等,其中包括以"海马-4500 号"为代表的一系列科考作业级 ROV,如图 1-13(b)(c)(d)所示。"海马-4500 号"ROV 是我国迄今为止自主研发的规模最大、下潜深度最深、作业能力最强的作业级 ROV,具有实用化海洋设备应具备的可靠性、稳定性和适应性。除具备强作业级 ROV 的常规作业能力外,它还具有强大的扩展功能,与升降装置协同完成海洋仪器设备的布放能力以及支持水下液压和电气设备的能力,达到了国外同类 ROV 的技术水平。"海马-4500 号"ROV 的研制成功标志着我国全面突破了深海 ROV 的相关核心技术,具备了自主开发和应用能力[39]。

图 1-13 我国自主研发的 ROV

（a）"海人一号" （b）"海马-500 号" （c）"海象-1500 号" （d）"海马-4500 号"

1.5 ROV 的应用需求

地球上的海洋有 90% 以上是水深超过 1 000 m 的深海，21 世纪以后，日益加剧的人口、资源与环境之间的矛盾，使得更深、更远的海洋成为人类社会实现可持续发展的战略空间和资源宝库。海洋环境的特殊性迫使人类认识和开发利用海洋时必须依赖探测技术和运载装备，犹如人类进入太空必须依赖火箭和飞船一样。ROV 凭借人类对深海探索以及资源开发的需求得到了快速发展，已经成为人类开发和探索深海的重要装备。

20 世纪中叶以后，全球深海探测和运载装备技术的发展突飞猛进，这不仅带来了众多重大海洋科学的发现和理论突破，还逐步将深海资源开发变为现实，并成为海洋国家在深海资源和空间竞争中争夺话语权的有力支撑。例如，2007 年俄罗斯的载人潜水器在北冰洋 4 000 m 的海底插上了俄罗斯的国旗，并在近几年开展了大规模的北极冰下科学考察和探查，大量的数据资料支撑其对北极领土和资源的主张[46]。

半个多世纪以来,人类开发了各类载人和无人潜水器作为水下运载平台,搭载各类探测传感器和设备进入深海,进行水下调查或工程作业,极大地引领和带动了现代材料、控制、信息及制造技术的发展和应用。深海潜水器既有自身技术发展的需求,又是各类深海技术的综合载体,这推动了深海技术的整体发展。当代世界海洋科学依靠潜水器取得了一系列重大的研究成果,许多国际重大科学研究计划,如"以洋中脊生命与地质相互作用"为主题的"RIDGE 2000 计划"[47],以"地球上最深海洋生态系统"为主题的"HADES 计划"[48],以"海洋过程长期监测"为主题的"OOI 计划"和"NEPTUNE 计划"等[48-50],都依托特定的载人和无人潜水器应用,将潜水器作为开展研究计划的重要科学探测与作业平台。可以说,潜水器已经成为取得高水平海洋科学研究成果不可或缺的技术手段,是制约现代深海科学及作业能力跨越式发展的关键屏障。

近二十多年来,随着海洋资源的开发不断由浅海向深海海域推进、由近海向国际海域发展,以及海底资源新品种的不断发现,海洋的战略地位急剧提升,尤其是深海和大洋,已成为世界海洋争霸的焦点,这对海洋装备技术不断提出更高的要求和更大的需求。进入 21 世纪,国际间以开发和占有深海资源为核心的海洋维权斗争愈演愈烈,而与之相伴的深海技术实力较量也日益凸显。其原因在于,人们深刻地认识到了海洋高新技术是确保国家海洋权益、资源安全乃至国家安全得到维护和保障的关键,谁抢占了海洋技术的制高点,谁就会在维护自身海洋权益的斗争中赢得先机。因此,潜水器技术与装备已成为各国重点发展的领域。

总体上讲,潜水器技术集中体现了国家的综合技术能力,作为人类到达深海、认识海洋、利用海洋必需的手段,其技术水平在一定程度上标志着一个国家的国防能力和科技水平,其服务的领域规模极大,在海洋权益维护、军事海洋环境保障、国家蓝海战略、全球气候变化应对、海洋资源开发、环境保护、防灾减灾等广泛的涉海领域有着不可或缺的关键作用。此外,相关技术覆盖了海洋、电子、精密制造与加工、机械、材料、通信技术等诸多领域,其技术带动性可见一斑,发展该项技术不仅对国民经济和社会以及国家军事安全具有极为重大的意义,还对未来的海底空间利用、海洋旅游业、深海打捞、救生等有着不可估量的价值和战略意义。

在所有潜水器中,ROV 是世界上数量最多、应用最广泛、类型最复杂、功能最强大的潜水器,具有作业适应性强、功率大、功能扩展灵活、作业时间不受限制等其他潜水器所不具备的优势,已成为人类开展水下活动不可或缺的装备。总体上讲，ROV 的需求主要体现在国家战略需求和市场需求两方面。

1.5.1　ROV 的国家战略需求

ROV 的国家战略需求包括以下几个方面：

(1) 海洋争霸已经聚焦深海和大洋，这对海洋装备技术不断提出更高的要求和更大的需求。在陆、海、空、天四大空间中，海洋是人类远未充分认识和开发的资源宝库，也是人类进入现代文明以来，世界政治、军事、经济竞争的重要领域。海洋蕴藏着丰富的油气、动力、矿产、生物和化学资源，是维持人类社会可持续发展的重要战略空间。1994 年 11 月 16 日《联合国海洋法公约》正式生效，标志着根据公约建立的领海、专属经济区、群岛水域、大陆架、国际海底等海洋法律制度为大多数国家所接受。新的海洋法使总面积 3.6 亿平方公里的海洋被分为国家管辖海域、公海和国际海底 3 类区域，其中 1/3 成为沿海国管辖海域，国际海底由国际海底管理局代表全人类进行管理。在新的国际海洋法律制度下，积极发展海洋高新技术，提高海洋领域的国际竞争能力，从海洋中获得更多的资源和更大的利益已成为各国的主要国家发展战略。世界绝大多数临海国家都把开发海洋定为基本国策，竞相制订海洋科技规划，不惜重金争相发展海洋技术，一场国际性的海洋竞争已经来临。海洋技术由于其应用环境的特殊性已成为可与航空航天相比拟的、各海洋国家争相投入的极具挑战性的前沿技术。以 ROV 等潜水器为主要装备的深海装备已成为各国重点发展的技术领域。

(2) 维护我国海洋主权和权益的需求。我国在维护海洋权益方面所面临的形势严峻复杂，当代国家之间的主权竞争，说到底就是资源的竞争，资源问题同时也是国际政治中的核心问题，资源的安全就是国家的安全。在南海，周边国家不断强化海上管控，持续加大海洋资源的开发力度，到 20 世纪 90 年代末期，有十几个国家的 100 多家公司在南海从事石油开采，已经在南沙海域钻井 1 000 多口，发现含油气构造 200 多个和油气田 180 个，每年石油年产量达 4 000 多万吨。我国的海洋权益正在受到侵犯和损害。同时，南海由于处于印度洋和太平洋交汇处的战略要冲，是世界海上运输的重要通道。每年经过马六甲海峡到达南海的船只大于 5 万艘，运载着占世界运油量 50% 的原油及占世界贸易量 30% 的商品。在每天通过马六甲海峡的约 140 艘船只中，中国船只占 60%，而且大部分是油轮，中国所需 80% 左右的石油依靠这条航道运输。对我国来说，这是一条名副其实的"海上生命线"。然而，平均每天数量达到 80 艘、承载着最重要的生产资料和生活资料的中国轮船，却无法得到强有力的保护。在今后相当长的时间里，中国仍将使用马六甲海峡这条海上运输通道。

深海大洋蕴藏着丰富的固体矿产资源和生物资源，具有很好的商业开发前景，如多金属结核、富钴铁锰结壳、海底热液多金属硫化物、深海微生物基因、大洋渔业资源等。其中多金属结核资源总量远远高出陆地上的相应储量，仅太平洋海底具有商业开发潜力的多金属结核资源总量就多达 700 亿吨；据不完全统计，富钴结壳太平洋西部火山构造隆起带，富钴结壳矿床潜在资源量达 10 亿吨，钴金属量达数百万吨；热液硫化物矿体具有富集度大、成矿过程快、易于开采和冶炼等特点，已成为举世瞩目的海底矿产资源；深海生物基因的特殊价值，已引起国际社会的高度重视，一些发达国家已有专门机构从事研究开发，有关的商业性应用已经带来每年数十亿美元的产值。

无论是深海油气资源开发还是大洋固体矿产资源的探查和开发，都离不开海洋装备，尤其是 ROV 等潜水器的支持，且随着我国"海底观测网建设计划"的提出和实施，ROV 等潜水器的战略需求将日益增大。同时，涉及深海潜水器的许多核心技术和仪器设备均受到国外技术的封锁或垄断，我国必须走出自主研发这条路。因此，发展 ROV 等潜水器技术与装备，尤其是深海 ROV 等潜水器，探查与占有海洋战略资源，是维护我国海洋主权和权益、保证能源和资源安全以及经济长期可持续发展、弥补陆地资源不足的极为重要的途径和战略需求。

（3）提升海洋科学研究水平及深海装备技术水平的需要。海洋不仅是地球气候的调节器、地球生命的发源地和多种资源的宝库，也是地球科学和海洋科学新理论的诞生地。海洋科学至今仍是一门主要以观测为最基本要求的科学，海洋装备技术的发展是推动海洋科学发展的原动力。20 世纪，由于深海探测技术的发展，人类确立了全球板块运动理论，发现了深海热液循环和极端生物种群，带来了地球科学和生命科学的重大革命。至今，大量资料积累展现在我们面前的是一个在软流圈—岩石圈—水圈—生物圈等多个圈层间存在复杂物质和能量传输、交换、循环的海底世界，而各圈层又存在各自的动力系统，这些系统最终都受到洋底构造动力系统的控制，显示出地球科学领域中洋底动力学的重要性。

我国地处西北太平洋活动大陆边缘，是地震、海啸等海洋灾害的多发区域，海洋地质灾害已成为对我国沿海和海洋经济、社会可持续发展的主要制约或影响因素，迫切需要通过海底岩石圈动力学探测、监测和研究，提高海洋地质灾害的预报预警能力和维护经济社会可持续发展的环境保障能力。

近几十年来,人们已逐渐认识到人类对于海洋这一最有望支持人类可持续发展的重要区域还知之甚少。海洋作为地球系统科学研究及其观测的关键地区之一倍受重视。代表海洋高新技术的精确定位、原位实时高分辨率探测、深钻和超深钻等技术的发展将有助于地球和生命的起源、全球变化、海底固体矿产资源和能源的成因和赋存规律等理论问题研究的突破,而ROV 等潜水器恰恰是实现海洋探测的载体。在国家中长期科学和技术发展规划纲要中,推动海洋科学进步也已作为"加快发展海洋技术"的目的之一。因此,发展以深海 ROV 为主要装备的深海探测、运载和作业综合技术装备体系,将为我国海洋科学研究提供有效的手段,极大地推动我国海洋科学事业的发展。

1.5.2 ROV 的市场需求

ROV 的市场需求主要体现在海洋油气开发、海底管道电缆的布设和维护、水下结构物的检测/监测/维修、水下施工和作业、水下救援、海洋水产养殖等领域,其需求大都集中于浅水和中深水($\leqslant 2\ 000$ m)。可以说,在潜水员无法到达的作业场所都离不开 ROV 及其配套作业工具。随着我国海洋油气开发向南海进军,开采规模和工作水深将不断增大,水下安装、作业、施工、维修、检测/监测的作业量将大大增加,这对 ROV 技术提出更高的要求和更大的需求,尤其是重载作业级 ROV 将是海洋油气开发必不可少的装备。目前,我国海洋油气开发中所应用的 ROV 大多从国外租用或引进。

随着深水油气资源的大规模勘探开采,水下工程技术得到了很大的发展。但是水下工程的高风险、高科技特点,使得水下系统的事故所带来的后果更严重,对事故及故障的应急处理更复杂、更重要。由"深水地平线"平台爆炸导致的墨西哥湾漏油事故,不但造成了巨大的经济损失,而且带来了巨大的环境和生态灾难。因此,针对深海石油设施溢油事故研究其解决方案和措施,研制以重载作业级 ROV 为载体的海上油气田水下设施应急维修作业保障装备就显得非常迫切。

小型 ROV 由于重量轻、成本低廉、易于维护和操控,在民用方面应用较多且十分经济,可以代替潜水员进行大坝裂缝的观测和预警、核反应堆内部检测等由人类无法完成的任务。另外,在水产养殖方面,小型 ROV 也可用于检测水底养殖生物的健康状况,并代替潜水员,携带灵巧的作业工具对养殖的水产进行采集等。

此外,海底管线等海底结构物的检测维护、船体清洗、大坝和隧洞的检测等方面也对 ROV 有很大的需求。

归纳起来，ROV 的应用需求包含以下 3 大类：

（1）海洋科学考察。

（2）海洋资源（包括油气、天然气水合物、固体矿产资源等等）勘探开发。

（3）水下作业。

在这几类应用中，作业级 ROV 不但表现出优良的深海精细调查探测能力以及通用的深海复杂精细作业支持能力，而且随着现代信息技术的发展，作业级 ROV 也越来越多得承担起"水下工程组织者"的角色。

2

ROV的设计基础

本章将分别介绍 ROV 的设计目标与任务,所依据的标准和规范,系统组成,吊放回收模式,本体结构形式,动力推进方式,控制模式,能源与信息传输模式等设计基础要素。

2.1 ROV 的设计目标、任务、标准与流程

2.1.1 设计目标与任务

要开展 ROV 系统的总体设计,必须首先明确设计目标、设计任务及工作方式等。根据设计参数和指标要求,需要对 ROV 系统的每个部分进行分析,以模块化的设计理念进行选型和设计。在总体设计方面,要考虑以下几个因素[51]。

(1) 在保证 ROV 完成使命任务的前提下,做到重量最小、主尺度最小。

(2) 设备的选型和设计要考虑到总体性能和指标,同时在满足性能指标的前提下还要考虑易维护、使用和存放。

(3) 系统要安全可靠,且传感器设备在满足系统配置需求的前提下,能及时反馈出系统的故障点和风险点。

(4) ROV 的主脐带缆、吊放回收系统设计需考虑不同海况使用条件,并在满足动力和信号传输需求的前提下,确保系统的安全性。

(5) ROV 本体的设计与布局应在保证各单元设备间连接可靠、便于安装、操作和维护的前提下,尽量做到设计紧凑。

(6) ROV 本体需要考虑有充足的有效载荷和空间,便于后期搭载设备。

ROV 的种类多种多样,其作业需求和功能差异很大,有观察级和作业级,而作业级 ROV 的作业能力也有强有弱。ROV 的作业需求还决定了其运动模式,大多数 ROV 为浮游式的,也有些为着底爬行式(履带、轮式),如用于海底电缆/管道铺设的 ROV;根据作业需求,ROV 的动力系统分液压驱动和电动两种模式。由此可见,ROV 的作业需求决定了其设计目标和设计任务。因此,在设计之初,需首先分析其作业需求,从而确定设计目标和设计任务。

一般的设计任务书的内容包括:

(1) 使命任务或作业需求。

(2) 必须配备的仪器设备。

(3) 重量与主尺度控制值。

(4) 主要技术性能,如最大工作水深、航速、有效载荷等。

(5) 适用条件,包括环境条件、母船支持条件等。

但是,潜水器的业主/用户通常仅提供很少的任务描述,如使用水深、作业需求,而不会提供上述所有的设计任务书内容。在这种情况下,设计者需根据有限的任务描述确定设计任务。下面以"海马-4500 号"ROV 为例,简要介绍如何确定设计任务。

"海马-4500 号"ROV 的主要作业和功能需求有:① 科考作业级 ROV,最大工作水深为 4 500 m,浮游运动模式;② 以科考作业需求为主,即小型块状样品(如岩块、块状硫化物等样品)取样、沉积物样品采样等;③ 具备搭载水下作业工具辅助进行水下设备和电缆布放、安装和维护作业的能力,即能够完成水下接头插拔、部件更换、海底观测网扩展缆布放等安装和维护作业;④ 以"海洋六号"科考船为支持母船。

根据上述需求,并参考已有的母型潜水器,确定"海马-4500 号"ROV 的主要设计参数如下:

(1) 最大工作深度:4 500 m。

(2) 载体功率:≥100 hp[①]。

(3) 最大作业海况:4 级。

(4) 本体重量:约 4 000 kg。

(5) 本体总尺度:3 300 mm×1 800 mm×2 000 mm。

(6) 设计速度:纵向 2.5 kn,横向 1.5 kn,垂向 1.5 kn。

(7) 有效负载:200 kg。

(8) 具有自动定向、定高、定深航行能力。

确定基本搭载包括设备:

(1) 摄像系统:各规格共 6 台。

(2) 声呐:扫描声呐 1 台,定高声呐 1 台。

(3) 云台:尾单自由度和首双自由度,各 1 台。

(4) 水下灯:2 个 HMI 灯,6 个卤素灯。

(5) 机械手:五功能和七功能机械手,各 1 台。

在设计目标和任务确定之后,可以开展 ROV 系统的方案设计了。

2.1.2 ROV 设计标准与设计开发流程

1. 设计标准

在进行 ROV 系统设计时,选择设计标准应综合考虑标准的先进性、可行性

---

① hp:英制马力,一种衡量功率大小的单位,1 hp=745.7 W。

和经济性,采用标准时具体应遵循以下原则:

(1) 以国家标准为主要设计依据,若无国家标准,则采用行业标准和企业标准。

(2) 若必须采用国外标准时,则需充分考虑我国国情及系统的技术性能指标和使用要求。

(3) 对尚无国家标准、行业标准和相关的国际标准,或上述标准不能满足系统设计开发要求时,应进行统一协调。

(4) 在标准、规范的应用中应贯彻剪裁原则,即根据系统的性能要求、开发进度、经费等因素,对标准、规范进行选用和剪裁。

(5) 推荐使用国标委潜水器技术标准委员会编制中的标准草案。

ROV 设计一般所依据的主要标准见表 2-1~表 2-5。

表 2-1 ROV 设计参考的主要标准

1	GB/T 7727.1—2008	《船舶通用术语》
2	GB/T 13407—1992	《潜水器与水下装置术语》
3	GB/T 14689—2008	《技术制图图纸幅面和格式》
4	GB/T 14690—1993	《技术制图比例》
5	GB/T 14691—1993	《技术制图字体》
6	GB/T 14692—2008	《技术制图投影法》
7	GB/T 15751—1995	《技术产品文件计算机辅助设计与制图词汇》
8	GB/T 17304—2009	《CAD 通用技术规范》
9	GB/T 18594—2001	《技术产品文件字体拉丁字母、数字和符号的 CAD 字体》
10	GB/T 18686—2002	《技术制图 CAD 系统用图线的表示》
11	CB 1229—1994	《舰船总体技术文件编写规则》
12	CB/T 3243.1~6—1995	《船舶产品图样和技术文件管理》

表 2-2 总体设计和性能相关标准

1	GB 2893—2008	《安全色》
2	GB 2894—2008	《安全标志》
3	GB/T 6749—1997	《漆膜颜色表示方法》
4	GB/T 12916—2010	《船用金属螺旋桨技术条件》
5	GJB/Z 299C—2006	《电子设备可靠性预计手册》
6	GJB 2735—1996	《舰船螺旋桨通用规范》

（续表）

7	CB/Z 215—2008	《空泡水筒均匀流螺旋桨模型试验方法》
8	CB/Z 216—2008	《潜艇模型阻力、自航试验方法》
9	CB/Z 222—2004	《潜艇浮性和初稳性计算方法》
10	CB/Z 223—1987	《潜艇潜浮初稳性计算方法》
11	CB/Z 224—1987	《潜艇大倾角稳性计算方法》
12	CB/Z 225—1987	《潜艇造成大纵倾计算方法》
13	CB/T 346—1997	《螺旋桨模型敞水试验方法》
14	CB/T 1217—2008	《潜艇载荷分项与重量重心计算》
15	CB 1253—1994	《潜艇重量重心控制要求》

表 2 - 3 船体结构相关标准

1	GB/T 3032—2014	《船用阀门及管路附件的标志》
2	CB 3033.1～2—2005	《船舶与海上技术 管路系统内含物的识别颜色》
3	GB/T 4476.1～4—2008	《金属船体制图》
4	GB/T 4791—2005	《船舶管路附件图形符号》
5	CB/T 4191—2011	《潜水器和水下装置耐压结构制造技术条件》
6	GB/T 17725—2011	《造船 船体型线 船体几何元素的数字表示》
7	GJB 64.2A—1997	《舰船船体规范 潜艇》
8	CB 1259—1995	《舰艇船体制图》
9	中国船级社—2018	《潜水系统和潜水器入级规范》
10	中国船级社—2018	《钢质海船入级规范》
11	GB/T 131—2006	《产品几何技术规范(GPS)技术产品文件中表面结构的表示法》
12	GB/T 324—2008	《焊缝符号表示法》
13	GB/T 786.1—2009	《液体传动系统及元件图形符号和回路图》
14	GB/T 1182—2018	《产品几何技术规范(GPS) 几何公差 形状、方向、位置和跳动公差标注》
15	GB/T 1184—1996	《形状和位置公差 未注公差值》

（续表）

16	GB/T 1804—2000	《一般公差未注公差的线性和角度尺寸的公差》
17	GB/T 2346—2003	《液压气动系统及元件公称压力系列》
18	GB/T 4457.4—2002	《机械制图 图样画法 图线》
19	GB/T 4457.5—2013	《机械制图 剖面区域的表示法》
20	GB/T 4458.1—2002	《机械制图图样画法》
21	GB/T 4458.2—2003	《机械制图装配图中零、部件的序号及其编排方法》
22	GB/T 4458.4—2003	《机械制图尺寸注法》
23	GB/T 4458.5—2003	《机械制图尺寸公差与配合注法》
24	GB/T 4459.1—1995	《机械制图螺纹及螺纹紧固件表示法》
25	GB/T 4459.2—2003	《机械制图齿轮画法》
26	GB/T 4459.3—2000	《机械制图花键表示法》
27	GB/T 4459.4—2003	《机械制图 弹簧表示法》
28	GB/T 4459.5—1999	《机械制图中心孔表示法》
29	GB/T 4459.6—1996	《机械制图动密封圈表示法》
30	GB/T 4459.7—1998	《机械制图滚动轴承表示法》
31	GB/T 4460—2013	《机械制图结构运动简图符号》
32	GB/T 4656.1—2008	《技术制图棒料、型材及其断面的简化表示法》
33	GB/T 5185—2005	《焊接及相关工艺方法代号》
34	GB/T 6567.1—2008	《管路系统的图形符号》
35	GB/T 13852—2009	《船用液压控制阀技术条件》
36	GB/T 13853—2009	《船用液压泵液压马达技术条件》
37	GB/T 14665—2012	《机械工程 CAD 制图规则》
38	GB/T 17446—2012	《流体传动系统及元件术语》
39	GB/T 18229—2000	《CAD 工程制图规则》
40	CB/T 3702—1995	《船用液压管道连接及安装技术要求》
41	CB/T 3702—1997	《船舶管子加工技术条件》
42	—	《机械设计手册》(第 6 版)

表 2-4　电气设计有关标准

1	GB/T 1526—1989	《信息处理数据流程图、程序流程图、系统流程图、程序网络图和系统资源图的文件编制符号及约定》
2	GB/T 3047.1—1995	《高度进制为 20 mm 的面板、架和柜的基本尺寸系列》
3	GB/T 3047.3—2003	《高度进制为 20 mm 的插箱、插件基本尺寸系列》
4	GB/T 3047.5—2003	《高度进制为 20 mm 的台式机箱基本尺寸系列》
5	GB/T 3047.6—2007	《电子设备台式机箱基本尺寸系列》
6	GB/T 3783—2008	《船用低压电器基本要求》
7	GB/T 25295—2010	《电气设备安全设计导则》
8	GB/T 4728.1—2018	《电气简图用图形符号　第 1 部分：一般要求》
9	GB/T 4728.2—2018	《电气简图用图形符号　第 2 部分：符号要素、限定符号和其他常用符号》
10	GB/T 4728.3—2018	《电气简图用图形符号　第 3 部分：导体和连接件》
11	GB/T 4728.4—2018	《电气简图用图形符号　第 4 部分：基本无源元件》
12	GB/T 4728.6—2008	《电气简图用图形符号　第 6 部分：电能的发生与转换》
13	GB/T 4728.7—2008	《电气简图用图形符号　第 7 部分：开关、控制和保护器件》
14	GB/T 4728.8—2008	《电气简图用图形符号　第 8 部分：测量仪表、灯和信号器件》
15	GR/T 4728.12—2008	《电气简图用图形符号　第 12 部分：二进制逻辑元件》
16	GB/T 4728.13—2008	《电气简图用图形符号　第 13 部分：模拟元件》
17	GB/T 4798.6—2012	《环境条件分类　环境参数组分类及其严酷程度分级　船用》
18	GB/T 5465.1—2009	《电气设备用图形符号　第 1 部分：概述与分类》
19	GB/T 5465.2—2008	《电气设备用图形符》
20	GB/T 6988.1.3—2008	《电气技术用文件的编制》
21	GB/T 7061—2016	《船用低压成套开关设备和控制设备》
22	GB/T 8567—2006	《计算机软件产品开发文件编制指南》
23	GB 8898—2011	《音频、视频及类似电子设备安全要求》
24	GB/T 9385—2008	《计算机软件需求说明编制指南》
25	GB/T 9386—2008	《计算机软件测试文件编制规范》

（续表）

26	GB/T 10250—2007	《船舶电气与电子设备的电磁兼容》
27	GB/T 11457—2006	《软件工程术语》
28	GB/T 12267—1990	《船用导航设备通用要求和试验方法》
29	GB/T 13029.1—2016	《船舶电气装置低压电力系统用电缆的选择和安装》
30	GB/T 13869—2008	《用电安全导则》
31	GB/T 14479—1993	《传感器图用图形符号》
32	GB/T 15532—2008	《计算机软件单元测试》
33	GB/T 16680—2015	《系统与软件工程 用户文档的管理者要求》
34	GB/T 18135—2008	《电气工程 CAD 制图规则》
35	GJB 1046—1990	《舰船搭接、接地、屏蔽、滤波及电缆的电磁兼容性要求和方法》
36	GJB 1062A—2008	《军用视觉显示器人机工程设计通用要求》

表 2 - 5　材料标准

1	GB/T 699—2015	《优质碳素结构钢》
2	GB/T 700—2006	《碳素结构钢》
3	GB/T 706—2008	《热轧型钢》
4	GB/T 1220—2007	《不锈钢棒》
5	GB/T 1222—2007	《弹簧钢》
6	GB/T 2965—2007	《钛及钛合金棒材》
7	GB/T 3077—2015	《合金结构钢》
8	GB/T 6728—2002	《结构用冷弯空心型钢尺寸、外形、重量及允许偏差》
9	GB/T 9787—2008	《热轧等边角钢尺寸、外形、重量及允许偏差》
10	GB 50429—2007	《铝合金结构设计规范》
11	GB/T 3191—2010	《铝及铝合金挤压棒材》
12	GB/T 36201—2007	《钛及钛合金牌号和化学成分》
13	GB/T 6892—2006	《一般工业用铝及铝合金挤压型材》
14	GB/T 3621—2007	《钛及钛合金板材》
15	GB/T 3622—2012	《钛及钛合金带、箔材》
16	GB/T 3623—2007	《钛及钛合金丝》

(续表)

17	GB/T 3624—2010	《钛及钛合金管》
18	GB/T 6611—2008	《钛及钛合金术语》
19	GB/T 6614—2014	《钛及钛合金铸件》
20	GB/T 8546—2007	《钛-不锈钢复合板》
21	GB/T 8547—2006	《钛-钢复合板》
22	GB/T 16167—2008	《救生艇壳体玻璃纤维增强塑料层合板技术条件》
23	GB/T 15073—2014	《铸造钛及钛合金牌号和化学成分》

2. ROV 的设计开发流程

设计开发 ROV 一般包含 5 个阶段,即总体方案设计,技术设计(详细设计),施工建造,系统集成、实验室联调与测试、海上试验等阶段。

1) 总体方案设计

总体方案设计依据设计目标与设计任务要求,对系统的总体方案进行设计,包括工作原理、系统组成、总体结构、总布置、总体性能、主要技术指标、关键技术解决方案、实验室测试和海上试验基本方案等。

在本阶段形成的文件一般包括:

(1) 总体方案设计报告。

(2) 总图(包括总布置图、原理图、结构草图等)。

(3) 主要技术指标论证书。

(4) 关键技术解决方案(包括设计、计算以及必要的专项试验等)。

(5) 实验室测试和海上试验基本方案。

(6) 主要材料、元件、器件、检测仪器设备选用计划。

2) 技术设计(详细设计)

技术设计是在总体方案设计的基础上,对系统的各个部分,如 ROV 本体、甲板控制室、脐带缆、吊放回收系统、作业工具等展开详细设计,形成全套技术文件和图纸,作为订货、制造和调试的依据。

在本阶段形成的文件一般包括:

(1) 总体技术设计报告及图纸。

(2) 各分系统技术设计报告及图纸,材料器件明细表,加工装配工艺文件及特殊工装器具、检测方法及特殊设备要求文件等。

(3) 软件开发文档,包括软件需求说明、软件设计文档、软件运行配置要求等。

(4) 系统实验室联调大纲。

（5）系统实验室测试大纲，包括安全性试验、电磁兼容试验、基本环境试验、可靠性试验等。

（6）系统海上试验大纲。

3）施工建造阶段

施工建造是在技术设计基础上进行 ROV 各分系统的制造/建造工作。

4）系统集成、实验室（水池）联调与测试阶段

本阶段需进行分系统性能测试和调试，在此基础上进行 ROV 本体的集成安装、ROV 甲板控制室的集成安装，进行整体系统的实验室（水池）联合调试与测试，并根据试验情况和试验结果对系统进行完善。系统测试内容包括分系统及整体系统的功能测试、性能指标测试、安全性试验、电磁兼容试验、基本环境试验以及外观检查等。

5）海上试验阶段

根据 ROV 设计目标、任务，组织海上试验，对系统的功能、性能以及技术指标进行现场测试。

2.2 ROV 系统的设计特征

2.2.1 ROV 系统基本组成

近几年，ROV 逐渐向综合技术体系化方向发展，其任务功能日益完善，使得 ROV 在海洋科学考察、资源探查和开发、水下搜救，以及海底网络建设等施工与作业方面的作用日益凸显。

对于不同用途的 ROV，其系统组成也有所不同，系统的复杂程度与其功能、作业水深密切相关。通常根据专业功能，ROV 系统不外乎以下 8 个组成部分：ROV 本体、中继器（TMS 或 depressor）、脐带缆、吊放回收系统、甲板操纵控制系统、电力传输系统、机械手和作业工具包等。其中 ROV 本体、脐带缆、甲板操纵控制系统、电力传输系统为基本配置，其余部分可根据系统规模、作业需求等进行配置。根据系统所处位置，ROV 系统又可分为水面和水下两个部分。水面部分主要包括脐带缆、吊放回收系统、甲板操纵控制系统；水下部分包括 ROV 本体、中继器（如有）、机械手和作业工具包；两者之间由脐带缆连接，系统电源、控制信号均由母船提供，同时 ROV 工作状况及视频图像经脐带缆实时传至母船，典型的中继器模式 ROV 系统组成如图 2-1 所示。

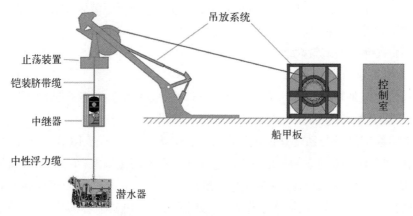

图 2-1 中继器模式 ROV 系统示意

综合 ROV 的作业需求,可选择不同的吊放模式,即采用单缆吊放模式或中继器模式。以"海马-4500 号"ROV 系统为例,其采用单缆吊放模式,系统组成如图 2-2 所示。

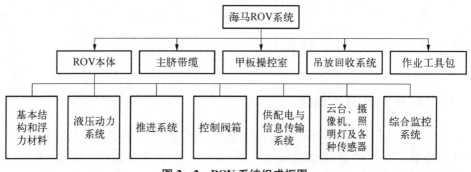

图 2-2 ROV 系统组成框图

首先,母船向整个系统提供:① 控制室照明、空调等设备电源;② 配电柜电源。配电柜(PDP)输出电源分配方案有:a. 不间断电源 UPS 为控制室控制台提供不间断电源;b. 变压器箱升压后送至水下直接提供水下电机动力电源;③ 单相升压后送至水下变压器,降压后提供电子舱及所有设备用电。另外,PDP 具备检测电压、电流、相位等功能,显示并将实时状态反馈给控制台,同时接收来自控制台的控制信号;接收来自变压器传感器箱的传感器信号,监测各路高压状态信号。

另外,控制室内还包含:① 主驾驶、副驾驶座椅;② 主控制台(位于主、副驾驶正前方);③ 控制柜(立于主驾驶左手侧)等,实现驾驶员对 ROV 的各项远程监控。整个系统的大脑包括水面控制计算机、视频切换计算机、视频叠加计算机、规划计算机、机械手可编程逻辑控制器 PLC。它们分别负责 ROV 的运动控制、设备管理、状态监视、视频管理、轨迹规划和机械手控制。

下面以"海马-4500 号"ROV 为例分述 ROV 的系统组成。

1. ROV 本体

典型的 ROV 本体结构如图 2-3 所示,其形式一般为主框架上置浮力材料块,顶部起吊,框架底部根据需求可以安装可更换的作业底盘。ROV 框架内部为本体设备,主要包括液压动力源、推进系统、控制阀箱、机械手系统、云台系统、视频与照明系统、搜索定位系统、供配电系统和监控系统等[39,52]。

图 2-3　ROV 本体典型结构组成

2. 主脐带缆

ROV 系统的主脐带缆主要用于水下液压动力单元、水下电气供电和水面水下通信。主脐带缆的主要设计依据是系统作业水深、电力传输和信息传输需求、与水面支持母船相关设备匹配等。典型脐带缆的截面如图 2-4 所示。

通过脐带缆,水面控制台不但能将动力、控制信号传递给 ROV,而且可以接收返回的各类信息,因此脐带缆可认为是水下通信的

图 2-4　脐带缆截面

桥梁。但由于海况和海底结构复杂,如果脐带缆发生损坏、断裂,就会造成 ROV 无法正常作业,甚至丢失,所以脐带缆要选用强度大、防水、抗压、绝缘的材质,这将在后续章节进行详细介绍。

3. 甲板操控室

ROV 的甲板操作控制室是操作手进行系统操作的场所(见图 2-5),一般位于母船上,工作人员通过监控屏幕可以看到 ROV 所处环境,并可操作机械手进行相应的作业。甲板操控室主要包含以下水面操作设备。

(1) ROV 水面监控计算机和操纵面板。

(2) 水下搭载设备的水面控制器(如视频、声呐、机械手、作业工具包等)。

(3) 水面吊放回收系统设备的控制器。

(4) ROV 和中继器的水面配电设备(PDP)。

(5) 运动预测辅助吊放系统:实时预测未来短期内的船尾升沉和重缆张力,辅助操作手进行吊放回收作业。

图 2-5 典型的甲板控制室

4. 吊放回收系统

吊放回收系统是为 ROV 提供出入水的起吊和回收系统,按照不同的结构形式大概可以分为 3 种:A 形架式收放系统、吊臂式收放系统和桥式收放系统。市面上常见的吊放回收系统有英国 Saab Seaeye 公司的 A 形架式收放系统、英国 Tech Safe Systems 公司生产的吊臂式收放系统、挪威 Macgregor 公司的桥式收放系统等。

吊放回收系统由主脐带缆绞车、升沉补偿装置、吊放门架和止荡器(docking head)等组成。其中主脐带缆绞车、吊放门架和止荡器均采用液压驱动。吊放回收系统位于水面母船上,是进行 ROV 吊放和回收作业的专用装备。以"海马‑4500 号" ROV 为例,其水面支持母船"海洋六号"上装备的吊放回收系统为 A 形架式收放系统。国外吊放回收系统已经发展得很成熟[53],近年来随着升沉补偿技术和吊架刚性止荡技术的发展,ROV 的吊放回收技术也更加完善。

5. 作业工具包

ROV 除了能够完成水下样本取样、海洋科学考察等任务外,还需要执行特定的工程作业。比如重载作业级维修专用 ROV 需要执行水下管线维修、油气泄漏探查等重型工程作业任务,因此 ROV 需要装备除水下取样工具外的辅助工程作业工具。

ROV 作业工具包主要分通用水下工具包和专用水下工具包[54]。通用水下工具一般是指适应多种水下作业任务的水下工具,通常是指水下机械手。目前所有作业级水下机器人都装备 1~2 只水下机械手,同时水下机械手作为一些水下工具的安装基座,扩展了水下工具的工作空间。专用水下工具主要是完成一些特定的水下作业,可用来扩大水下机械手的作业能力和效率。专用工具按运动方式可分旋转型、直线型和冲击型。

2.2.2 ROV 的设计特征

ROV 的设计具有不同于其他类型潜水器的特征,主要体现在以下几个方面。

1. 外形构造

大多数 ROV 通常采用长方体外形、开架式框架结构,也可采用封闭式结构。框架大多采用铝合金型材等金属材料,有的也采用尼龙等非金属材料。这种框架结构除了用于安装仪器设备外,最重要的作用是保护仪器设备。

针对不同的应用环境、作业任务和作业需求,ROV 的大小各不相同,最小的空气重量仅 10 余千克,最大的可以达吨级,甚至几十吨级。

2. 浮态特性

出于安全性和使用角度出发,几乎所有的 ROV 均设计为带有小量正浮力,这样可以使 ROV 在遇到故障时能够自动浮到水面;同时,当 ROV 在海底作业时,垂直推进器向上推进使其获得向下的推力,螺旋桨尾流不至于造成海底沉积物扰动。此外,设计时还需预留额外的正浮力,以满足 ROV 搭载额外的仪器设备或作业工具的需求,这个正浮力通常称为潜水器有效负载。对于作业级潜水器而言,有效负载是潜水器负载作业能力的重要指标。

3. 重量特征

任何航行器,为了能在某个特定的空间航行并能完成特定的任务,必然要具备某种重量特征。地面运行的航行器,如火车、汽车等,依靠地面的支承力来支撑其重量;在空中飞行的航行器,如飞机、导弹等,则依靠其流体动力和发动机推力来支持重量;在水面航行的船舶一般依靠静水力支承,而静水力(浮力)可以由吃水变化进行调节,所以对重量和容量要求并不敏感;潜水器与水面航行船舶不同,要求静水力(浮力)和重量严格平衡,流体动力性能仅作为潜水器操纵与控制的手段[52]。

4. 动力与推进

所有 ROV 都由水面通过脐带缆供给动力,动力源一般为水面支持母船(岸基)提供的交流电电源。螺旋桨推进仍然是绝大多数 ROV 的推进方式,所采用的推进器主要有电动推进器和液压推进器两种。

5. 航速

由于 ROV 有着定点作业能力强的特点,其流体动力性能和航速本身对于潜水器并不非常重要,因此并不是在设计中重点追求的目标。决定 ROV 设计航速的主要因素是其作业时需克服海底流速的影响。通常设计航速最大为 4 kn。

2.3　ROV 吊放回收模式

ROV 吊放回收模式直接关系到 ROV 系统的吊放操作方式、水下运动范围以及作业安全,是设计 ROV 系统首先需要考虑的问题。

吊放回收系统位于水面母船上,由主脐带缆绞车、升沉补偿装置、吊放门架和止荡器等组成,是进行 ROV 吊放与回收作业的专用装备,其中主脐带缆绞车、吊放门架和止荡器均采用液压驱动。以"海马-4500 号"ROV 为例,其水面支持母船"海洋六号"上装备的吊放回收系统如图 2-6 所示。

目前国内外 ROV 作业系统的吊放作业模式主要有单缆吊放(liveboat)模式、中继器(TMS)吊放模式和压重块(depressor)吊放模式[44, 55]。

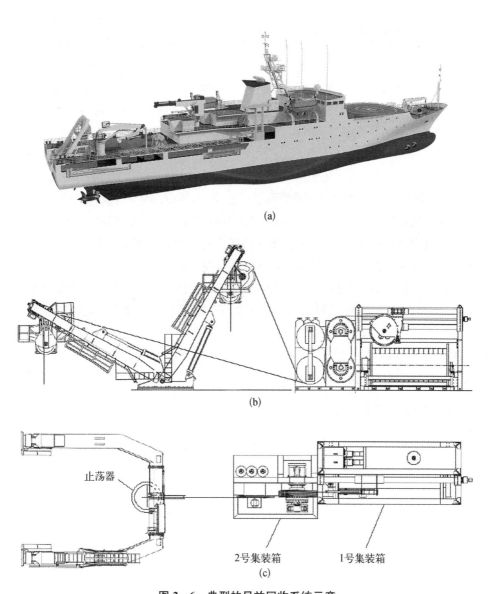

图 2 – 6　典型的吊放回收系统示意

（a）作业母船　（b）起吊系统　（c）甲板控制系统

2.3.1　单缆吊放模式

单缆吊放模式只使用 1 根铠装脐带缆进行 ROV 的吊放回收，脐带缆直接连接到 ROV 本体（见图 2 – 7），不通过中继器（TMS）或压重块（depressor）。脐带缆水中重量和刚性较大，在水下会受到水流阻力作用，还会与 ROV 本体之间

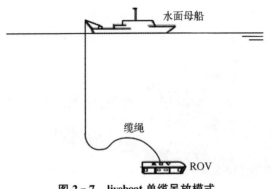

图 2 - 7　liveboat 单缆吊放模式

发生缠绕或剐蹭,这些都对 ROV 本体的运动产生一定影响。为此,需要在近 ROV 本体 50~100 m 范围的脐带缆上加装浮子,使该段脐带缆有一定正浮力,从而形成图 2 - 7 所示的形态。我国的"海马 - 4500 号" ROV 和日本 JAMSTEC 的"Hyper Dolphin 号"ROV 均采用这种吊放模式。

这种吊放模式的主要优点是脐带缆直接连接 ROV 本体,回收时 ROV 不需要回挂到中继器(TMS)上(回挂 TMS 的操作受海况影响很大);脐带缆强度大,吊放回收较安全;母船可以随 ROV 进行小范围运动。

此吊放模式的主要缺点是由于在下放/回收时浮子不能通过吊放滑轮或止荡器,需要在脐带缆通过滑轮后再挂/解浮子,需设计速挂/速解浮子,吊放程序相对复杂一些;ROV 下放时需靠自身推力下潜并与脐带缆下放速度基本同步,大深度时下潜时间长;浮子产生较大阻力,牵制 ROV 水下运动和灵活性,活动范围和机动性相对较小。

2.3.2　中继器吊放模式

此吊放模式是采用主脐带缆连接到中继器,再通过中继器内的零浮力缆连接到 ROV 本体(见图 2 - 8)。吊放时中继器和 ROV 本体连接为一体,到预定深度后,ROV 本体脱离中继器出游作业。回收时,ROV 本体先回挂到中继器,然后一起回收到甲板[1]。

该吊放模式的主要优点是主脐带缆的水动力由中继器隔离或吸收一部分,因此对 ROV 本体的影响较小;中继器和 ROV 本体间使用零浮力脐带缆,阻力小,ROV 本体运动范围较大,机动性好,且不需要挂/解浮子作业。

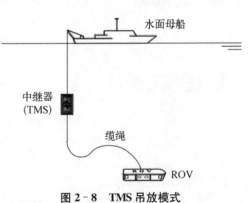

图 2 - 8　TMS 吊放模式

该吊放模式的主要缺点是回收时 ROV 本体需要先回挂到中继器,当中继器升沉运动大时操作非常困难且不安全;零浮力脐带缆强度小,易破断,安全性差。国内外已先后发生多起中继器吊放模式作业时，ROV 本体因中性脐带缆破断而丢失的案例[55]。

2.3.3　压重块吊放模式

在此吊放模式下主缆连接到压重块(depressor)，再通过浮力缆连接到 ROV 本体，压重块与 ROV 本体之间没有对接和释放功能，故而分别吊放和回收[1]。如图 2-9 所示。美国 WOODS HOLE 海洋研究所的"Jason Ⅱ号"ROV 采用该模式。

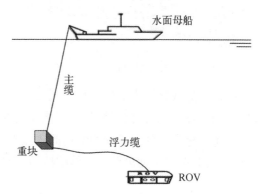

图 2-9　双缆压重块(depressor)模式

该操作模式的主要优点是：回收时 ROV 不需要回挂到压重块；主脐带缆水动力由压重块隔离或吸收一部分，对 ROV 本体运动影响小；压重块与 ROV 本体间为浮力缆或中性缆，阻力小，ROV 运动范围较大，机动性好，且不需要挂/解浮子作业。

该操作模式的主要缺点是压重块和 ROV 本体分别吊放和回收，需要相应的吊放设备；浮力缆(或中性缆)不能直接吊放 ROV 本体，需其他承重吊缆吊放，要解决 ROV 本体到水面后的脱/挂钩问题；ROV 下放时需靠自身推力下潜并和压重块下放速度基本同步，大深度时下潜时间长；压重块与 ROV 本体间的浮力缆(或中性缆)强度小，易破断，安全性差。

2.4　ROV 本体结构形式

ROV 本体的结构形式和布置方式是 ROV 设计的重要环节，直接决定着 ROV 的重量、水下姿态、承载能力、推进效能、水下运动性能、维护检修的可操作性等方面，需根据具体需求进行设计。

ROV 本体结构的形式主要分为封闭式结构和开架式框架结构。

封闭式结构为耐压舱式结构，将摄像头、照明灯和控制系统等仪器设备安装在耐压舱中，使其与水隔离，耐压舱体前端或前后端采用透明材料制作，便于照明灯和摄像机正常工作。封闭式结构 ROV 不需要配置浮力材料，其水中重量

图 2 - 10 封闭式结构潜水器

由耐压舱提供的浮力平衡。采用该类结构的 ROV 通常都为浅水、小型观察级电动 ROV，其工作水深取决于耐压舱的耐压能力。图 2 - 10 所示为一款典型的封闭式结构 ROV。

典型开架式框架结构 ROV，如我国"海马-4500 号"ROV（见图 2 - 11）和加拿大 ISE 公司制造的"海狮号"ROV（见图 2 - 12）。

这种结构形式整体为框架式而非耐压舱结构，除少部分元器件需安装在小型耐压舱内外，绝大多数仪器设备均直接安装在框架结构上，并需配置浮力材料以平衡其水中重量。开架式框架结构的优点是结构形式简单，便于设备安装、拆卸与维护，且制造成本远远低于整体耐压舱式结构。大、中型作业级 ROV 均采用开架式框架结构。

图 2 - 11 "海马-4500 号"ROV

图 2 - 12 "海狮号"ROV

开架式框架结构又可以分为核心承重式和分布承重式结构，主要区别在于立柱，分别如图 2 - 13 和图 2 - 14 所示。核心承重式框架特点是少数几根立柱为主要承力构件，其他多数立柱为辅助构件，空间占用较少，但与分布承重式结构相比，其受力相对集中。"海马-4500 号"ROV 采用核心承重式框架结构（见图 2 - 13），框架设计 4 根中心立柱用于承受主要载荷。分布承重式框架特点是大部分立柱较平均地承受整体重量载荷，少量立柱作为辅助构件，受力分布好，但是空间占用较多。"海狮号"ROV 采用分布承重式框架结构（见图 2 - 14）。

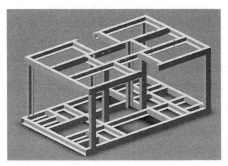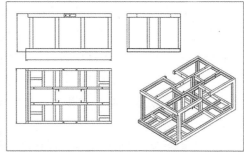

图 2 - 13　核心承重式框架结构

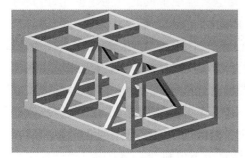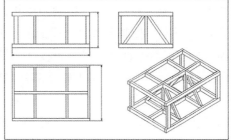

图 2 - 14　分布承重式框架结构

2.5　ROV 动力推进和控制模式

推进器是 ROV 的关键设备,ROV 所有的运动功能均由推进器来实现。推进器一般分为电动推进器和液压驱动推进器。在 ROV 推进器设计/选型之初,需要确定以下要素,即 ROV 所要执行的任务,所需搭载的作业工具,推进器的推力及其对能源的需求,推进器的尺寸、效率,ROV 整体对能源的总体需求,考虑缆线电流、压降满足推进器和电控设备要求的脐带缆的参数等。ROV 控制模式一般分为分布式和集中式。

早期的 ROV 控制系统因为信息传输介质的限制,多采用集中式控制系统。如脐带缆内部一般包含推进器动力电缆、控制系统电源电缆(小型 ROV 的控制用电和驱动也可能使用同一电源)、通信用双绞线、视频用同轴缆等。因为双绞线带宽有限,无法满足多传感器数据的实时传输要求,ROV 本体端一般带有各种形式的计算机(或有相当计算能力的处理器板卡),接收各个传感器数据和上位机操作指令,根据运动控制算法处理后再输出控制 ROV 运动,并将 ROV 状态传送至上位机供操作人员查看。

集中式控制系统的优点是所有传感器数据直接进入计算机,减少中间环节,控制系统响应迅速。缺点是所有控制功能都集中在下位机电子舱内,因而运动控制调试不方便,且程序规模较大,在设备调试阶段有大量的修改需求,即使在电子舱端盖留有调试接口也非常不方便,调试效率较低;当软件模块存在漏洞(bug)时,一个故障可能引起整个系统瘫痪;当正式作业时,对程序做出修改的需求也不易满足。

近些年随着技术的不断发展,光电复合缆开始大量得到应用,解决了大数据量传输的带宽问题,使得1080P高清视频、3D图像声呐设备等需要极高带宽的设备很方便地应用于水下作业中。用于光电复合缆中的光纤为单模光纤,具有带宽大(可达40G以上)、传输距离长、衰减小的优势。借助光电复合缆的大带宽,新的ROV控制系统设计取消了水下集中式计算机处理的控制模式,转而将所有传感器数据直接上传至甲板计算机处理,构成一种"分布式部署、集中式控制"的控制系统结构。水下控制部分主要以执行单元和采集单元为主,板卡功能相对单一,相应的硬件和软件比较简单,出错概率大大降低;而水面计算机控制软件更易于开发与维护,既能简化调试阶段的修改,又能降低作业时因故障的开舱次数,提高系统稳定性和作业效率。相对于下位机集中式的控制结构,这种"分布式部署"控制结构更便于调试运动控制算法,减少开舱次数;舱内板卡功能相对单一,软件简单,稳定性、可靠性都大大增强,甚至在作业时都可以更改软件功能,具有相当大的灵活性。

2.6 ROV能源与信息传输模式

2.6.1 ROV能源及其传输模式

ROV能源供应有不同类型,视其使用环境、任务与作业需求而定。通常,小型观察级ROV多使用低压直流供电;功率较小(数千瓦)的ROV多使用低压交流供电;较大功率(数十千瓦以上)的ROV则使用高压供电方式传输能源,以减小电缆截面积从而减轻脐带缆重量。

一般情况下,较小功率的ROV动力电源和控制电源可能采用同一电源以减少脐带缆内芯线数量、减小脐带缆直径与重量,从而降低脐带缆对ROV运动性能的影响。较大功率ROV动力电源和控制电源采用不同的电源供应,这主要是从避免动力系统干扰控制系统的角度考虑,控制系统往往带有精密电子设备,良好的电源供应是获得满意观测数据的基本保障;另外调试阶段/下水前检查阶段往往只需要控制电源通电,而动力电源因为功率大且在空气中散热不佳,多数只在水下时才会开启,分开供电也有利于设备检修工作。

根据推进器功率、效率及能源在脐带缆上的损耗等因素,可以计算出水面供电所需要提供的功率。以"海马-4500号"ROV为例,液压动力源标称输出功率为 65.7 hp①(约 49 kW),电机参数为满载 3 000 VAC,12.7 A 电流,当满载时效率为 0.88,则液压动力源的输入功率约为 56 kW;而液压源的效率约为 0.84,则从水下高压端观测到的功率约为 66 kW。考虑到 ROV 在水下作业时可能会出现短时间的超载(按 125% 计算),长距离("海马-4500号"ROV 脐带缆长约6 000 m)传输损耗以及升压变压器本身损耗和启动时的大电流,水面升压变压器选 100 kV·A 的规格,这也保证了 ROV 携带液压工具作业时可以提供足够的动力供应。另外,ROV 长时间作业时会造成变压器温升非常明显,一般应选用较高绝缘等级的制作材料,如 F 级(最高允许温度 155℃,绕组温升 100℃)或者 H 级(最高允许温度 180℃,绕组温升 125℃)。

ROV 可携带多种传感器和作业工具,除液压工具外,大多是低压交流和低压直流供电设备。同样考虑到脐带缆长度和损耗影响,控制系统供电也采用高压供电方式。以"海马-4500号"ROV 为例,控制系统供电采用水面端升压变压器将单相 380 V AC 升压至 2 000 V AC,在本体端再将高压转换为 220 V AC、110 V AC 送至电子舱,在电子舱内将 220 V AC 整流、DC/DC 变换为需要的各个低压直流电源,再供应到舱内各个板卡以及外部传感器等设备。水下设备非常关键的一点是可能遇到绝缘或者漏水问题,为保证整个系统在局部故障情况时仍可正常工作,一般采用多个隔离电源分别供应不同设备,这样在故障时,互相不会产生影响。

2.6.2　ROV 信息传输模式

早期受通信条件限制,一些 ROV 脐带缆内可能有数十根导线,包括动力电源、数对双绞线(或网线)、数根同轴电缆等,双绞线用来传输 ROV 状态和控制指令以及部分传感器数据,同轴缆用来传输模拟视频。但这种通信方式传输距离短,带宽小,对外界干扰敏感,限制了 ROV 更高质量的数据传输需求。目前一些小型低成本的 ROV 设备因为搭载设备数量较少、数据传输带宽要求不高,

---

① hp:英制马力,一种衡量功率大小的单位,1 hp=745.7 W。

仍然采用这种通信方式。

随着技术发展,光电复合脐带缆解决了传输距离和带宽限制,且光纤传输不受其他噪声干扰。由此,高清摄像、高精度的侧扫声呐等对传输带宽要求极高的观测方式不再受传输方式制约,各种传感器数据均可以实时传输至水面甲板处理,这也促进了 ROV 由早期水下集中式控制到"分布式部署"的控制方式的转变。在这种通信方式下,本体端的所有传感器通过光端机直接与水面控制计算机相连,ROV 运动控制算法由水面计算机实现,生成控制指令再通过光端机直接发送给执行板卡。采用此方式产生的传输延时仅仅在数十微秒,完全满足 ROV 这种低速运动设备的控制需求;另外,水面计算机相较于电子舱内的处理板卡性能上更为强劲,为实现性能更为优良的控制算法提供了基础。

图 2-15 所示的信息传输系统采用了光的波分复用技术,将从多个光端机出来的不同波长的光信号复用到一根光纤上,然后再通过光分配器经两根光纤

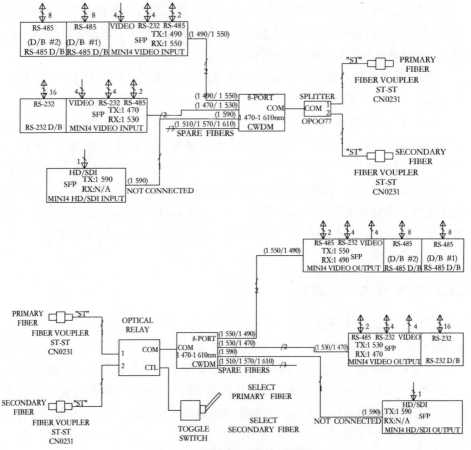

图 2-15　信息传输系统原理图

备份传输,这样既节约绞车上光滑环的数量,又能在一根光纤意外中断的情况下切换到另一根光纤继续正常工作。但是光分配器的引入使得光信号强度减弱,而 ROV 从电子舱到水面光端机之间需要经过的光接插件数量较多,光信号衰减较大,对传输性能有一定影响。

3

ROV的本体设计

ROV 本体主要由本体框架、浮力材料、动力源、推进系统、控制系统、观通导航系统组成。本体框架作为 ROV 本体的基础以及所有仪器设备的安装平台，浮力材料为 ROV 本体提供必要的浮力，动力源为系统提供动力，观通导航系统为 ROV 提供运动姿态和工作场景实时信息，通信设备上传数据/下发指令，水下控制系统驱动推进器实现 ROV 运动控制和作业。各个系统分工明确，同时又紧密配合，组成 ROV 本体。以下将对各个部分进行详细介绍。

3.1 ROV 本体框架结构设计

ROV 本体框架结构主要有封闭式和开架式。前者多用于浅水、小型观察级 ROV，后者为其余大多数 ROV 所采用的框架结构，也是本节介绍的内容。

本体框架结构是 ROV 本体的基础，所有仪器设备均安装于其上，同时框架对设备起到保护作用，因而成为 ROV 系统至关重要的组成部分。本体框架结构主要包括主框架和起吊结构。主框架结构的作用是支撑本体、保护本体、容纳与安装仪器设备等；起吊结构是吊放回收 ROV 时承载本体重量的结构，因此其结构必须达到一定的强度要求，才能保证 ROV 的安全。

3.1.1 ROV 本体框架结构的材料

作为水下作业装备，ROV 需要长时间在水中作业。自然界的水并非都是纯净的，水中常常含有各种杂质，特别是海水中富含各种盐类，世界大洋海水的平均盐度为 3.5%，目前已知有 100 多种元素，海水中含有其中的 80%。同时海水中还含有可溶于水的气体成分，如氧气、氮气等，此外还含有有机物，如叶绿素、氨基酸等。这些物质对水下设备都具有很强的腐蚀性。所以，潜水器的框架结构必须具备良好的耐腐蚀性能。同时，由于框架结构对于 ROV 起到支撑本体、保护本体、安装固定设备等作用，因此选择的材料必须具有足够的强度。框架结构材料分金属材质和非金属材质，它们各有优点和缺点，需根据实际需求选择合适的材料。

1. 框架结构常用的金属材料

ROV 使用的金属材料首先要满足强度高和耐腐蚀两个性能，常用的金属材料有 316 不锈钢、6061 - T6 铝合金和钛合金等，如表 3 - 1 所示。

1）316 不锈钢材料的特性

316 不锈钢材料作为钢制材料的一种，属于奥氏体不锈钢，其主要特性如下：

表 3-1　ROV 系统常用金属材料表

金属名称	密度/(g/cm^3)	抗拉强度 σ_b/MPa	屈服强度 $\sigma_{0.2}$/MPa	弹性模量 E/GPa	伸长率 δ_5/%
316 不锈钢	7.9	≥520	≥205	200	≥40
6061-T6 铝合金	2.8	≥260	≥240	70	≥9
钛合金	4.5	≥539	≥630	110	≥25

（1）具有高性能、高合金、高纯化的特点，其密度为 7.9 g/cm^3，屈服强度 $\sigma_{0.2}$≥205 MPa，强度高，是制作框架结构较为常用的材料。

（2）含有 Mo 元素，材料表面能形成一层钝化膜，保护材料不被腐蚀，具有很强的耐腐蚀性能。

（3）具有耐高温性能，耐高温可以达 1 200℃～1 300℃，可在高温环境下使用。

（4）具有较好的机械加工性能，对加工条件要求不高，是较为常用的加工材料之一。

（5）硬度较高：布氏硬度 HB≤187；洛氏硬度 HRB≤90；维氏硬度 HV≤200。

（6）具有较好的焊接性能，材料含碳量很低，塑性和韧性比较好。

2）6061-T6 铝合金材料的特性

6061-T6 铝合金材料主要含有铝、镁和硅金属元素，是一种热处理型的合金，其主要特性如下：

（1）成本低于不锈钢和钛合金，强度和不锈钢接近，硬度也较高。

（2）密度为 2.8 g/cm^3，只有不锈钢密度的 0.35 倍。

（3）具备较强的耐腐蚀性能，它能在金属表面形成一层致密的保护层，保护内部不被进一步腐蚀。

（4）具有较好的可焊接性能，在空气中焊接时非常容易氧化，生成的氧化铝熔点高、很稳定、不易去除，氧化膜比重大，容易生成夹杂、未熔合等缺陷，可吸附大量水分，容易形成气孔。

3）钛合金材料的特性

钛合金材料是一种优质金属材料，但由于其价格昂贵，使用成本高，多应用于航天、海洋等高新科技领域。ROV 的电子舱常使用钛合金材料制成。钛合金的主要特性如下：

（1）屈服强度大，是不锈钢的 3 倍，可用于制造单位强度高、质量轻、刚性好的零部件或框架结构。

（2）密度为 4.5 g/cm^3，是不锈钢密度的 0.57 倍。

（3）在潮湿环境和海水中具有优于不锈钢的抗腐蚀性能，对应力腐蚀、酸类腐蚀和点腐蚀具有特别强的抗腐蚀能力，是比较好的抗腐蚀金属材料。

（4）常用的焊接方法有氩弧焊、埋弧焊和真空电子束焊等，但钛属于活泼金属，容易与氧、氮和氢等物质发生反应，在焊接过程中需要隔绝这些物质，防止影响焊缝强度。

大、中型 ROV 因作业需求，需要搭载质量比较大的仪器设备，故本体重量较大，通常以吨计，最大的可达几十吨。由于重量大，大、中型 ROV 一般采用高强度金属材料作为主框架结构材料以满足结构强度要求。常用的高强度金属材料有 316 不锈钢，6061 - T6 铝合金、钛合金等，这些材料都具有强度高、耐腐蚀性好以及易于加工等特点。本体金属框架结构一般使用型材，如槽型材、工型材、方管材或圆管材进行加工，各个构件之间常常采用焊接或螺栓固定连接。构件连接处主要承受拉应力、剪切应力、挤压应力，需要保证焊缝或螺栓能满足强度。

2. 金属材料的防腐保护

海水中富含各种离子，整个海洋相当于一个大电解液池，而 ROV 系统框架的材料并非只含有单纯一种金属，所以 ROV 在海水中会发生电化学反应，造成电化学腐蚀。金属框架结构的电化学腐蚀是比较常见的，若金属腐蚀过多，将对潜水器的安全构成严重的威胁。常用的金属防电化学腐蚀方法有覆盖层保护、电化学保护和缓蚀剂保护。

覆盖层保护是在结构表面覆盖一层金属或非金属的、耐腐蚀性能高的材料，把金属结构材料与海水隔绝，起到保护作用。该方法保护效果好，可从根本上解决电化学腐蚀。但这种防腐方法对开架式的 ROV 框架结构具有局限性。这是由于 ROV 在作业中，其开架式框架结构常常会发生剐蹭，使防腐保护层遭到破坏，部分金属接触到海水后发生局部电化学腐蚀，从而导致框架局部强度减弱，以致影响设备安全。

电化学保护法分为阴极保护和阳极保护。阴极保护是将保护的金属构件与外加电流源的负极相连，在金属表面通入足够的阴极电流，使金属点位变负，从而使金属溶解速度减小的一种保护方法。阳极保护是将被保护的金属构件与外加直流电源的正极相连，在电解质溶液中，使金属构件阳极极化至一定电位，使其建立并维持稳定的钝态，从而阳极溶解受到抑制、腐蚀速度降低。

不锈钢、铝合金和钛合金等金属材料通常使用具有活性-钝性型金属的电化学保护。ROV 常用的防止电化学腐蚀方法是阳极保护法，常用的操作方式是将一些更活泼的金属块与需要保护的金属框架结构连接，例如锌、镁等材料，这些金属块称之为牺牲阳极块。牺牲阳极块在保护金属框架的过程中，将被慢慢消耗掉,故需要及时更换。

缓蚀剂保护是通过添加少量能阻止或减缓金属电化学腐蚀的物质来保护金属结构的方法。该方法具有较强的针对性,只能在封闭和循环的体系中使用。

3. 框架结构常用的非金属材料

尼龙等各种非金属材料也常常用来制作 ROV 的框架结构,其主要特点如下:

(1) 密度小、质量轻、耐腐蚀性强、韧性好、抗冲击能力好。

(2) 密度稍大于 1,约为 $1.14\sim1.15$ g/cm³,拉伸强度大于 60 MPa,弯曲强度为 90 MPa,伸长率大于 30%,吸水率为 1%~2%。

(3) 尼龙材料抗腐蚀性能比金属材料强,在海水中不受各种盐类的侵蚀,也不会发生电化学腐蚀,是较为适合应用于海洋等高腐蚀环境中的材料。

(4) 结构材料之间一般采用螺栓进行连接,螺栓材质可选择 316 不锈钢,强度高、耐腐蚀性能好。

(5) 一般非金属材料价格比金属材料低,能降低 ROV 的制造成本。

小型 ROV 本体重量比较轻,一般从几十公斤到几百公斤不等。尼龙等非金属材料,因其密度较小,有利于减轻结构重量,故适合作为小型 ROV 的框架结构材料,如图 3-1 所示。也有很多小型 ROV 的框架结构采用金属材料与非金属材料组合,其外围框架结构采用非金属材料,对 ROV 起到支撑和保护作用;内部结构采用金属材料,体积小,强度高。

图 3-1 采用非金属框架的小型电动 ROV

3.1.2 ROV 框架结构的设计原则

ROV 框架结构样式很多,设计中需遵循的原则及需考虑的因素也较多,但基本设计原则就是在保证有足够结构强度和稳定性的前提下,充分优化结构及布局,有利于仪器设备的容纳、安装以及运行、更换和维护。

1. 不同工况条件

ROV 在服役过程中将经历不同的工况,且使用和作业的环境都比较复杂,这些工况条件是在 ROV 的设计,尤其框架结构的设计中必须重点考虑的因素。

(1) 当潜水器初放于母船甲板上时,框架结构需要承受各个部件的重量,因此需要有足够的支撑强度。

（2）当船遇到波浪而摇晃时，潜水器也会随着船体一起晃动，框架结构要保证潜水器不会因此而产生自身整体和内部相对晃动。

（3）当吊放潜水器入水或出水时，潜水器本身会随着船身晃动，同时还会受到海浪的拍击，框架结构需要能够抵抗冲击力和由设备重量引起的框架结构的弯曲变形。

（4）当潜水器下潜到水下时，浮力材料块在水中所产生的正浮力将成为对框架结构向上的拉力，而其他设备的负浮力会对框架产生向下的压力或拉力，因此框架结构需要抵抗这些力的作用。

2. 仪器设备的安装要求

框架结构的大小、具体结构形态需根据其所需要携带仪器设备的数量、尺寸大小和作业需求等因素决定。一般来说，ROV 本体以"紧凑"为目标，其尺寸需要尽可能地小。由于 ROV 的绝大多数仪器设备均要求安装在框架内部，即在框架的保护范围之内，当 ROV 发生碰撞时，可以最大限度地保护仪器设备不被损坏。部分有特殊要求的仪器设备需要安装在框架外部，这对框架尺寸的影响较小。此外，由于 ROV 的可扩展性要求，还经常需要搭载额外的仪器设备或作业工具，因而在框架结构设计中还需要预留一定的布放空间。

3. 结构布局要求

ROV 框架结构一般分为两层，上层通常用于安装潜水器的浮力材料和垂直推进器。浮力材料块安装于潜水器顶部，有利于保持整体浮心在重心的上方，同时增加浮心与重心之间的距离，从而提高潜水器的稳性。上层结构与下层结构之间用于安装水平推进器和其他仪器设备。两层之间设置支撑构件，用于支撑本体。合理布置仪器设备和设置支撑构件对缩小潜水器尺寸有较大作用，三角结构对提高框架结构整体强度具有较明显的效果。

4. 吊放回收要求

ROV 的起吊结构是潜水器重要的组成部分，关系到潜水器的安全。起吊结构与主框架直接连接，在起吊潜水器入水和出水时，起吊结构需要承受潜水器的全部重量。同时由于起吊潜水器时，潜水器的状态从静止到运动，这个瞬间起吊结构还承受额外的冲击力（惯性力）。

ROV 的起吊结构样式有多种。小型 ROV 的作业地点一般是河流、湖泊和水库等，作业环境相对安全，操作人员可以在岸边或乘坐小船对 ROV 进行脱钩和挂钩操作。因此，小型 ROV 的起吊结构一般比较简单，如挂环和挂钩等。大、中型 ROV 本体重量较大，作业环境一般是在海上，需要水面母船支持，而海船的干舷通常较大，无法在母船甲板上直接进行人工挂钩和脱钩作业，故需要设计专用的起吊结构,并配置蘑菇头和专业起吊设备才能完成 ROV 的吊放回收作业。同时,在起吊结构设计中需充分考虑海况对 ROV 起吊入水或出水过程的影响。常见的起吊设备有门架吊和折臂吊等。潜水器的起吊结构需根据起吊设备的要求进行设计。

5. 系统运行维护要求

为保证 ROV 系统的正常使用,框架结构设计以及仪器设备的布置均需充分考虑各仪器设备的安装要求和运行特点,并留出足够的空间以便系统的检测、更新与维护。

3.2 ROV 浮力材料

ROV 在水中通常需处于中性浮力状态,即所谓"零浮力"状态,以便于其保持姿态、航行和作业。而 ROV 本体多采用框架结构,排水体积有限,所提供的浮力也有限,加上框架结构和所携带仪器设备的密度一般都大于水的密度,这样整个 ROV 本体将处于极大的负浮力状态。为了解决这个问题,目前绝大多数 ROV 都使用浮力材料进行配平,以平衡 ROV 本体的水中重量并提供足够的储备浮力。

浮力材料主要包含两大类,即浮力结构和浮力材料[56]。这里将简单介绍浮力结构,着重介绍固体浮力材料。

3.2.1 浮力结构

浮力结构是指用金属材料、玻璃、陶瓷和碳纤维等材料制成的耐压壳体。壳体可做成球形、柱形或管状,其中球形和柱形在所有类型的潜水器中应用最普遍,而柱形耐压壳体在 ROV 中常常用作电子舱,即将电子元器件和控制模块安装在其中,起到多用途、节省空间的目的,图 3-2 为柱形耐压壳体示意。

采用耐压壳体为潜水器提供浮力的方法也存在局限性。随着潜水器工作水深的增加或耐压壳体体积的增大,耐压壳体强度要求也相应增加,而为了满足强度的要求,只能增加耐压壳体壁

图 3-2 水下耐压干舱示意图

厚,或者寻求强度更高的材料进行替代,前者会造成耐压壳体重量增加,后者会增加成本。因此,除了载人潜水器以外,耐压壳体为主体结构形式的潜水器通常为小型潜水器,如小型观察级 ROV、无人自治式潜水器(AUV)、水下滑翔机、浮标等。在大、中型 ROV 中通常耐压壳体只应用于其中的小型仪器舱,如电子舱等。

3.2.2 浮力材料

浮力材料的使用要求是在相当工作水深的压力时,其密度在数值上小于其所处水域水的密度。浮力材料可分为液体浮力材料和固体浮力材料两大类。

1. 液体浮力材料

早期的潜水器采用轻液体作为浮力材料,如煤油、汽油、液态氨、有机硅滑油、丁烷等,即液体浮力材料。用液体作为浮力材料时,还需要考虑储藏液体容器的结构重量,同时还要考虑其压缩性。因此,在工程实际应用中可供选择的液体浮力材料并不多。液体浮力材料目前应用最广的是水下滑翔机、Argo 浮标、潜标等小型潜水器或系统,这些潜水器或系统需要在运行过程中通过调整浮力实现上浮下潜的功能,通常采用油囊方式。

2. 固体浮力材料

固体浮力材料是一种高强度、低密度的多孔复合材料,可分为轻质合成材料、化学泡沫材料和中空微珠复合材料 3 种。

1)轻质材料

轻质材料是由低密度材料制成的,例如木材、塑料等材料,其优点是成本低,易加工成型,缺点是使用寿命较短,强度不高,只适合短期且在浅水中使用。这种浮力材料常常用于成本受限、工作周期短的设备。ROV 一般不采用这类材料。

2)化学泡沫材料

化学泡沫材料是利用化学发泡的方法制作而成的,例如聚氨酯泡沫、泡沫铝、泡沫玻璃等。目前使用较多的是聚氨酯泡沫浮力材料,其主要特点为密度小、吸水率低,密度约为 0.08~0.25 g/cm³。典型的泡沫浮力材料如图 3-3 所示。

化学泡沫材料存在以下缺点:

(1)化学泡沫材料内部充满了空气泡,泡孔壁较薄,在水下容易受压破裂

图 3-3 泡沫浮力材料

而进水,导致浮力损失,因而其抗水渗透性能不强,对潜水器的安全造成影响。

（2）泡沫材料属各向异性的材料,制作成型时,由于重力作用,其底层所受的压力要高于顶层;同时材料密度不均匀,材料内部气泡与表面气泡差别较大,其强度和可靠性无法精确测量,一般在水面或浅海中使用,目前广泛用于浅水中的水下机器人、浮标等设备。

需要注意的是化学泡沫材料在潜水器上使用之前需要进行处理。成品浮力块由芯材和面材组成,先使芯材化学泡沫材料成型,最后涂覆面材的阻水层。阻水层能防止水渗透入泡沫材料中,防止浮力损失。阻水层需选择耐水、耐腐蚀和耐撞击的材料,如通用电器公司的 RTV 有机硅涂料、SprayLal 公司的乙烯基涂料、Carbolene 公司的环氧煤焦油组合涂料等。

3）中空微珠复合材料

中空微珠复合材料可看作是化学泡沫材料的增强版,它使用耐压强度高的中空微珠代替原来的气泡,弥补了气泡壁薄弱的缺点,增加了材料的耐压强度,这使得中空微珠复合材料使用水深远大于化学泡沫材料。

中空微珠复合材料是由空心微珠与黏合剂混合凝固而成。中空微珠根据材料可分为无机中空微珠和有机中空微珠。有机微珠的材料有聚甲基丙烯酸甲酯、聚苯乙烯等;无机微珠的材料有玻璃、陶瓷、飞灰等。通过在材料中加入发泡剂,然后加热膨胀等一系列加工过程制造成型。黏合剂一般为高强度树脂,如聚氨酯、环氧树脂等。由于材料中所含的每一颗微珠的球壁都满足一定强度,因此即使有的微珠在加工过程中被破坏,也不会影响其他微珠的强度。

环氧树脂具有较好的物理化学性能,其密度低、分子结构致密、力学性能优异,可承受较大的静水压力。固化后,环氧树脂具有较稳定的化学性能,耐海水性能出色。同时在固化后的收缩率较低,一般只有 1%～2%,尺寸稳定,内应力小,材料不容易产生裂纹。环氧树脂还有易成型的特点,可以接触成型或低压成型,对加工工艺要求不高。所以环氧树脂是制作浮力材料较理想的材料之一。

目前在深海应用中,国内外普遍使用中空微珠复合材料,它具有以下特点:

（1）密度低,根据使用水深不同,密度范围 0.37～0.7 g/cm³。

（2）强度高、耐压等级高,比耐压干舱安全。

（3）吸水率底,长时间在水中浮力比较稳定。

（4）无毒,不可燃,易成型。

（5）体积弹性模量与海水相近。

（6）具有较好的二次加工性能,可加工成不规则形状。

目前在中空微珠复合材料中应用比较广泛的是由中空玻璃微珠和环氧树脂

组成的复合轻质固体浮力材料。中空玻璃微珠一般分为两种,一种是漂珠,其成分主要有二氧化硅和金属氧化物,可从发电厂粉煤灰中筛选获得,故成本较低,但存在纯度不高、微粒大小不均的缺点。另一种是人工合成的玻璃微珠,可通过一定的工艺,控制微珠的密度、强度等物理化学性能。虽然成本比漂珠高,但其纯度高、微粒均匀、微粒的物理化学性能接近。

由玻璃微珠制成的浮力材料具有以下特点:

(1)玻璃微珠内部空心,使用其制成的浮力材料可大大降低密度,同时具有隔音、隔热等性能。

(2)玻璃微珠具有较高的强度,使浮力材料的抗静水压力性能提高。

(3)球形玻璃微珠对基质的黏度和流动性较小,制成的浮力材料应力分布均匀,有较好的硬度和刚度。

(4)玻璃微珠具有耐海水腐蚀的特性,无须再对其进行防腐蚀处理,具有作为浮力材料的巨大优势。

由于中空玻璃微珠具有质量轻、隔音、微粒小、耐磨等优点,在航空航天材料、建筑材料、保温材料中也广泛应用。

我国"海马-4500号"ROV 使用的是含有玻璃微珠的固体浮力材料,如图3-4所示。

图3-4 "海马-4500号"ROV 上的固体浮力材料

值得注意的是,玻璃微珠浮力材料并不是完美无缺的。随着应用水深的增加,浮力材料所受到的压力也随之增大,体积将会缩小,导致浮力有所损失。另

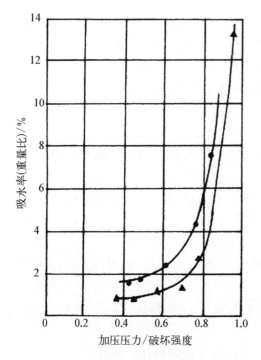

图 3-5 玻璃微珠浮力材料吸水率与
加压压力/破坏强度的关系

外,压力还会造成浮力材料吸水,当压力约为浮力材料强度的60%时,吸水率会剧增。浮力材料吸水率也与其表面积、加压时间成正比。这些因素都会影响到浮力材料所能提供的浮力,所以在潜水器浮力材料块设计时,必须将上述因素都考虑在内,保证潜水器在最大工作水深长时间作业时具有足够的浮力。在不同的工作压力下,浮力材料的压缩率、吸水率等指标都可通过实验测量,得到的实验数据(见图3-5～图3-7)是潜水器浮力材料块设计的依据,可据此计算出所需浮力材料的体积。

4) 常用固体浮力材料的性能指标。

固体浮力材料的主要性能要求如下。

(1) 密度尽可能地小,每单位体积的材料可提供尽可能大的浮力;在所需浮力一定的前提下,浮力材料的体积越小,它给潜水器增加的重量也越小,对ROV的性能影响也将越小。

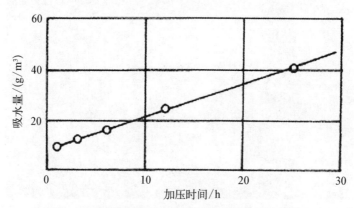

图 3-6 玻璃微珠浮力材料吸水量与加压时间的关系

(2) 具有足够的抗压强度,在工作水深不会被水压压坏。

(3) 较低的吸水率,长时间处在水压较大的环境中,水渗透到材料内部越少,

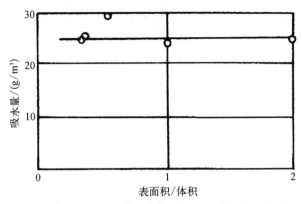

图 3‑7 玻璃微珠浮力材料吸水量与表面积/体积的关系

为潜水器提供的浮力将越稳定,可保证潜水器在水下长时间工作而不损失浮力。

(4) 具有抗腐蚀性能,特别是海水中有各种盐类,材料容易被腐蚀而失去效果,因而耐腐蚀性能也关系到潜水器能否在水下长时间安全工作的问题。

发达国家早在 20 世纪中、后期就开始投入固体浮力材料的研究开发,目前已开发出 11 000 m 水深级固体浮力材料并投入应用,如美国 11 000 m 级"海神号"HROV 和日本 11 000 m 级"Kaiko 号"ROV,前者所装备的固体浮力材料密度为 0.62 g/cm³,抗压强度达到 110 MPa。

我国近十余年来在固体浮力材料领域也进行了大量的研发工作,取得了显著的成果。表 3‑2 和表 3‑3 分别为最具代表性的两个国产固体浮力材料的产品性能表。

表 3‑2 国产固体浮力材料产品性能 1

密度/(g/cm³)	耐静水压强度/MPa	吸水率	抗拉强度/MPa	压缩强度/MPa	使用水深/m
0.36±0.02	≥5		≥3	≥10	200
0.40±0.02	≥10		≥5	≥18	800
0.42±0.02	≥14		≥7	≥25	1 000
0.45±0.02	≥20		≥10	≥35	1 500
0.48±0.02	≥40	≤2%	≥16	≥45	3 000
0.50±0.02	≥50		≥20	≥50	4 000
0.52±0.02	≥65		≥22	≥65	5 000
0.55±0.02	≥70		≥26	≥75	6 000
0.60±0.02	≥90		≥30	≥95	8 000

表 3-3 国产固体浮力材料产品性能 2

项　目	型　号	密度/(g/cm³)	吸水率/24 h	水深/m
普通性能	SBM-038	0.38±0.02	≤1%	200
	SBM-042	0.42±0.02	≤1%	600
	SBM-046	0.46±0.02	≤1%	1 000
	SBM-048	0.48±0.02	≤1%	2 000
	SBM-051	0.51±0.02	≤1%	3 000
	SBM-054	0.54±0.02	≤1%	4 500
	SBM-062	0.62±0.02	≤1%	6 000
	SBM-070	<0.70	≤1%	11 000
高性能	SBM-037H	0.37±0.02	≤1%	500
	SBM-040H	0.40±0.02	≤1%	1 000
	SBM-057H	0.57±0.02	≤1%	6 000

综上所述，ROV 采用的浮力材料一般具有低密度、低吸水率、高剪切强度、高抗压强度、耐低温和易加工等特点。目前国内外用于 ROV 的浮力材料密度大约为 $0.33\sim0.7$ g/cm³。一般密度较低的浮力材料，其抗压强度也比较弱，所以要根据 ROV 的设计工作水深和所需的负载情况选择合适的浮力材料。

3.3 ROV 的总布置

ROV 本体是一个复杂的系统，包含多个子系统，如动力源、推进、控制、信息传输、观通导航等子系统以及作业工具等，所有子系统及设备的安装布置均需要考虑其自身运行与维护需求，并兼顾本体静力学与流体动力性能。合理布置各种设备既可以有效地缩小本体尺度、减轻本体重量、方便设备维护，又可以提高本体性能指标。而不合理的布置可能会导致设备无法正常工作或者本体重量重心失调。典型的 ROV 本体三维总布置如图 3-8 所示。

3.3.1 浮力材料块的布置

大部分 ROV 的浮力材料块布置在本体顶部，以提升 ROV 的浮心高度，从而保证 ROV 本体的稳性高。

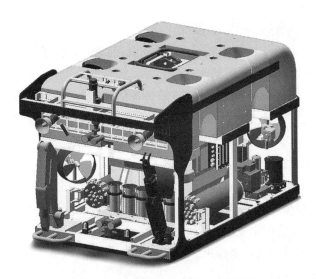

图 3-8 典型的 ROV 本体三维总布置

也有少数 ROV 的浮力块根据作业要求而布置在不同位置,如船底清洗潜水器,其浮力块分为两块,分别布置在本体的顶部和底部,浮心和重心的位置较为接近,原因是在船底清洗作业中,ROV 需要进行姿态翻转,若重心与浮心距离较远、稳性较大,潜水器则很难进行翻转,不利于船底清洗作业。图 3-9 为GAC 公司的一款船底清洗 ROV。

图 3-9 船底清洗 ROV

3.3.2 推进器的布置

ROV 有 6 个自由度运动,即前进/后退、上浮/下潜、横移、首摇、纵摇和横摇运动,但是并不是所有 ROV 都需设计成具有 6 个自由度的运动能力,应根据 ROV 的水下运动与作业需求来定。一般来说,前进/后退、上浮/下潜和首摇(即转向)能力是 ROV 应具备的基本运动能力。作业级 ROV 一般具有 4 个自由度运动能力,即在基本运动能力以外,还需具备横移能力,因而不但需要在水平面布置推进器,而且在垂直面上也必须布置推进器。推进器是 ROV 实现运动功能的执行机构,其布置直接影响到 ROV 的运动性能。

1. 水平推进器的布置

ROV 水平面运动性能取决于水平推进器的数量和布置,而水平推进器的数量选择则需要根据作业需求来定。一般至少布置 2 个水平推进器,这是由于 ROV 的推进器多为固定安装,一个推进器无法满足潜水器水平面运动的基本需求。下面就几种典型的水平推进器布置方式进行介绍。

1) 2 个水平推进器

2 个水平推进器的布置方式通常如图 3-10 所示。推进器与前进方向呈一定角度,通过控制 2 个推进器的推力,使得潜水器在水中除了能够实现前进、后退的运动外,还可实现转弯运动,但是这种方式无法实现潜水器的侧向平移运动。

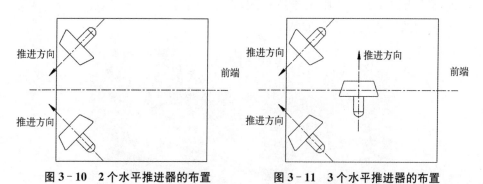

图 3-10   2 个水平推进器的布置   图 3-11   3 个水平推进器的布置

2) 3 个水平推进器

仅布置 2 个水平推进器无法实现 ROV 的侧向平移运动,故对于有着侧向平移需求的 ROV 来说,必须增加至少一个侧向推进器,这样就产生了 3 个水平推进器的布置方案。图 3-11 所示为 3 个水平推进器布置方式,其中的 2 个推进器布置方式相同,第 3 个推进器沿侧向布置,通过它可以实现潜水器的侧向平移运动。需要说明的是,图 3-11 所示的只是 3 个水平推进器布置方式中的一种,2 个成夹角布置的推进器也可以平行布置。可以说,至少需要布置 3 个水平推进器才能实现潜水器较为灵活的水平面运动。

3) 4 个水平推进器

对于 4 个水平推进器的布置,最典型的是矢量布置方式,即 4 个推进器均与前进方向呈角度布置,如图 3 - 12 所示。这种布置方式通过单独控制各个推进器的推力大小,实现推力方向的控制,从而使得 ROV 在水平面灵活运动。这种布置方式比 3 个水平推进器布置方式更有优势,可以更有效地控制潜水器的运动。

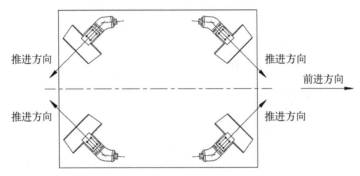

图 3 - 12　4 个水平推进器的矢量布置

2. 垂直推进器布置

ROV 的上浮、下潜运动是由垂直布置的推进器实现的,其布置方式较水平推进器而言相对简单。下面介绍几种典型的布置方式。

1) 1 个垂直推进器

布置 1 个垂直推进器位于潜水器中部,方向竖直向上或向下,就可以实现潜水器上浮下潜运动需求。

2) 2 个垂直推进器

2 个垂直推进器布置于潜水器中心的两侧位置,并与竖直轴呈一定角度,形如“八”字,如图 3 - 13 所示。

这种布置方式可以使 ROV 在上浮时,推进器水流不会直接冲击到本体框架上而导致推力损失。但布置角度不宜过大,一般夹角为 $10°\sim20°$,以避免不必要的推力损失。

3) 3 个垂直推进器

在 3 个垂直推进器的布置方案中,通常将 2 个推进器布置于潜水器两侧靠前的位置,同样与竖直轴呈一定角度,“八”字向外。第 3 个

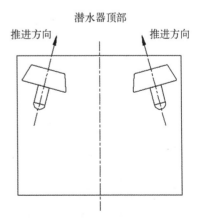

图 3 - 13　2 个垂直推进器的“八”字形布置

垂直推进器安装于潜水器尾部中心位置,可沿竖直方向布置。该布置方案中,3 个垂直推进器可产生竖直向上或向下的推力,而不会有侧向分力。同时可在特殊工作需要时,调节尾部垂直推进器,实现潜水器纵倾。

4) 4 个垂直推进器

4 个垂直推进器布置于潜水器两侧,每一侧各 2 个,与竖直轴呈一定角度。布置时应使合力方向与通过重心的铅垂线重合,从而保证潜水器平稳上浮或者下潜,如图 3 - 14 所示。

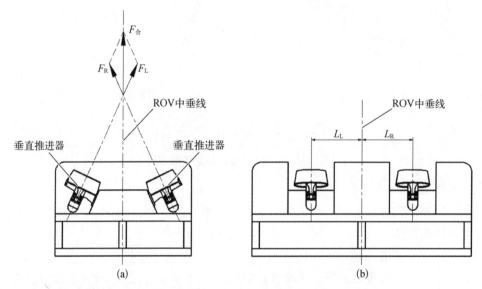

图 3 - 14　4 个推进器合力方向与通过重心的铅垂线重合

(a) ROV 正视图　(b) ROV 侧视图

注:$F_{合}$ 为两个螺旋桨的合力;F_L 为左侧螺旋桨的推力;F_R 为右侧螺旋桨的推力;L_L 为左侧螺旋桨离对称面的距离;L_R 为右侧螺旋桨离对称面的距离

以上简要介绍了水平推进器和垂直推进器的几种典型布置方式,ROV 所需的推进器个数要根据作业需求和本身特性而定。在满足需求的前提下,应尽可能减少推进器数量,这样不仅可以减轻系统重量、体积以及制造成本,还可以更加便于系统的维护。一般来说,小型电动 ROV 布置 2 个水平推进器和 1 个垂直推进器,大型液压作业级 ROV 布置 4 个水平推进器和 2 个以上的垂直推进器。

3.3.3　避碰声呐、高度计和深度计的安装

为了保证 ROV 的安全航行与作业,必须配备一些基本的传感器,如避碰声呐、高度计、深度计,而每种传感器的安装都需依据其工作原理和工作需求。

避碰声呐是 ROV 重要的设备之一,它可以探测到潜水器周围的障碍物,使操作人员遥控 ROV 时避开障碍物。避碰声呐一般安装于潜水器首部上方(见图 3 – 15),以便能够发现前方的障碍物。不同性能指标的避碰声呐,其工作范围也不同,有的只能扫描正前方的扇形区域,有的则可以进行 160°扫描。避碰声呐的选择需根据 ROV 的作业需求而定。

图 3 – 15　安装于潜水器首部的避碰声呐

这里所介绍的高度计专指水下高度计。顾名思义,高度计用于测量 ROV 距海底的高度,即 ROV 与海底之间的距离。它利用声波遇到障碍物反射的工作原理,也属于声呐的一种。高度计分很多等级,不同等级的高度计精度有较大差别,其选型需要以 ROV 作业需求为准。根据其工作原理,ROV 的高度计一般安装于框架底部。

每一台 ROV 都有最大工作水深限制,因此在水下作业时,需要实时获取 ROV 所处的水深,以免超出最大工作水深而造成系统受损。深度计是一种压力传感器,通过采集外界水压力,经过计算,输出水深值并向 ROV 进行反馈。图 3 – 16 所示为高度计和深度计测量反馈到 ROV 操作界面上的信息。

3.3.4　水下照明灯与水下摄像机安装

ROV 在水中运动或作业时,必须实时了解周围的环境,因此只使用声呐设备还远远不够,携带水下照明灯和水下摄像机是十分必要的。在水中,光线的传播与反射不如在空气中的好,再加上水中常常含有杂质,对光线的传播影响很大,水下照明灯可以进行补光,使物体反光增强,有利于辨认周围环境。有时 ROV 会在无光照的隧道或大深度的水底等环境中工作,此时若没有照明灯,

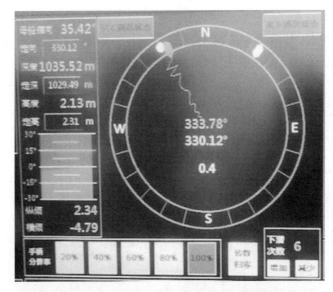

图 3-16 ROV 操作界面上的高度计和深度计信息

ROV 将难以辨认周围环境,甚至无法作业。

ROV 在前进方向上的运动最频繁,因此照明灯和摄像机一般安装于 ROV 的前部(见图 3-17),既便于进行水下观察与摄像,又便于发现前方的物体,提前做好应对措施。若 ROV 配置云台,照明灯和摄像机则安装于云台上,在 ROV 不调整姿态的情况下,可以通过云台改变观察方向和视角,这样可大大提高照明和观察的效率和效果。比较常用的水下照明灯有 LED 灯、HMI 灯、卤素灯等。

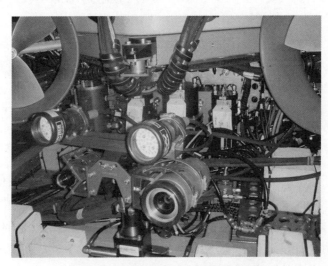

图 3-17 ROV 照明灯与摄像机的布置

对于大型 ROV,尤其是作业级 ROV,可布置多个照明灯与摄像机,同时显示多方位的视角,防止在运动或作业过程中碰到周围的障碍物。但由于 ROV 前方是主要作业区域,故主要的照明灯和摄像机仍然布置在前端。

摄像机的配置需依据 ROV 的工作需求,一般可选的摄像机种类有广角摄像机、可变焦摄像机、高清摄像机、微光摄像机等。

3.3.5 机械手安装

机械手对于 ROV 的重要性犹如手对人类的重要性,它是 ROV 作业时不可或缺的关键装备,也是其重要的组成部分。为 ROV 配置机械手的主要依据是其作业对象和作业需求,作业级 ROV 通常都会安装有 2 只机械手,常见的是 1 只七功能机械手和 1 只五功能机械手,主要工作由七功能机械手来完成,五功能机械手进行辅助操作。有的作业级 ROV 配置的机械手多达 4 只,而观察级 ROV 由于其工作性质主要为水下观察,故一般不配置机械手。

纵观国内外的 ROV,绝大多数都把机械手安装在本体结构的前端(见图 3-18),模拟人类的样子。借助于安装在前端的照明灯与摄像机,ROV 在良好的光照下可利用摄像机观察到机械手的运动和作业状况,为操作人员提供实时的作业场景,也符合人体工程学。但是这样的布置也存在缺点,一般机械手都是 ROV 中重量较重的设备之一,其工作时的摆动会对 ROV 本身造成比较大的影响,导致 ROV 自身姿态发生变化,这对于机械手操作人员是不小的考验。机械手操作人员需要较长的工作时间来熟悉操作特点并积累经验,以提高潜水器水下作业的效率。

图 3-18 ROV 机械手的布置

3.3.6 其他设备的安装

ROV通常还会搭载许多其他设备,如电子舱、接线箱、水下液压源等,这些设备的安装位置虽没有特殊要求,但必须便于维护。由于ROV对重心和浮心位置有比较高的要求,这些无特殊位置要求的设备就成为了ROV本体总布置中可调节的重要因素。因而,在布置这些设备时,应充分利用其重心和浮心对本体的影响,不断优化其布局,使得ROV的重心和浮心处于较为理想的位置。潜水器静力学计算是确保潜水器浮态、稳性以及吊放回收吊点位置合理的重要环节。

3.4 ROV 动力与推进系统设计

ROV的动力由母船通过脐带缆供给,推进器是水下运动的执行机构。通常,作业级ROV需要实现4个自由度运动,即前进/后退、横移、上浮/下潜和转向,因此ROV的水平面和垂直面都必须配置推进器。水平面一般布置2~3台推进器,垂直面一般布置1~4台推进器,布局方式各不相同,一般以在各个方向上产生均匀的推力分配为原则,这样可以为ROV提供良好的机动能力。推进器数量和性能指标主要取决于对ROV的运动要求。以"海马-4500号"ROV为例,系统共配置有8台推进器,水平面4台,呈矢量布置;垂直面4台,分别置于ROV的4个角上,如图3-19和图3-20所示。

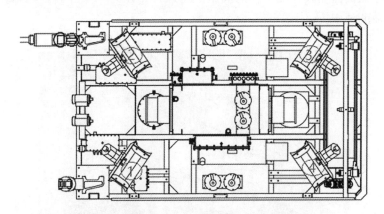

图 3-19 "海马-4500号"ROV 水平推进器布置

ROV常用的推进器主要为电动推进器和液压推进器两种。若选用电动推进器,则动力控制系统只需要控制电子舱、连接缆线和执行机构;若选用液压推进器,则动力控制系统需要控制电子舱、液压动力源(HPU)、连接管线、控制阀箱和液压回路系统。

电动推进器具有控制简单、高度集成等优点,但是与液压推进器相比,在同等功率下的电动推进器体积庞大。所以,电动推进器适合小功率 ROV,而大功率 ROV 一般均使用液压推进器。

动力与推进系统常用设计流程通常如下。

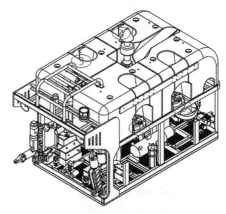

图 3-20 "海马-4500 号"ROV 垂直推进器布置

1. 迎流面积计算

根据 ROV 的外形尺寸,计算出纵向迎流面积和侧向迎流面积以及垂向迎流面积。

2. 阻力估算

依据 ROV 的纵向、侧向、垂向航速,估算本体阻力,并绘出如图 3-21~图 3-23 所示的航速-阻力曲线图。

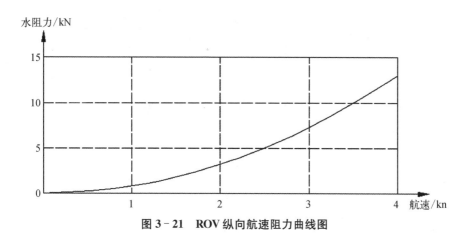

图 3-21 ROV 纵向航速阻力曲线图

3. 推进器初步选型

根据本体阻力及推进器布局,对推进器进行初步选型或设计。以某型 ROV 为例,选用 6 台 12″液压推进器,其中 4 台 12″水平推进器呈 45°矢量布置,2 台 12″垂直推进器呈 15°布置,推进器性能参数如图 3-24~图 3-26 所示。

4. 推力合力计算

根据推进器性能参数和布局方式,计算推进器在 3 个方向上的推力合力。

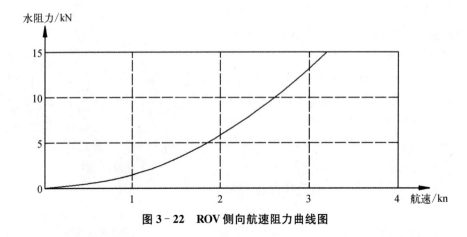

图 3-22 ROV 侧向航速阻力曲线图

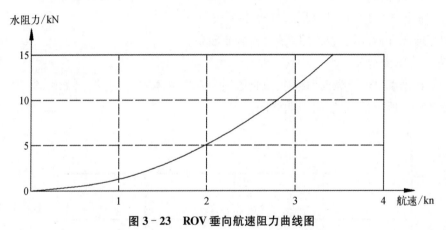

图 3-23 ROV 垂向航速阻力曲线图

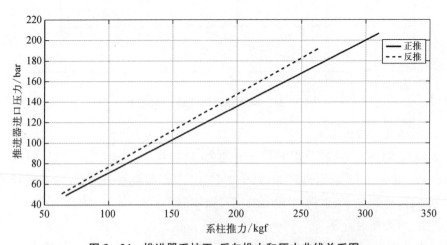

图 3-24 推进器系柱正、反向推力和压力曲线关系图

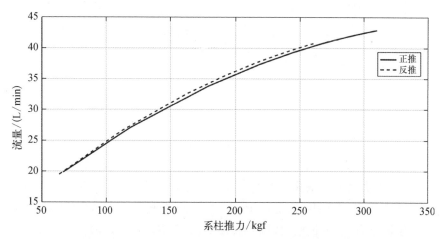

图 3 - 25　推进器系柱正、反向推力与流量的曲线关系图

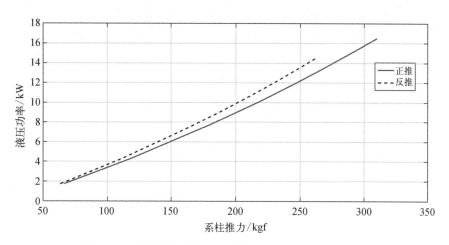

图 3 - 26　推进器系柱正、反向推力与功率的曲线关系图

由图 3 - 24～图 3 - 26 所示的推进器性能曲线可得：当推进器进口压力为 185 bar 时，单个推进器系柱正向推力为 285 kgf，功率 13.1 kW；单个推进器系柱反向推力为 255 kgf，功率 12.3 kW。ROV 纵向和横向最大推力合力约为 763 kgf，垂向最大推力合力约为 490 kgf。

5. 推力合力与本体阻力校核

如果推力合力大于本体阻力，则所选或设计的推进器指标满足要求，否则需要加大推进器功率并重新进行计算和校核，直至满足要求。

6. 动力系统总功率计算

根据选定的推进器性能参数，计算出 ROV 的动力系统总功率，从而选定液压动力源(HPU)的功率及排量,并选择可以匹配的控制阀箱及液压回路系统。

考虑到 ROV 特有的工作环境,其动力系统必须安全可靠、易于控制,且系统必须耐高压、耐低温、耐腐蚀且不污染环境。

3.5 ROV 控制系统

ROV 控制系统是 ROV 的核心技术,是根据 ROV 的总体配置进行独特设计而成的。由于技术含量高且系统复杂,控制系统是国际上 ROV 生产商最大的卖点,通常不单独销售,而是与 ROV 系统捆绑销售。其中的关键技术包括 ROV 系统控制方法,数据的实时监测、预警、紧急隔离,多数据融合,姿态实时仿真,触摸控制,运动控制,数据显示、记录与分析,系统控制软件等。实现 ROV 水下自动定向、定深、定高航行等运动功能是控制系统的主要技术难点之一,研究和解决运动控制中的关键技术具有重要意义。通常可以通过系统建模与仿真计算、推进参数测定、实体水动力参数标定等理论与实验相结合的方法解决。从国内外公开发表的关于潜水器控制理论和算法的文献来看,ROV 运动控制经常采用的方法主要包括:比例积分微分控制器(proportion integration differentiation,PID)及各种改进的先进 PID、滑模变结构控制(sliding mode control of variable structure)、自适应控制(self-adaptive)、模糊控制(fuzzy logic inference)、神经网络(neural network)、H $-\infty$ 鲁棒控制(H $-\infty$ robust)、基于 Lyapunov 的反步法(backstepping)、二次型最优控制(LQI)、线性矩阵不等式(LMI)等。

以"海马-4500 号"ROV 为例,采用由水面控制计算机、光端机系统、水下信息采集和控制子节点组成的分布式控制系统,突破了推进器控制节点、工具控制节点、低压直流电源控制及绝缘检测节点、漏水检测节点、温度采集节点、姿态传感器节点等控制技术难点。

随着计算机网络技术和现场总线技术的发展,工业控制系统经历了从封闭到开放,从单点控制、组合式模拟控制系统、集中式数字控制系统、集散式控制系统,到目前现场总线控制系统和开放嵌入式控制系统阶段,呈现出向分散化、网络化、智能化方向发展的态势。

这些技术发展也使得 ROV 的控制系统面临一场技术变革,配备巨大带宽的光纤通信在水下设备中的使用越来越普遍,早期设备端的集中式控制正慢慢地将以往由水下计算机处理的内容转向由水面计算机处理,水下设备端的各个传感器将采集到的数据直接上传至水面控制计算机,计算处理后再将控制指令下发给设备本体端的各个功能板卡;水下设备端的各个板卡功能相对单一,相互之间的功能尽量没有耦合,每个板卡只是执行上位机发给自己的指令。这种分布式控制系统(或称为分散式控制系统)能够进一步将底层单片机控制单元下放到控制现场,并由高层监控单元统一调度和管理。这种以管理集中、控制分散为特性的分布式控制系统具有高可靠性、开放性、灵活性和协调性等优良性能。

本节介绍的 ROV 控制系统按照模块化的划分原则,划分为若干个较小的、相对独立的功能模块,如视频显示模块、信号采集模块、推进驱动模块和主控模块。所有的从模块都统一由主模块进行调度和管理。这种主从式模块结构实现了分布式控制系统在 ROV 中的应用,增强了系统的开放性、协调性和可靠性。

ROV 的控制系统主要用于实现整个系统的能量分配、设备控制、航行控制和状态监测功能等。从功能上该系统可以分为航行控制系统、视频监控系统、照明控制系统、云台控制系统、漏水与绝缘监测系统、电源系统等。

3.5.1　航行控制系统

航行控制系统主要包括以下基本模块：主控模块、推进器驱动模块(分别对应各自的推进器)、传感器信号采集模块、控制面板信号采集模块。

1. 主控模块

主控模块是整个控制系统的指挥与调度中心,其功能如下：

(1) 主控计算机接收罗盘、陀螺仪、深度计、高度计等运动传感器信号,发送各种指令对 ROV 进行控制。

(2) 根据手动控制模式下的运动指令输入,进行推力分配计算,产生对推进器的推力指令,并自动根据运动传感器反馈进行校正。

(3) 自动控制模式下,根据设定的自动控制目标以及来自运动传感器的数据,自动生成推进器的推力指令;自动控制功能一般包括自动定深、自动定高和自动定向功能;自动定深控制是将深度计所测得的当前深度与设定深度相比较,反馈给主控器,然后控制垂直推进器,实现一个闭环负反馈系统,从而完成控制任务;自动定高控制是将高度计所测得的当前 ROV 离底高度与设定离底高度相比较,控制垂直推进器,使 ROV 保持在设定的离底高度位置上;自动定向则是控制 ROV 首向使其保持在某一指定方向上。

(4) 与视频显示单元通信,提供给操作人员关于 ROV 的运动姿态信息。

2. 推进器驱动模块

推进器驱动模块由推进器及相应的控制单元组成。随着作业能力的增强,推进器的功率和数量随之增长,潜水器本体也趋于庞大。观察级 ROV 一般配

1～2台电动推进器；轻作业级 ROV 一般配 4～6 台电动或者液压推进器；大深度、作业级 ROV 一般配 8 个大推力的液压推进器，且为保证运动灵活性，水平推进器一般呈矢量布置，在控制算法驱动下，可以实现水平面上的原地转向、侧移、前进、后退等动作。

3.5.2 视频监控系统

视频监控系统（见图 3-27）包括安装在 ROV 本体端的多台摄像机、水下视频切换系统、视频传输系统，安装在甲板端的视频切换分配系统、信息叠加系统、显示器、视频存储等，具有字符叠加、视频图像切换、视频记录、多画面分割等功能。

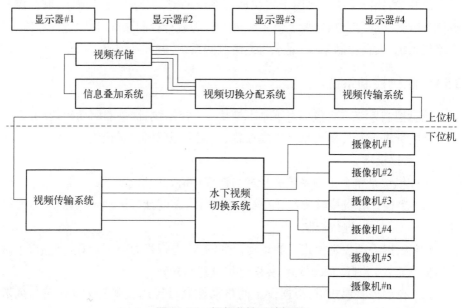

图 3-27 视频监控系统框图

图 3-27 中，下位机视频切换根据控制指令在不同摄像机视频源中做选择，上位机视频切换可以选择任意一路视频在不同显示器上显示，这样更能便于操作人员根据需要观察不同位置信息。叠加信息一般包括 ROV 当前的离底高度、深度、首向以及其他作业状态信息，便于后续查看。

小型 ROV 的视频监控系统相对简单，一般只配备前向观测摄像机，控制端对视频显示/存贮。大型 ROV 结构复杂，根据作业需求，配备有普通摄像机、微光摄像机、变焦摄像机、高清摄像机、照相机等不同种类的视频设备。在大型 ROV 上配备的普通摄像机数量多，主要用于工作环境观测和对 ROV 自身的状态查看，大多数并不需要一直处于观察状态，故为节约视频通道数量，这些摄像机可以采用切换方式在一个视频通道上分时传输不同位置的视频图像,而其他种类的摄像机用来实现具体作业需求。

以"海马-4500号"ROV视频观察系统为例,它主要配置有高清变焦摄像机、前视广角水下摄像机、垂直于底部的普通变焦摄像机。高清摄像机可以对目标物进行细致观察,广角摄像机侧重于搜寻重要目标点,底部的变焦摄像机用于对海底目标进行近距离观察和ROV坐底后的细节观察,三路视频各有所长,能够很好地满足科学家对海底目标的观测。除此之外,"海马-4500号"ROV还配置有多路普通视频,可对ROV在水下的状态进行监控。

3.5.3 照明控制系统

ROV上一般配有可调光LED灯、卤素灯、HMI灯中的一种或几种,以达到较好的拍摄效果。

如果系统中配备多个LED灯,那么支持其工作的直流电流功率会较大,从而导致系统容易发热。如果将LED灯电源独立出来,单独设置一个灯舱,既可以较好地满足散热条件,又能方便在灯舱设计多个灯的水密接插件。图3-28所示为某型号ROV灯舱内部的主要功能部件图。

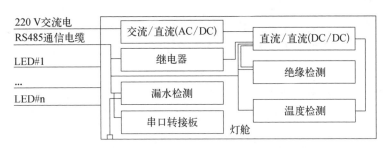

图 3-28 某型号 ROV 灯舱内部主要功能部件图

从强电接口箱传输进来的220 V交流电向灯舱提供电源,从电子舱进来的通信线控制灯舱内的直流电源开关和继电器板各路输出电源的通断;串口转接板将来自电子舱的亮度控制指令分别转发至各个LED来实现调光功能,绝缘检测、漏水检测、温度检测等均作为控制总线上的节点参与对灯舱工作状态的实时监测。

卤素灯和HMI灯由电子舱直接控制继电器通断来实现电源控制,考虑到这两种灯的功率较大,继电器都放置在强电接口箱内,从而避免可能产生的干扰。

3.5.4 云台控制系统

常见的ROV云台有液压型和电动型。液压云台负荷能力强、价格低,在液压油里的空气全部排出后可以锁定位置不动,但是控制精度稍低。电动云台外部连接简单,运动有反馈,可以较精确地运动到指定位置,电动云台负荷能力稍低,成本高。

云台控制计算机采集控制台面上的操纵杆信号,按协议生成控制指令,经信息传输系统传输至水下接收端。对于液压云台而言,控制信号送至液压阀箱控制板,通过开关阀实现云台在几个方向的旋转运动;对于电动云台而言,控制指令直接送至云台,由云台内部执行结构解析并执行运动控制。

3.5.5 漏水与绝缘监测系统

对 ROV 工作中的各路电源进行实时在线的绝缘监测是水下设备正常工作的关键环节,如果发生漏水事故或者导线与舱壁短接,电源线会对大地短路,造成电源故障或者设备烧毁,故在电源对地绝缘数值下降到一定范围时,必须切断此路电源以保证系统其他部分能够正常工作。

这里的绝缘监测系统主要指低压直流电源的对地阻值检测,常用的一个检测方法是经一个电阻网络向待测试电源线施加一个外部电压,如果有漏电产生,则电阻网络输出的电压会发生变化,对此电压信号进行采集处理,即可计算出待测电源对地的绝缘阻值大小。

水下系统中普遍采用隔离电源方式供电,每个绝缘检测通道也是互相隔离的。当检测到某路电源发生绝缘故障时,仅切断此路设备电源即可,系统其他部分不会受到影响。

漏水检测是水下作业系统的一项基本功能。ROV 上一般有多个充油接口箱,也有电子舱等干舱舱体,这些舱体如果发生漏水,会导致电源对海水导通,并腐蚀油路和控制电路板卡。对各个舱体做实时的漏水检测能够帮助操作人员第一时间掌握漏水位置并采取相应保护措施。

漏水探测位置一般设置在待检测舱体最底部,使用两根并行的裸露导线作为探头,如果发生漏水,这两个探头发生短路,检测电路对此信号做出反应,并通知控制系统。

另外,一般在两个探头中间接入一个电阻,并确定此时检测电路的输出数值(不同于正常工作时的检测电路输出数值),如果发生探头脱落造成的开路,则立即可在控制端得到反映。

3.5.6 电源系统

ROV 电源系统分为水面部分和水下部分。小功率 ROV 一般下潜深度小,脐带缆较短,缆上压降若在可接受范围,则可以直接使用较低电压电源直接供电的方式,电源方案简单方便。如使用 220~600 V 的交流电源驱动数千瓦功率的推进器,可以满足实际使用需求。对于较大功率 ROV 来说,低压供电使得电流变大,缆上压降增大,达不到设计性能指标。此时甲板端需要使用升压变压器来提高供电电压以降低电流,从而减小缆上压降,水下电机也相应使用高压电机(如 3 000 V),以避免使用降压变压器增加 ROV 负载。

图 3-29 所示为一个使用单液压源电机 ROV 的水面配电系统图。动力电源升压后送至水下电机,控制系统使用一路单独的电源供电,以升压方式传输,水下采用降压变压器输出低压交流电送至水下配电部分,以避免长距离脐带缆压降过大对控制系统产生影响。在水面配电系统中,对各路电压电流进行实时测量,在可编程控制器(PLC)中设置了各个参数的报警和故障门限,以保护异常情况下人员和设备的安全。升压后的电源经脐带缆传输,并对高压进行绝缘检测,检测输出串在 PLC 控制回路中,若高压电源对地绝缘数值低于设定门限,则切断电源供应,并给出声光报警。所有使用中的参数经 PLC 送至主控计算机供操作人员查看,并保存在日志文件中。

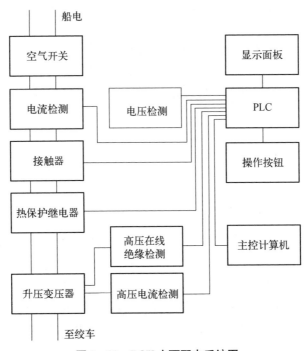

图 3-29 ROV 水面配电系统图

考虑到使用环境,ROV本体端的配电系统采用隔离电源,可以在局部故障的情况下对其进行物理隔离,保证其他设备正常工作。如图3-30所示,整流电路输出的直流电源送至各个DC/DC转换模块,生成各个板卡、传感器、照明、外部设备等所需的低压直流电源,每个直流转换模块均为隔离电源模块,每个模块均进行在线绝缘检测,如果发生某路电源绝缘故障,将其模块输出关闭即可达到隔离故障的目的;部分常见DC/DC模块本身具有短路保护功能,在输出短路时,自身也可切断输出,达到保护电源和设备的目的。

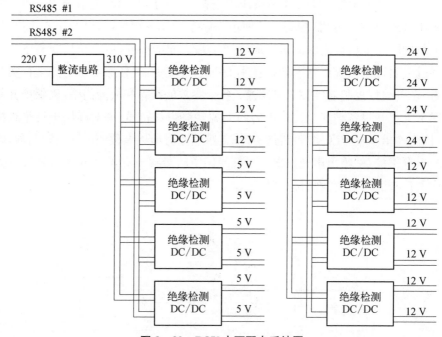

图3-30 ROV水下配电系统图

另外,如果每个设备均使用独立的隔离电源,虽然能真正达到隔离的目的,但是会使得电源模块数量众多,其体积和自身功耗对耐压舱体设计也会提出更高要求。一个折中的方法是将舱内外板卡、设备按类型排列,一个电源通过多路继电器向这些设备供电,当此路电源检测到对地绝缘数值降低时,可以通过继电器切换的方式查找到故障所在位置,然后将此路电源的继电器断开即可。对于大型ROV,其安装的摄像机数量较多,如果每个摄像机采用独立电源,则需要等同摄像机数量的隔离电源模块;如果通过继电器控制,每个隔离电源可以带4～5路摄像机;如果有摄像机发生电源故障,轮流开关继电器即可找到故障位置,并将继电器关断从而实现电源的物理隔离;若此电源本身故障,另一个电源所带多个摄像机仍可以继续工作。

3.6 ROV 导航定位系统

导航定位是通过自身感知系统从所在环境中获取与定位相关的信息数据，再经过一定的算法处理，进而对 ROV 当前的位置和航向进行准确估计的过程。Leonard 和 Durrant‐Whyte 将导航系统的功能总结为 3 个问题："我在哪（Where am I）""我要去哪（Where am I going）""我如何到达那里（How should I going there）"[57, 58]。

随着现代卫星技术的发展，在陆地和水面锁定目标的具体位置相对比较容易，而水下定位至今仍是一个比较艰巨的难题。因此导航定位是 ROV 完成作业任务首先必须解决的问题。操作员首先必须知道深海中的 ROV 处于什么地方，将要到达的目标在哪里，并如何引导 ROV 接近目标，这些导航与定位任务的实现都需要借助特定的设备来完成。

ROV 导航定位的具体技术方法和设备包含视觉导航、仪表传感器导航和多传感器数据融合导航等综合导航方式，快速精确地实现导航定位是提高 ROV 性能的关键环节之一。目前 ROV 的导航定位技术都有其局限性，都会存在一定的误差。因此开发高精度综合水下导航定位技术，对 ROV 快速抵达作业区域、搜寻营救以及提高其作业效率都具有至关重要的意义。

通常用于 ROV 的导航定位系统主要有两大类，一类为自主导航定位系统，另一类为非自主导航定位系统。在选择导航定位手段时必须综合考虑成本、精度、覆盖范围、安装、操作、维护及应用场合等因素。下面将对非自主导航定位系统、自主导航定位系统以及综合定位导航方法进行详细论述。

3.6.1 非自主导航定位系统

非自主导航定位系统需要在海底布设声标或者应答器，ROV 上所携带的定位设备需要与应答器配合使用，定位方法主要采用超短基线、短基线和长基线定位系统。

1. 超短基线定位系统

超短基线定位系统声基阵由集中安装在一个收发器中的所有声单元（一般大于 3 个）组成，如图 3‐31 所示。超短基线定位系统的优点是整个系统的构成简单、操作方便，不需要组建水下基线阵，而且测距精度高。

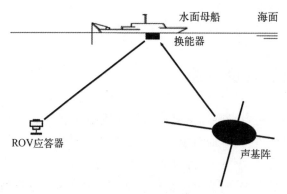

图 3-31 超短基线定位系统示意

2. 短基线定位系统

短基线定位系统的声基阵是由 3 个以上阵列组成的三角形或四边形换能器（用 T 表示），声基阵布置在船底，如图 3-32 所示。短基线定位系统的优点是系统构成简单、便于操作，不需要组建水下基线阵，测距精度高，换能器体积小，安装简单。短基线定位系统的缺点是若深水测量需要达到高的精度，则基线长度一般要大于 40 m；需要在船底布置 3 个以上的发射接收器，要求具有良好的几何图形，需要做大量的校准工作。另外，短基线定位系统的定位精度与水深和工作距离关系极大，水越深、工作距离越长，则定位精度越低。

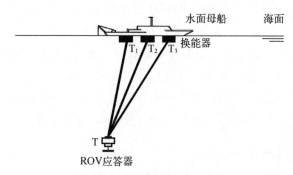

图 3-32 短基线定位系统示意

3. 长基线定位系统

长基线定位系统与短基线定位系统不同，定位基点不是布置在船底而是布置在海底。长基线定位系统如图 3-33 所示，系统包含两部分，一部分是安装在船只上的收发器或水下机器人，另一部分是一系列已知位置的、固定在海底上的应答器，应答器的数目至少 3 个以上，应答器之间的距离构成基线，长度在上百米到几千米之间。长基线系统是通过测量收发器和应答器群之间的距离，采用测量中的前方或后方交会对目标定位,所以系统与深度无关。

长基线定位系统的优点是定位精度与水深无关,在较大的范围内可以达到较高的相对定位精度,定位数据更新率高,换能器体积非常小,易于安装。长基线定位系统的缺点是系统复杂,操作烦琐;声基阵数量巨大,费用昂贵;需要长时间布设和收回海底声基阵;需要详细地对海底声基阵校准测量。

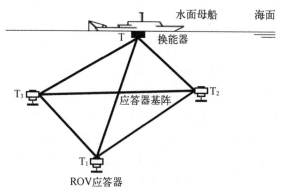

图 3-33 长基线定位系统示意

3.6.2 自主导航定位系统

在自主导航定位系统内,所有用于导航定位的设备均安装在 ROV 本体内,不需要本体以外的设备与之配合,例如摄像系统、惯性导航、多普勒计程仪、航向姿态仪等各类设备。自主导航定位系统主要包括视觉导航和仪表传感器导航。

1. 视觉导航

视觉导航主要借助于水下摄像视频图像和声呐图像,这些设备能将水下环境和目标信息通过 ROV 的控制系统传到水面控制台,并以图像方式显示给操作人员。操作人员通过看到的情景,遥控操作 ROV 向目标运动并完成海底作业任务。

视觉导航主要是在深海可视范围内引导操作员开展深海作业,是 ROV 最主要的导航方式,通过捕捉视觉图像获取 ROV 在空间中的位置、方向以及所处的环境信息。人类的视觉系统是一个三维采样系统,但是摄像设备一般是二维图像。因此为了更加准确地反映海底的情景,在 ROV 本体上的不同角度和位置安装有大量的水下摄像系统,可将海底实时影像传回到甲板,既可以作为视觉导航的一种手段,又可以作为观察和探测的调查手段(可参见第 8.1 节)。

水下摄像照明系统的有效导航距离与水质的浑浊程度以及照明系统有关。高清晰度的水下摄像视频系统在透明度很高的水中可以看到的视距约为 15 m。

超过了水下摄像照明系统的有效视距范围,则必须借助声呐设备对 ROV 周围的目标进行探测,声呐可以极大地扩展 ROV 的视距,其探测距离与环境有关,一般有效探测距离可达上百米。

2. 仪表传感器导航

为了获得潜水器在水下三维空间的位置信息,需要依靠各种测量仪表指示潜水器在水下的状态。常用的仪器仪表有罗盘、深度计、高度计、多普勒计程仪等仪器设备。

罗盘主要对 ROV 本体在水下的航向角和姿态进行监控,航向角和纵倾横摇不仅用于导航,还可用于相对运动自由度构成闭环反馈系统。因此在选择测量这两个参数的仪表时必须考虑它们的动态特性,即不应有延迟。

多普勒计程仪可以监测到 ROV 本体相对海流和海底的速度信息,对速度积分就可以得到 ROV 的航行距离,因此类似于汽车的里程表。多普勒计程仪精度不是很高,在 ROV 与水体之间的相对运动速度较低时反应不灵敏,因此需要与其他导航仪表配合来达到导航目的。

深度计和高度计也是 ROV 的重要导航仪表,可以实时显示潜水器距海底的高度和水面下潜的深度。

惯性导航利用加速度计与陀螺仪计算航程,推知当前位置和下一步目的地,不易受外界环境的影响,是目前的主要导航方法,但随着航程的增长,定位误差将会不断累加,导致定位精度下降[59]。

3.6.3　综合定位导航方法

综合定位导航方法指综合不同的定位导航方法或者不同的传感器对 ROV 进行导航定位,主要包含以下几类。

1. ROV、导航仪表以及超短基线的组合

这是目前普遍采用的一种水下导航定位方法,以超短基线作为位置传感器,并以其他的传感器(如视频、罗盘和深度计等)为辅助,组成综合导航系统。其中,超短基线定位系统为 ROV 提供位置数据(X、Y、Z 和 H),同时深度和方位信息也可以由深度传感器和罗盘获得之后与超短基线的数据信息经过滤波综合后,得到精度更高的位置信息,从而保证了 ROV 的位置精度,可以适应深海复杂的作业环境。

2. GPS 与水声系统组合

水下定位系统在没有 GPS 接入的情况下,只是显示相对位置。由 GPS 定位和水声定位组成的水下 GPS 定位系统,利用水声相对定位技术将 GPS 水面高精度定位能力向水下延伸,使潜水器在水下工作时就可以直接获得自身的地

球经纬度坐标,且定位精度可以保证与 GPS 水面定位精度在同一量级,这种方式在海洋科考中得到了广泛的应用,未来在 GPS 定位技术、声呐浮标技术、高精度时钟和水下通信技术相结合的方式下,这种方式会满足海洋开发、海洋高新技术发展对水下高精度定位导航的需要。

3. 多传感器数据融合导航定位

由于水下的环境复杂多变,仅仅依靠单一的传感器,如声呐、摄像头等,以及单一的算法是无法满足高精度导航定位要求的。近年来,通过数据融合、综合多种导航仪表数据,多传感器融合再结合经典的定位方法成为一种比较好的选择。把得到的传感器信息经过加权平均法、Kalman 滤波、Bayes 估计等方法进行处理,最终得到 ROV 的位置。这种方法在实际应用中取得了不错的效果,可以极大地提高 ROV 的导航精度,因此也成了目前的研究热点。

3.6.4 "海马‒4500 号"ROV 导航定位系统配置

"海马‒4500 号"ROV 的主要用途之一是海洋地质调查,而导航定位是海洋地质调查中的关键一环,特别是对调查数据具有非常重要的科学意义。"海马‒4500 号"ROV 导航定位系统由多视觉视频、罗盘、深度计、高度计、图像声呐、超短基线水下定位系统等组成。其中,视觉导航包括不同角度、多类型的深海摄像系统、云台和照明灯[60]。云台可以提供 360°旋转和俯仰二维运动,能够有效地扩展 ROV 的视觉范围。多种水下摄像机配置在 ROV 的不同部位,以便更有效地开展近海底观察和视觉导航。图 3‒34 所示为"海马‒4500 号"ROV 视频导航及观察系统配置,通过这些配置实现了对 ROV 在水下的状态进行监控和导航。水下照明系统为 ROV 在海底作业时提供足够的照明,保证摄像视频系统正常工作,是 ROV 在海底安全工作的重要保障。这里需要特别说明的是,在水质透明度高的情况下,应该尽可能地使物体被均匀照射,但是在悬浮物多、透明度差的情况下,有必要考虑光源、被照物体及视频的相对位置。水下照明灯一般采用石英卤素白炽灯辅以氙气灯的配置方法,这是由于石英卤素白炽灯发光效率低,照射距离近,在 ROV 的前端配置两个氙气灯,可扩大 ROV 的照明范围和视距。总之,在 ROV 总体设计和布局时,要对 ROV 接近观测对象的能力、摄像机的视距和视角、照明灯的亮度和水质情况加以全面考虑,以求得到最佳配置。

图像声呐能够有效地弥补摄像系统视觉导航视距不足的问题,可将 ROV 的视距范围扩展到 100 多米的范围,能够有效地保证 ROV 在安全的范围内开展作业,同时可以快速地搜索附近的目标物,提高作业效率。"海马‒4500 号" ROV 的图像声呐采用的是 Tritech 实时图像声呐 Gemini 720is,其具体技术参

图 3 - 34 "海马 - 4500 号"ROV 视频导航及观察系统配置

数如表 3 - 4 所示。图 3 - 35 所示为"海马 - 4500 号"ROV 依靠图像声呐迅速发现 30 m 外的钻孔以及布放在其周围的探测设备(见图 3 - 35 中椭圆形圈出部分)。

表 3 - 4 Tritech 实时图像声呐 Gemini 720is 技术参数

参 数 名 称	参 数 指 标
工作频率/kHz	720
弧度精度/(°)	声学 1.0,有效 0.5
扫描角度/(°)	120
波束数量	256
垂直波束宽度/(°)	20(俯仰 10)
范围/m	0.2~120
更新率/Hz	5~30(取决于范围)
精度/mm	8(取决于范围)

"海马 - 4500 号"ROV 通过超短基线水下定位和 GPS 定位组成水下 GPS 定位系统,利用 USBL 定位技术将 GPS 水面高精度定位能力向水下延伸,使 ROV 在深海可以直接获得自身的大地经纬度坐标。"海马 - 4500 号"ROV 支持母船"海洋六号"配有由挪威 Kongsberg Simrad 公司生产的 HiPAP100 水下定位系统,Mini 16 - 180 - St 水下定位声学应答器安装在潜水器顶部,其标称定位精度为斜距的 0.2%,最大作业水深可以达到 6 000 m,最大斜距达到 10 000 m,

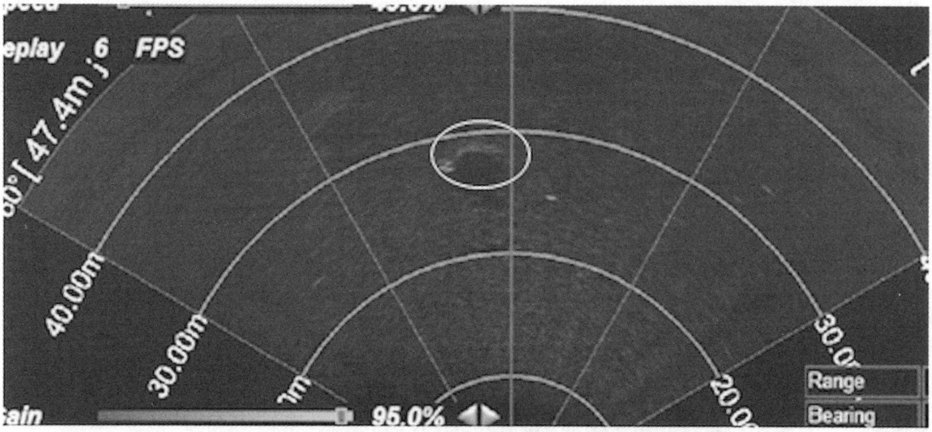

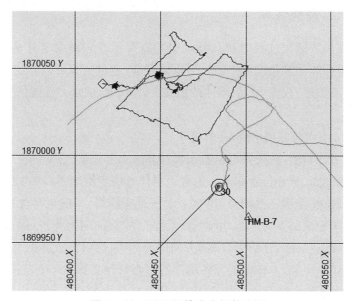

图 3‐35　ROV 前方约 30 m 处发现目标物(椭圆形圈出)

主要技术指标如表 3‐5 所示。结合 GPS 定位系统,获得"海马‐4500 号"ROV 的经纬度坐标轨迹,如图 3‐36 所示。

图 3‐36　ROV 经纬度坐标轨迹图

表 3‐5　Mini 16‐180‐St 水下定位声学应答器主要指标

应答器各种属性	指标/参数
最大工作深度/m	6 000
频带	LF

应答器各种属性	指标/参数
重量/kgf	15.5(空气),11.5(海水)
换能器波束/(°)	180 垂直
长度/mm	661
换能器直径/mm	101

3.7　ROV 的性能估算与结构校核

对 ROV 进行性能估算与结构校核是为了了解其性能是否达到设计预期要求,包括它的静水力性能、阻力性能、运动性能和框架结构强度性能等。

3.7.1　静水力性能估算

ROV 在吊放回收过程中和在静水中均需要保持相对稳定且平衡的姿态。因此,静水力性能估算是设计中的一个重要环节,通过估算可以确定 ROV 本体的重心和浮心位置,校核 ROV 本体的稳性[61]。通常,静水力性能估算包含以下步骤和内容。

1. 重量、重心与浮力、浮心的计算

在静水力计算前,首先要根据总布置计算潜水器框架、各部件在空气中的重量、在水中的浮力、重心位置和浮心位置。具体方法步骤如下:

（1）在 ROV 上设一个原点,建立一个三维坐标系,一般取本体底面与通过起吊点垂直轴相交的点为原点,取垂直轴为 z 轴,方向向上为正;通过原点的纵轴(即潜水器前进后退方向)为 x 轴,方向向前为正;通过原点的横轴为 y 轴,方向向左舷为正。至此,本体框架与各部件的重心与浮心都有一个对应三维坐标。

（2）计算不包含浮力材料的 ROV 本体在空气中的总重量与水中总浮力之差,得出需保持中性浮力状态所需的浮力。

（3）选择满足最大工作水深要求的浮力材料,根据下面介绍的稳性计算中的结果并考虑有效载荷、储备浮力要求,计算出所需浮力材料体积和重量。

（4）计算框架与各个部件的重力在 3 个坐标轴上相对于原点的力矩和,除以 ROV 总重量,就可以得到本体重心的三维坐标。

（5）用相同的方法求出本体的浮心位置。

例如,把部件编号为 $1 \sim n$,部件 1 在空气中的重量为 G_1,在水中的浮力为 F_1,对应的重心三维坐标为 (x_1, y_1, z_1),浮心坐标为 (X_1, Y_1, Z_1);ROV 本体总重量为 G,浮力为 F,对应的重心坐标和浮心坐标分别为 (x, y, z)、(X, Y, Z)。根据以下计算公式可以分别计算得出 ROV 本体重心和浮心坐标为

$$G_1 x_1 + G_2 x_2 + \cdots + G_n x_n = Gx$$
$$G_1 y_1 + G_2 y_2 + \cdots + G_n y_n = Gy$$
$$G_1 z_1 + G_2 z_2 + \cdots + G_n z_n = Gz$$
$$F_1 X_1 + F_2 X_2 + \cdots + F_n X_n = FX$$
$$F_1 Y_1 + F_2 Y_2 + \cdots + F_n Y_n = FY$$
$$F_1 Z_1 + F_2 Z_2 + \cdots + F_n Z_n = FZ$$

通过调整部件的安装位置,可以改变本体重心与浮心位置。

2. 稳性计算

为了使 ROV 在水中有一个平衡稳定的漂浮状态,潜水器的重心必须位于浮心的下方。重心与浮心之间的距离称为稳性高,稳性高越大,潜水器在水中越能保持稳定,一般潜水器稳性高数值为 0.2~0.4 m。

静水力计算与总布置设计直接相关,一般需要经过几个设计-计算循环才能最终确定系统的总布置和静水力性能。

3.7.2 阻力性能估算

在水中运动的物体必定受到水阻力的作用。ROV 主要应用于定点作业,其航速一般不大于 3 kn,水中运动所受阻力主要为摩擦阻力,其阻力大小与速度有关,速度越大,则阻力越大。ROV 总阻力为

$$F = \frac{1}{2} \rho V^2 SC \tag{3-1}$$

式中,F 为潜水器总阻力;ρ 为水密度;V 为航速;S 为湿表面积;C 为总阻力系数。

由于 ROV 本体通常为开架式框架结构,没有流线型的外壳,所有部件或设备都暴露于水中,并不能准确地计算出 ROV 本体湿表面积。因此在设计中一般采用估算方法来计算阻力,即对应于纵向、侧向和垂向 3 个方向潜水器的阻力分别为

$$F_1 = \frac{1}{2} \rho V_1^2 S_1 C_1$$

$$F_2 = \frac{1}{2}\rho V_2^2 S_2 C_2$$

$$F_3 = \frac{1}{2}\rho V_3^2 S_3 C_3$$

式中,F_1、F_2、F_3 分别为纵向阻力、侧向阻力、垂向阻力;V_1、V_2、V_3 分别为纵向速度、侧向速度、垂向速度;S_1、S_2、S_3 分别对应为纵向迎流面积、侧向迎流面积、垂向迎流面积,即分别为总宽×总高、总高×总长、总长×总宽;C_1、C_2、C_3 分别为纵向、侧向、垂向阻力系数,设计中常根据母型取值。

由阻力性能计算可绘出如图 3 - 37 所示的阻力曲线。

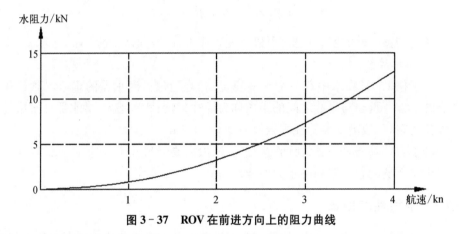

图 3 - 37　ROV 在前进方向上的阻力曲线

3.7.3　结构强度校核

ROV 作业时主要有以下几种工况：① 静止在水平地面;② 在海上吊放与回收;③ 在水中静止;④ 在水中运动;⑤ 母船系固。在每一种工况下,ROV 的结构框架受力情况都不尽相同[62]。

1. 工况分析

1) 静止在水平地面的工况

当 ROV 静止在水平地面时,框架对整个潜水器起支撑作用,结构框架上的浮力材料和所有设备对框架产生向下的作用力,框架承受的作用力等于 ROV 本体自身的重力。由于 ROV 与水平地面的接触面较大,不容易产生较大的应力集中。

2) 海上吊放、回收工况

ROV 本体的海上吊放和回收作业一般要求在 4 级海况以下进行。吊放回收阶段(见图 3 - 38),尤其是在 ROV 出入水时,母船的升沉运动、海浪的冲击都将对 ROV 结构框架产生额外的作用力。特别是当 ROV 出水时,还含有包络水、附连水,相当于增加了整个设备的重量,使结构承受的作用力进一步增加,此时需引进动载系数,ROV 出水回收工况的设计载荷为基本载荷乘以动载系数,同时还需要选取一定的安全系数。在安全系数和动载选取方面,国内外不尽相同,如表 3 - 6 所示。按照我国的规范标准,动载系数取 3,安全系数取 1.8。

图 3 - 38　ROV 海上回收作业

表 3 - 6　国内外 ROV 框架安全系数和动载系数参考表

项　　目		中国规范(救生潜水器)	日本规范(深海 2 000 m)	俄罗斯规范
海况/级	吊放	3	3	4
	回收	4	4	4
动载系数		3	1.43	1.8
安全系数		1.8	4	1.2

3) 水中静止工况

浮力材料是 ROV 本体达到中性浮力状态的关键,对于大多数 ROV 系统来说,浮力材料通常布置在结构框架的最上部。因此当 ROV 本体在水中静止时,浮力材料作用于结构框架上的力为向上的拉力。

4) 水中运动工况

当 ROV 在水中运动时,受到的主要作用力为水的阻力,它与 ROV 运动的速度以及迎流面积有关,其计算方法可见第 3.7.2 节中的阻力性能估算。

5）母船系固

由于海上时常有风浪，风浪致使母船产生升沉运动和左右晃动。ROV 在母船上时，为了防止其移动，需要使用绳索把 ROV 四周的固定点与母船固定点连接并拉紧，这种工况称为母船系固。此时框架除了承受本体重力外，还承受固定点的拉力。

上述 5 种工况中，在吊放/回收工况与母船固定工况时，ROV 结构框架受力较大，需要对框架的强度进行校核。

2. 受力分析

ROV 本体结构框架是一个复杂的三维空间结构，其受力点较多，受力大小不一，难以进行较全面的受力分析。另外，由于计算工作量较大，难以运用普通方法或简单公式进行全面的计算。目前通常使用三维商用有限元分析软件对框架结构进行强度校核，此类方法操作相对简单，而且大量的计算交由计算机处理，计算结果可以比较真实地反映应力和形变量在结构框架上的分布。

使用三维有限元软件对结构框架进行分析的具体步骤是：首先根据设计图纸在三维软件中建立一个简单、计算量小和精度满足要求的三维模型，并选择框架的材料；然后限定好结构的约束条件与受力情况，对框架进行网格划分；最后通过软件进行计算，得出应力和形变量分布图。下面以"海马-4500 号"ROV 结构框架校核为例进行介绍。

首先根据"海马-4500 号"ROV 的设计图纸建立 1∶1 的三维模型，如图 3-39 所示。建立模型时要求真实地反映出各个构件相交节点的几何特征，减少对结构框架的简化。对于 ROV 本体结构，由于工作环境特别，安全性要求高，需要细致考察各构件的面板、腹板以及各节点的应力、位移分布状态。"海马-4500 号"ROV 的框架材料采用铝合金 6061-T6，其抗拉强度为 265 MPa，弹性模量 $E=69$ GPa，抗剪模量 $G=26$ GPa，泊松比 $\mu=0.33$。值得说明的是材料的属性会影响框架形变计算。

在建立好三维模型之后，可分别对出水回收工况和母船系固工况进行有限元分析。

（1）出水回收工况。"海马-4500 号"ROV 出水回收工况的有限元模型和边界条件可选为结构框架起吊点自由支持，浮力块重量按均布力施加在顶部框架上，各设备的重量依其安装位置按集中力施加，动载系数取 3。

图 3-40 所示为 ROV 在出水回收工况时框架变形分布图，图 3-41 和图 3-42 是 ROV 出水回收工况框架应力分布图。"海马-4500 号"ROV 出

VOLUMES

VOLU NUM

ACEL

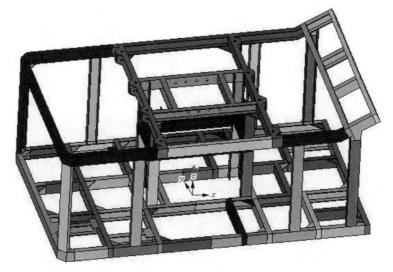

图 3-39 "海马-4500 号"ROV 结构框架三维模型

NODAL SOLUTION

STEP=1
SUB =1
TIME=1
U2   (AVG)
RSYS=0
DMX =7.858
SMN =-7.679
SMX =.005929

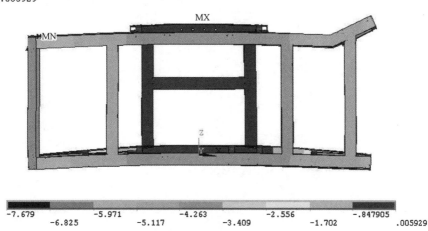

| -7.679 | | -5.971 | | -4.263 | | -2.556 | | -.847905 |
| | -6.825 | | -5.117 | | -3.409 | | -1.702 | .005929 |

图 3-40 出水回收工况框架变形分布图

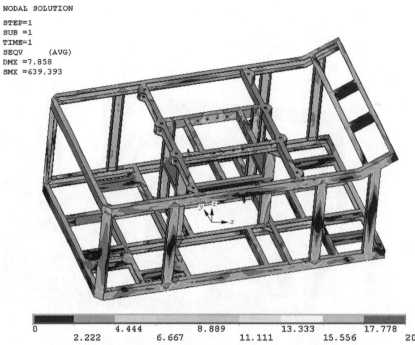

图 3 - 41　出水回收工况框架在 0～20 MPa 应力范围的分布图

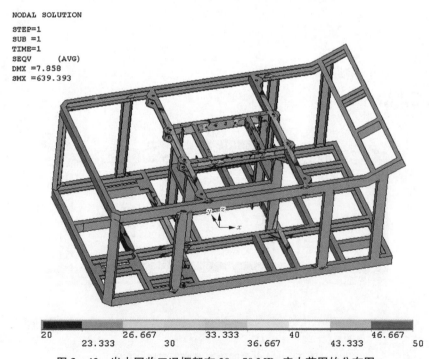

图 3 - 42　出水回收工况框架在 20～50 MPa 应力范围的分布图

水回收工况有限元分析结果表明,框架应力分布基本在 50 MPa 以内,安全系数为 5.3,大于 1.8,满足要求。框架的最大位移值为 7.9 mm,位移量为 ROV 总长的 2.2‰,最大位移出现在首尾端,不影响设备的安全运行,所以满足要求。

(2) 母船系固工况。ROV 系固在母船甲板上时,由于母船的升沉运动而产生加速度,使得 ROV 本体框架不仅要承受设备重量,还要承受母船升沉带来的附加力。母船升沉加速度与母船本身吨位有关系,根据以往的资料和计算结果,在 5 级海况下,2 000 吨级的母船垂向加速度约为 0.5g。考虑到 ROV 母船有可能小于 2 000 吨,运输海况有可能大于 5 级。因此对于本工况,取 0.7g 的垂向加速作为 ROV 母船系固强度校核值。

"海马-4500 号"ROV 的母船系固工况有限元模型的边界条件为框架底部固定、其他自由,浮力块重量按均布力施加在顶部框架上,各设备的重量依其安装位置按集中力施加。计算结果如图 3 - 43～图 3 - 45 所示。

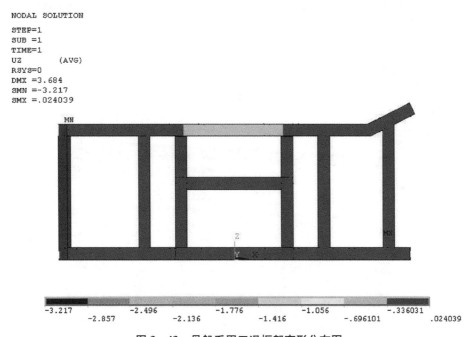

图 3 - 43　母船系固工况框架变形分布图

图 3 - 43 是母船系固工况 ROV 框架变形分布图,图 3 - 44 和图 3 - 45 是在母船系固工况时 ROV 框架的应力分布图。"海马-4500 号"ROV 母船系固工况计算结果表明,框架应力分布基本在 20 MPa 以内,安全系数为 13.2 远大于

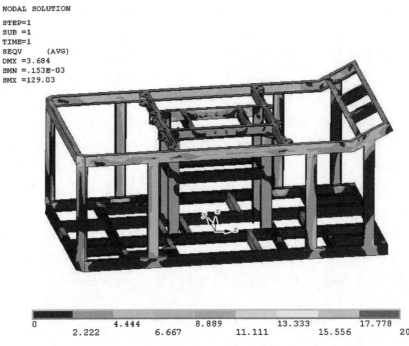

图 3 - 44　母船系固工况框架在 0～20 MPa 应力范围的分布图

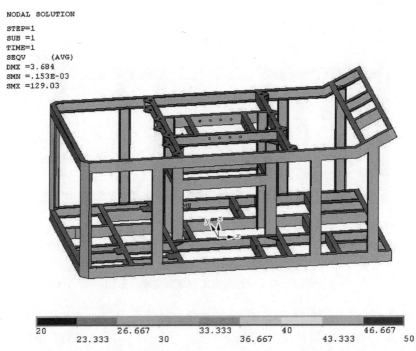

图 3 - 45　母船系固工况框架在 20～50 MPa 应力范围的分布图

1.8,满足要求;框架变形最大位移值为 3.7 mm。因"海马-4500 号"ROV 的总长度为 3.5 m,最大位移量为 ROV 本体长度的 1‰,因此满足强度要求。

目前,对于 ROV 本体框架的强度校核还没有统一的行业规范,大多都是借鉴前人的经验和研究成果,在实践中完善改进。

4 ROV的操纵与控制

潜水器的运动学方程和动力学方程以及六自由度运动控制方程具有普遍性,故第 4.1 节的内容适用于所有潜水器;但由于 ROV 的运动控制执行机构与其他类型潜水器不完全相同,因此,第 4.2、第 4.3 和第 4.4 节内容仅针对 ROV。

为了便于对潜水器的操纵和控制进行研究,将其在水下的运动视为刚体六自由度运动,这也是研究潜水器运动的基础。首先,建立其运动学数学模型,导出其运动方程及控制方程,最终据此完成对其运动控制。在建立数学模型时,需要确定潜水器在水下的运动位置、速度、加速度及姿态等。这些参数属于运动学范畴,并未涉及力学问题。当以加速度为纽带将潜水器的受力情况与运动情况相联系时,便可导出潜水器的动力学方程。本章将首先介绍和描述一般物体空间运动时所用的坐标系,并在此基础上详细介绍关于潜水器的运动学方程,然后详细推导潜水器的动力学方程,并结合对潜水器水下所受外力的分析,形成潜水器六自由度运动控制方程。另外,本章还介绍了 ROV 运动控制方法的基本问题及其原理,以及一种基于 PID 计算机数字控制器的 ROV 运动控制模拟技术。

4.1 潜水器运动方程

潜水器运动控制方程,包括运动学方程和动力学方程,可以完整地描述潜水器的运动,为实现运动控制提供数学依据[62,63]。

4.1.1 运动学方程

运动学方程是指潜水器运动参数在不同坐标系下的表达式之间的坐标转换关系。下面分别对坐标系、运动参数和坐标转换进行介绍。

1. 坐标系

为了描述潜水器的运动,需要寻找一些能够表达位置和姿态的数学量。为此,必须建立起某一种坐标系,才能据此坐标系给出这些数学量的表达规则。

坐标系的选取和建立并不唯一,但在潜水器的运动分析过程中,有两种常用的正交坐标系,分别是惯性坐标系 $O_0x_0y_0z_0$(又称空间固定坐标系,简称"定系"符号 $\{O_0\}$)和非惯性坐标系 $Oxyz$(又称载体坐标系或运动坐标系,简称"动系",符号 $\{O\}$),如图 4-1 所示。

定系的原点 O_0 可以取空间中的任意一点,O_0x_0 轴和 O_0y_0 轴均位于水平面内且相互垂直,O_0z_0 轴指向地心。定系 O_0x_0、O_0y_0 和 O_0z_0 三轴上的方向向量分别记为 $\boldsymbol{i}_0$,$\boldsymbol{j}_0$,$\boldsymbol{k}_0$。动系为固定在潜水器上的坐标系,原则上动系原点

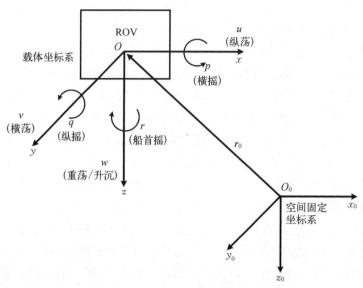

图 4-1　坐标系定义

O 和三轴方向可以任意选取。但为了简化,通常将原点 O 选取在潜水器的一些特殊点(例如重心或浮心)上。Ox 轴一般沿纵向主轴指向船首方向,Oy 轴垂直于 Ox 轴指向右舷侧,其与 Ox 轴构成的 xOy 平面为水线面,Oz 轴则垂直于 xOy 面指向潜水器底部方向。动系 Ox、Oy 和 Oz 三轴上的方向向量分别记为 i, j, k。

2. **运动参数**

在建立了坐标系以后,便可以对潜水器的位置和姿态进行数学量化表示。潜水器的位置一般指其相对于定系 $\{O_0\}$ 的位置。因此,可通过固连在潜水器上的动系原点 O 相对于定系的坐标来表示描述 ROV 的位置。设动系原点 O 在定系下的坐标为 (x_O, y_O, z_O),因而从定系上看,动系原点 O 的坐标为

$$^{O_0}\boldsymbol{\eta}_1 = [x_O, y_O, z_O]^{\mathrm{T}}$$

如无特殊说明,本章的向量用一个左上标表明该向量所参考的坐标系,在不产生混淆的情况下,可以去掉左上标以简化表示,简记为 $\boldsymbol{\eta}_1$。

潜水器的姿态描述一般是指其相对于定系 $\{O_0\}$ 中的姿态。由于动系 $\{O\}$ 固连在潜水器身上,因此,潜水器姿态便可用动系 $\{O\}$ 相对于定系 $\{O_0\}$ 的 3 个欧拉角(又称潜水器的姿态角)ϕ、θ 和 ψ 来表示,写成向量的形式即为

$$^{O_0}\boldsymbol{\eta}_2 = [\phi, \theta, \psi]^{\mathrm{T}}$$

式中,ϕ 称为横倾角;θ 纵倾角;ψ 表示首向角。向量简记为 $\boldsymbol{\eta}_2$。

因此,潜水器的位置及姿态可用下列向量统一表示为

$$^{O_0}\boldsymbol{\eta} = [\boldsymbol{\eta}_1, \boldsymbol{\eta}_2]^{\mathrm{T}} = [x_O, y_O, z_O, \phi, \theta, \psi]^{\mathrm{T}}$$

简记为 $\boldsymbol{\eta}$。

除了位置和姿态描述以外,还需要用到潜水器重心处的线速度和角速度信息。记重心处相对于定系 $\{O_0\}$ 的线速度在动系 $\{O\}$ 下的表示为 $\boldsymbol{V}_1 = [u, v, w]^{\mathrm{T}}$,而动系 $\{O\}$ 相对于定系 $\{O_0\}$ 的旋转角速度在动系 $\{O\}$ 下的表示为 $\boldsymbol{V}_2 = [p, q, r]^{\mathrm{T}}$,且与动系原点 O 的选择无关。因此,可得速度向量在定系和动系下的表示分别为

$$^{O_0}\dot{\boldsymbol{\eta}} = [\dot{\boldsymbol{\eta}}_1, \dot{\boldsymbol{\eta}}_2]^{\mathrm{T}} = [\dot{x}_O, \dot{y}_O, \dot{z}_O, \dot{\phi}, \dot{\theta}, \dot{\psi}]^{\mathrm{T}}$$
$$^{O}\boldsymbol{V} = [\boldsymbol{V}_1, \boldsymbol{V}_2]^{\mathrm{T}} = [u, v, w, p, q, r]^{\mathrm{T}}$$

$^{O_0}\dot{\boldsymbol{\eta}}$ 可简记为 $\dot{\boldsymbol{\eta}}$,$^{O}\boldsymbol{V}$ 可简记为 $\boldsymbol{V}$。

3. 坐标转换

任何物理量都可以选取在任意的坐标系下表示,而且在不同坐标系下的表示可以相互转换,这一过程称为坐标变换,通过旋转矩阵 $\boldsymbol{T}$ 实现。

由于同一向量在两个坐标系中的表示之间对应的旋转矩阵与相应的两个坐标系之间的旋转矩阵是相同的。因此,先简要介绍本章中所用的一种坐标旋转方法,即"z-y-x 欧拉角"方法,以便后续的数学推导。

由三维空间的旋转变换知识可知,旋转变换一般是不互逆的。例如一个直角坐标系先绕着 x 轴顺时针旋转 $90°$,再绕着 y 轴顺时针旋转 $90°$ 所得的结果与先绕 y 轴顺时针转 $90°$ 再绕 x 顺时针旋转 $90°$ 所得的结果完全不同。拓展可知,同一旋转结果也可由不同的旋转方案得到。由此可知,三维空间的旋转变换必须注意旋转的顺序。

由于实际潜水器的运动可能使动系 $\{O\}$ 与定系 $\{O_0\}$ 原点不重合,即存在一个位置偏差向量 $^{O_0}\boldsymbol{O} = [x_O, y_O, z_O]^{\mathrm{T}}$。为了方便讨论旋转过程,可以将 $\{O\}$ 平移,使 $\{O\}$ 与 $\{O_0\}$ 原点重合,记为 $\{O^{\mathrm{T}}\}$,便可不考虑位置偏差 $^{O_0}\boldsymbol{O}$。

本章所涉及的动系 $\{O\}$ 姿态可由定系 $\{O_0\}$ 按照"z-y-x 欧拉角"的顺序经过 3 个姿态角旋转后得到,如图 4-2 所示。首先,先将 $\{O_0\}$ 绕着 O_0z_0 轴旋转 ψ 角,得到新的坐标系 $O_0x_1y_1z_0$;再将 $O_0x_1y_1z_0$ 系绕着 O_0y_1 轴旋转 θ 角,得到新的坐标系 $O_0xy_1z_1$;最后将 $O_0xy_1z_1$ 系绕着 O_0x 轴旋转 ϕ 角,得到 O_0xyz 系,即为上述的 $\{O^{\mathrm{T}}\}$。至此,所得的 $\{O^{\mathrm{T}}\}$ 便与 $\{O\}$ 具有相同的姿态,区别仅在于

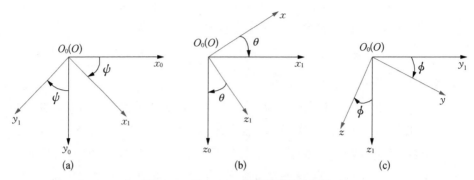

图 4 - 2　"z - y - x 欧拉角"顺序旋转

相差了一个位置偏差 $^{O_0}\boldsymbol{O}$。

　　如图 4 - 2(a)所示,在第一次绕 O_0z_0 轴旋转 ψ 后,空间任意点在变化前后的两个坐标系内的坐标存在如下关系

$$\begin{cases} x_0 = x_1\cos\psi - y_1\sin\psi \\ y_0 = x_1\sin\psi + y_1\cos\psi \\ z_0 = z_0 \end{cases} \quad (4-1)$$

写成矩阵形式为

$$\begin{bmatrix} x_0 \\ y_0 \\ z_0 \end{bmatrix} = \begin{bmatrix} \cos\psi & -\sin\psi & 0 \\ \sin\psi & \cos\psi & 0 \\ 0 & 0 & 1 \end{bmatrix} \begin{bmatrix} x_1 \\ y_1 \\ z_0 \end{bmatrix} \quad (4-2)$$

同理,第二次绕 O_0y_1 轴旋转 θ 后,有如下关系

$$\begin{bmatrix} x_1 \\ y_1 \\ z_0 \end{bmatrix} = \begin{bmatrix} \cos\theta & 0 & \sin\theta \\ 0 & 1 & 0 \\ -\sin\theta & 0 & \cos\theta \end{bmatrix} \begin{bmatrix} x \\ y_1 \\ z_1 \end{bmatrix} \quad (4-3)$$

第三次绕 O_0x 轴旋转 ϕ 后,有如下关系

$$\begin{bmatrix} x \\ y_1 \\ z_1 \end{bmatrix} = \begin{bmatrix} 1 & 0 & 0 \\ 0 & \cos\phi & -\sin\phi \\ 0 & \sin\phi & \cos\phi \end{bmatrix} \begin{bmatrix} x \\ y \\ z \end{bmatrix} \quad (4-4)$$

于是,动系中的向量 $[x,\ y,\ z]^{\mathrm{T}}$ 变换到定系中的向量 $[x_0,\ y_0,\ z_0]^{\mathrm{T}}$ 的坐标变换关系为

$$
\begin{bmatrix} x_0 \\ y_0 \\ z_0 \end{bmatrix} = \begin{bmatrix} \cos\psi & -\sin\psi & 0 \\ \sin\psi & \cos\psi & 0 \\ 0 & 0 & 1 \end{bmatrix} \begin{bmatrix} \cos\theta & 0 & \sin\theta \\ 0 & 1 & 0 \\ -\sin\theta & 0 & \cos\theta \end{bmatrix} \begin{bmatrix} 1 & 0 & 0 \\ 0 & \cos\phi & -\sin\phi \\ 0 & \sin\phi & \cos\phi \end{bmatrix} \begin{bmatrix} x \\ y \\ z \end{bmatrix}
$$

$$(4-5)$$

或

$$
\begin{bmatrix} x_0 \\ y_0 \\ z_0 \end{bmatrix} = \boldsymbol{J}_1(\boldsymbol{\eta}) \begin{bmatrix} x \\ y \\ z \end{bmatrix}
\tag{4-6}
$$

式中，$\boldsymbol{J}_1(\boldsymbol{\eta})$ 为坐标变换矩阵

$$
\boldsymbol{J}_1(\boldsymbol{\eta}) = \begin{bmatrix} \cos\psi & -\sin\psi & 0 \\ \sin\psi & \cos\psi & 0 \\ 0 & 0 & 1 \end{bmatrix} \begin{bmatrix} \cos\theta & 0 & \sin\theta \\ 0 & 1 & 0 \\ -\sin\theta & 0 & \cos\theta \end{bmatrix} \begin{bmatrix} 1 & 0 & 0 \\ 0 & \cos\phi & -\sin\phi \\ 0 & \sin\phi & \cos\phi \end{bmatrix}
$$

$$
= \begin{bmatrix} \cos\psi\cos\theta & \cos\psi\sin\theta\sin\phi - \sin\psi\cos\phi & \cos\psi\sin\theta\cos\phi + \sin\psi\sin\phi \\ \sin\psi\cos\theta & \sin\psi\sin\theta\sin\phi + \cos\psi\cos\phi & \sin\psi\sin\theta\cos\phi - \cos\psi\sin\phi \\ -\sin\theta & \cos\theta\sin\phi & \cos\theta\cos\phi \end{bmatrix}
$$

$$(4-7)$$

于是，线速度在定系和动系下的分量表示 $\dot{\boldsymbol{\eta}}_1$ 和 $\boldsymbol{V}_1$ 之间应该满足如下的变换关系，即

$$
\begin{bmatrix} \dot{x}_O \\ \dot{y}_O \\ \dot{z}_O \end{bmatrix} = \dot{\boldsymbol{\eta}}_1 = \boldsymbol{J}_1(\boldsymbol{\eta})\boldsymbol{V}_1 = \boldsymbol{J}_1(\boldsymbol{\eta}) \begin{bmatrix} u \\ v \\ w \end{bmatrix}
\tag{4-8}
$$

至于角速度的坐标转换关系，可以由速度合成定理推导得出。参考图 4-2，可以写出合成的角速度表达式为

$$
\boldsymbol{\Omega} = \dot{\phi}\boldsymbol{i} + \dot{\theta}\boldsymbol{j}_1 + \dot{\psi}\boldsymbol{k}_0
\tag{4-9}
$$

式中，$\boldsymbol{i}$ 是 O_0x 轴的单位向量，$\boldsymbol{j}_1$ 为 O_0y_1 轴的单位向量，$\boldsymbol{k}_0$ 为 O_0z_0 轴的单位向量。

由前述任意向量在两个坐标系内坐标变换的逆变换式(4-3)和式(4-4)，可得到

$$
\begin{cases} \boldsymbol{j}_1 = \cos\phi \cdot \boldsymbol{j} - \sin\phi \cdot \boldsymbol{k} \\ \boldsymbol{k}_1 = \sin\phi \cdot \boldsymbol{j} + \cos\phi \cdot \boldsymbol{k} \end{cases}
\tag{4-10}
$$

和

$$k_0 = -\sin\theta \cdot i + \cos\theta \cdot k_1 \tag{4-11}$$

将式(4-10)和式(4-11)代入式(4-9),可得

$$\boldsymbol{\Omega} = (\dot{\phi} - \dot{\psi}\sin\theta)\boldsymbol{i} + (\dot{\theta}\cos\phi + \dot{\psi}\cos\theta\sin\phi)\boldsymbol{j} + (\dot{\psi}\cos\theta\cos\phi - \dot{\theta}\sin\phi)\boldsymbol{k}$$
$$\tag{4-12}$$

根据动系$\{O\}$绕自身原点O的旋转角速度在动系$\{O\}$下的表示为$\boldsymbol{V}_2 = [p, q, r]^{\mathrm{T}} = p\boldsymbol{i} + q\boldsymbol{j} + r\boldsymbol{k}$,与$\boldsymbol{\Omega}$对照后可得

$$\begin{cases} p = \dot{\phi} - \sin\theta\dot{\psi} \\ q = \cos\phi\dot{\theta} + \cos\theta\sin\phi\dot{\psi} \\ r = \cos\theta\cos\phi\dot{\psi} - \sin\phi\dot{\theta} \end{cases} \tag{4-13}$$

取逆变换可得

$$\begin{cases} \dot{\phi} = p + \tan\theta\sin\phi q + \tan\theta\cos\phi r \\ \dot{\theta} = \cos\phi q - \sin\phi r \\ \dot{\psi} = \dfrac{\sin\phi}{\cos\theta}q + \dfrac{\cos\phi}{\cos\theta}r \end{cases} \tag{4-14}$$

写成矩阵形式,有

$$\begin{bmatrix} \dot{\phi} \\ \dot{\theta} \\ \dot{\psi} \end{bmatrix} = \dot{\boldsymbol{\eta}}_2 = \boldsymbol{J}_2(\boldsymbol{\eta})\boldsymbol{V}_2 = \boldsymbol{J}_2(\boldsymbol{\eta})\begin{bmatrix} p \\ q \\ r \end{bmatrix} \tag{4-15}$$

式中,角速度变换矩阵$\boldsymbol{J}_2(\boldsymbol{\eta})$为

$$\boldsymbol{J}_2(\boldsymbol{\eta}) = \begin{bmatrix} 1 & \tan\theta\sin\phi & \tan\theta\cos\phi \\ 0 & \cos\phi & -\sin\phi \\ 0 & \sin\phi/\cos\theta & \cos\phi/\cos\theta \end{bmatrix} \tag{4-16}$$

式(4-14)和式(4-15)就是角速度向量在动系和定系间的坐标转换关系。将式(4-8)和式(4-15)合并在一起,便可获得完整的速度坐标转换关系如下,此即为 ROV 的运动学方程。

$$
\begin{bmatrix} \dot{x}_0 \\ \dot{y}_0 \\ \dot{z}_0 \\ \dot{\phi} \\ \dot{\theta} \\ \dot{\psi} \end{bmatrix} = \dot{\boldsymbol{\eta}} = \boldsymbol{J}(\boldsymbol{\eta})\boldsymbol{V} = \boldsymbol{J}(\boldsymbol{\eta}) \begin{bmatrix} u \\ v \\ w \\ p \\ q \\ r \end{bmatrix}
\tag{4-17}
$$

式中，坐标变换矩阵 $\boldsymbol{J}(\boldsymbol{\eta})$ 为

$$
\boldsymbol{J}(\boldsymbol{\eta}) = \begin{bmatrix} \boldsymbol{J}_1(\boldsymbol{\eta}) & 0 \\ 0 & \boldsymbol{J}_2(\boldsymbol{\eta}) \end{bmatrix}
\tag{4-18}
$$

4.1.2 动力学方程

ROV 的动力学方程可由经典力学中的动量定理及动量矩定理推导得出。动力学方程将潜水器所受的外力情况与自身的运动状态联系起来，是控制潜水器运动的理论依据。

1. 动量定理推导平移运动动力学方程

由动量定理可知，对任意刚体的直线运动存在着如下向量关系

$$
m \frac{\mathrm{d}\boldsymbol{V}_G}{\mathrm{d}t} = \boldsymbol{F}
\tag{4-19}
$$

式中，m 为刚体质量；$\boldsymbol{V}_G$ 为刚体重心相对定系的线速度在动系中的向量表示；$\boldsymbol{F} = [X, Y, Z]^\mathrm{T}$ 为刚体所受的合外力在动系中的向量表示。注意，由于实际情况中合力原始作用点不一定与潜水器的重心重合，因此式(4-19)中的 $\boldsymbol{F}$ 物理含义应为平移至潜水器重心处之后的合力。但又因为力可以平移，在平移过程中会产生等效力矩，且并不改变作用效果，所以实际计算时并不关心 $\boldsymbol{F}$ 的作用点。

一般情况下，所选的动系原点 O 并不在重心 G 处，因此有

$$
\boldsymbol{V}_G = \boldsymbol{V}_1 + \boldsymbol{V}_2 \times \boldsymbol{R}_G
\tag{4-20}
$$

式中，$\boldsymbol{V}_1 = [u, v, w]^\mathrm{T}$ 为动系原点相对于定系的线速度在动系中的向量表示；$\boldsymbol{V}_2 = [p, q, r]^\mathrm{T}$ 为刚体绕动系原点 O 的转动角速度在动系中的向量表示；$\boldsymbol{R}_G = [x_G, y_G, z_G]^\mathrm{T}$ 为刚体重心在动系中的向量位置。

将式(4-20)按向量和的形式书写并展开，可得

$$
\boldsymbol{V}_G = (u\boldsymbol{i} + v\boldsymbol{j} + w\boldsymbol{k}) + (p\boldsymbol{i} + q\boldsymbol{j} + r\boldsymbol{k}) \times (x_G\boldsymbol{i} + y_G\boldsymbol{j} + z_G\boldsymbol{k})
$$

$$= (u + qz_G - ry_G)\boldsymbol{i} + (v + rx_G - pz_G)\boldsymbol{j} + (w + py_G - qx_G)\boldsymbol{k}$$

$$(4-21)$$

在继续推导之前,需要对动系坐标轴的旋转规律进行分析。参考图 4-3 可知,对于 Ox 轴上的单位向量 $\boldsymbol{i}$ 而言,在微小的时间间隔 Δt 内的变化量 $\Delta \boldsymbol{i}$ 有如下关系

$$\Delta \boldsymbol{i} = \Delta \boldsymbol{i}^1 + \Delta \boldsymbol{i}^2 + \Delta \boldsymbol{i}^3 = \boldsymbol{0} - (q\Delta t)\boldsymbol{k} + (r\Delta t)\boldsymbol{j} \qquad (4-22)$$

故对 $\dfrac{\Delta \boldsymbol{i}}{\Delta t}$ 取极限 $\Delta t \to 0$,便可得到 $\boldsymbol{i}$ 的变化率,即为

$$\frac{\mathrm{d}\boldsymbol{i}}{\mathrm{d}t} = \lim_{\Delta t \to 0} \frac{\Delta \boldsymbol{i}}{\Delta t} = r\boldsymbol{j} - q\boldsymbol{k} \qquad (4-23)$$

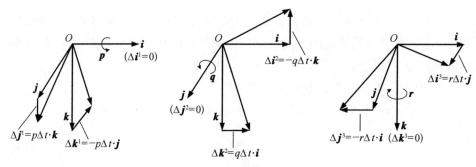

图 4-3　单位向量的旋转变化

同理可得 $\boldsymbol{j}$ 和 $\boldsymbol{k}$ 的变化率为

$$\frac{\mathrm{d}\boldsymbol{j}}{\mathrm{d}t} = \lim_{\Delta t \to 0} \frac{\Delta \boldsymbol{j}}{\Delta t} = p\boldsymbol{k} - r\boldsymbol{i} \qquad (4-24)$$

$$\frac{\mathrm{d}\boldsymbol{k}}{\mathrm{d}t} = \lim_{\Delta t \to 0} \frac{\Delta \boldsymbol{k}}{\Delta t} = q\boldsymbol{i} - p\boldsymbol{j} \qquad (4-25)$$

将式(4-21)代入式(4-19)并结合式(4-23)、式(4-24)和式(4-25),经整理后可得到动量定理对应的 3 个分量形式,为

$$\begin{cases} X = m\left[(\dot{u} - vr + wq) - x_G(q^2 + r^2) + y_G(pq - \dot{r}) + z_G(pr + \dot{q})\right] \\ Y = m\left[(\dot{v} - wp + ur) - y_G(r^2 + p^2) + z_G(qr - \dot{p}) + x_G(qp + \dot{r})\right] \\ Z = m\left[(\dot{w} - uq + vp) - z_G(p^2 + q^2) + x_G(rp - \dot{q}) + y_G(rq + \dot{p})\right] \end{cases}$$

$$(4-26)$$

2. 动量矩定理推导旋转运动动力学方程

由动量矩定理可知,对任意刚体的转动运动存在如下关系

$$\frac{\mathrm{d}\boldsymbol{L}_G}{\mathrm{d}t} = \boldsymbol{M}_G \qquad (4-27)$$

式中,$\boldsymbol{L}_G$ 为刚体相对于重心 G 的动量矩;$\boldsymbol{M}_G$ 为刚体所受的相对于重心 G 的合外力矩。

由欧拉运动定律可知,动量矩 $\boldsymbol{L}_G$ 存在如下计算式

$$\boldsymbol{L}_G = \boldsymbol{I}_G \boldsymbol{V}_2 = \begin{bmatrix} I_{xx}^G & -I_{xy}^G & -I_{xz}^G \\ -I_{yx}^G & I_{yy}^G & -I_{yz}^G \\ -I_{zx}^G & -I_{zy}^G & I_{zz}^G \end{bmatrix} \begin{bmatrix} p \\ q \\ r \end{bmatrix} \begin{bmatrix} I_{xx}^G p - I_{xy}^G q - I_{xz}^G r \\ I_{yy}^G q - I_{yx}^G p - I_{yz}^G r \\ I_{zz}^G r - I_{zx}^G p - I_{zy}^G q \end{bmatrix}$$

$$(4-28)$$

或

$$\boldsymbol{L}_G = (I_{xx}^G p - I_{xy}^G q - I_{xz}^G r)\boldsymbol{i} + (I_{yy}^G q - I_{yx}^G p - I_{yz}^G r)\boldsymbol{j} + (I_{zz}^G r - I_{zx}^G p - I_{zy}^G q)\boldsymbol{k} \qquad (4-29)$$

式中,$\boldsymbol{I}_G$ 为刚体对重心点的惯性张量矩阵,其中对角线元素 I_{xx}^G、I_{yy}^G 和 I_{zz}^G 分别为刚体对原点位于重心 G 且平行于动系新坐标系的 3 个轴中 Gx 轴、Gy 轴和 Gz 轴的转动惯量;其余非对角线元素 $I_{xy}^G = I_{yx}^G$、$I_{yz}^G = I_{zy}^G$ 和 $I_{xz}^G = I_{zx}^G$ 分别为刚体对该坐标系的惯性积。

一般情况下,所选的动系原点 O 并不在重心 G 处,因此对外力矩 $\boldsymbol{M}_G$ 的关系可写为

$$\boldsymbol{M}_G = \boldsymbol{M} - \boldsymbol{R}_G \times \boldsymbol{F} \qquad (4-30)$$

式中,$\boldsymbol{F}$ 为平移至动系原点 O 处后的合外力;$\boldsymbol{M}$ 为刚体所受的合外力矩,它包括因对 $\boldsymbol{F}$ 进行平移变换后产生的等效力矩。

由转动惯量与惯性积的平行移轴定理可知

$$\begin{cases} I_{xx} = I_{xx}^G + m(y_G^2 + z_G^2) \\ I_{yy} = I_{yy}^G + m(z_G^2 + x_G^2) \\ I_{zz} = I_{zz}^G + m(x_G^2 + y_G^2) \\ I_{xy} = I_{xy}^G + mx_G y_G \\ I_{yz} = I_{yz}^G + my_G z_G \\ I_{zx} = I_{zx}^G + mz_G x_G \end{cases} \qquad (4-31)$$

式中，I_{xx}、I_{yy} 和 I_{zz} 分别为刚体对动系 3 个轴的转动惯量；I_{xy}、I_{yz} 和 I_{zx} 分别为刚体对动系的惯性积。

将式（4-29）和式（4-30）代入式（4-27）中，并结合式（4-31），经整理后可得到动量矩定理对应的 3 个分量形式，可写为

$$\begin{cases} K = I_{xx}\dot{p} + (I_{zz}-I_{yy})qr - (\dot{r}+pq)I_{xz} + (r^2-q^2)I_{yz} + (pr-\dot{q})I_{xy} + \\ \qquad m[y_G(\dot{w}-uq+vp) - z_G(\dot{v}-wp+ur)] \\ M = I_{yy}\dot{q} + (I_{xx}-I_{zz})rp - (\dot{p}+qr)I_{xy} + (p^2-r^2)I_{zx} + (qp-\dot{r})I_{yz} + \\ \qquad m[z_G(\dot{u}-vr+wq) - x_G(\dot{w}-uq+vp)] \\ N = I_{zz}\dot{r} + (I_{yy}-I_{xx})pq - (\dot{q}+rp)I_{yz} + (q^2-p^2)I_{xy} + (rq-\dot{p})I_{zx} + \\ \qquad m[x_G(\dot{v}-wp+ur) - y_G(\dot{u}-vr+wq)] \end{cases}$$

$$(4-32)$$

至此，由式（4-26）和式（4-32）可一同得出由 6 个方程组成的六自由度刚体运动方程，归纳为

$$\begin{cases} X = m[(\dot{u}-vr+wq) - x_G(q^2+r^2) + y_G(pq-\dot{r}) + z_G(pr+\dot{q})] \\ Y = m[(\dot{v}-wp+ur) - y_G(r^2+p^2) + z_G(qr-\dot{p}) + x_G(qp+\dot{r})] \\ Z = m[(\dot{w}-uq+vp) - z_G(p^2+q^2) + x_G(rp-\dot{q}) + y_G(rp+\dot{p})] \\ K = I_{xx}\dot{p} + (I_{zz}-I_{yy})qr - (\dot{r}+pq)I_{xz} + (r^2-q^2)I_{yz} + (pr-\dot{q})I_{xy} + \\ \qquad m[y_G(\dot{w}-uq+vp) - z_G(\dot{v}-wp+ur)] \\ M = I_{yy}\dot{q} + (I_{xx}-I_{zz})rp - (\dot{p}+qr)I_{xy} + (p^2-r^2)I_{zx} + (qp-\dot{r})I_{yz} + \\ \qquad m[z_G(\dot{u}-vr+wq) - x_G(\dot{w}-uq+vp)] \\ N = I_{zz}\dot{r} + (I_{yy}-I_{xx})pq - (\dot{q}+rp)I_{yz} + (q^2-p^2)I_{xy} + (rq-\dot{p})I_{zx} + \\ \qquad m[x_G(\dot{v}-wp+ur) - y_G(\dot{u}-vr+wq)] \end{cases}$$

$$(4-33)$$

式（4-33）可以改写成矩阵形式，为

$$\boldsymbol{M}_{RB}\dot{\boldsymbol{V}} + \boldsymbol{C}_{RB}(\boldsymbol{V})\boldsymbol{V} = \boldsymbol{\tau}_{RB} \qquad (4-34)$$

式中，$\boldsymbol{V} = [u, v, w, p, q, r]^T$ 是刚体的速度向量，$\boldsymbol{\tau}_{RB} = [X, Y, Z, K, M, N]^T$ 是刚体所受的力向量，而矩阵 $\boldsymbol{M}_{RB}$ 和矩阵 $\boldsymbol{C}_{RB}$ 具体分量形式为

$$\boldsymbol{M}_{\mathrm{RB}} = \begin{bmatrix} m & 0 & 0 & 0 & mz_{\mathrm{G}} & -my_{\mathrm{G}} \\ 0 & m & 0 & -mz_{\mathrm{G}} & 0 & mx_{\mathrm{G}} \\ 0 & 0 & m & my_{\mathrm{G}} & -mx_{\mathrm{G}} & 0 \\ 0 & -mz_{\mathrm{G}} & my_{\mathrm{G}} & I_{xx} & -I_{xy} & -I_{xz} \\ mz_{\mathrm{G}} & 0 & -mx_{\mathrm{G}} & -I_{yx} & I_{yy} & -I_{yz} \\ -my_{\mathrm{G}} & mx_{\mathrm{G}} & 0 & -I_{zx} & -I_{zy} & I_{zz} \end{bmatrix} \quad (4-35)$$

$$\boldsymbol{C}_{\mathrm{RB}} = \begin{bmatrix} \boldsymbol{A} & \boldsymbol{B} \\ \boldsymbol{C} & \boldsymbol{D} \end{bmatrix} \quad (4-36)$$

式(4-36)中,

$$\boldsymbol{A} = \begin{bmatrix} 0 & 0 & 0 \\ 0 & 0 & 0 \\ 0 & 0 & 0 \end{bmatrix}$$

$$\boldsymbol{B} = \begin{bmatrix} m(rz_{\mathrm{G}}+qy_{\mathrm{G}}) & -m(qx_{\mathrm{G}}-w) & -m(rx_{\mathrm{G}}+v) \\ -m(py_{\mathrm{G}}+w) & m(rz_{\mathrm{G}}+px_{\mathrm{G}}) & -m(ry_{\mathrm{G}}-u) \\ -m(pz_{\mathrm{G}}-v) & -m(qz_{\mathrm{G}}+u) & m(qy_{\mathrm{G}}+px_{\mathrm{G}}) \end{bmatrix}$$

$$\boldsymbol{C} = \begin{bmatrix} -m(rz_{\mathrm{G}}+qy_{\mathrm{G}}) & m(py_{\mathrm{G}}+w) & m(pz_{\mathrm{G}}-v) \\ m(qx_{\mathrm{G}}-w) & -m(rz_{\mathrm{G}}+px_{\mathrm{G}}) & m(qz_{\mathrm{G}}+u) \\ m(rx_{\mathrm{G}}+v) & m(ry_{\mathrm{G}}-u) & -m(qy_{\mathrm{G}}+px_{\mathrm{G}}) \end{bmatrix}$$

$$\boldsymbol{D} = \begin{bmatrix} 0 & -I_{zx}p-I_{zy}q+I_{zz}r & I_{yx}p-I_{yy}q+I_{yz}r \\ I_{zx}p+I_{zy}q-I_{zz}r & 0 & I_{xx}p-I_{xy}q-I_{xz}r \\ -I_{yx}p+I_{yy}q-I_{yz}r & -I_{xx}p+I_{xy}q+I_{xz}r & 0 \end{bmatrix}$$

4.1.3　六自由度刚体运动方程的简化

刚体的六自由度运动方程可以在以下两种条件下得到简化。

1. 动系原点 O 与重心 G 重合

当动系原点 O 与重心 G 重合时,重心向量 $\boldsymbol{R}_{\mathrm{G}} = \boldsymbol{0}$,式(4-33)所表述的六自由度刚体运动方程可简化为

$$\begin{cases} X = m(\dot{u} - vr + wq) \\ Y = m(\dot{v} - wp + ur) \\ Z = m(\dot{w} - uq + vp) \\ K = I_{Gxx}\dot{p} + (I_{Gzz} - I_{Gyy})qr - (\dot{r} + pq)I_{Gxz} + (r^2 - q^2)I_{Gyz} + (pr - \dot{q})I_{Gxy} \\ M = I_{Gyy}\dot{q} + (I_{Gxx} - I_{Gzz})rp - (\dot{p} + qr)I_{Gxy} + (p^2 - r^2)I_{Gxz} + (qp - \dot{r})I_{Gyz} \\ N = I_{Gzz}\dot{r} + (I_{Gyy} - I_{Gxx})pq - (\dot{q} + rp)I_{Gyz} + (q^2 - p^2)I_{Gxy} + (rq - \dot{p})I_{Gzx} \end{cases} \tag{4-37}$$

写成矩阵形式为

$$\boldsymbol{M}_{\mathrm{RB}}\dot{\boldsymbol{V}} + \boldsymbol{C}_{\mathrm{RB}}(\boldsymbol{V})\boldsymbol{V} = \boldsymbol{\tau}_{\mathrm{RB}} \tag{4-38}$$

式(4-38)中,

$$\boldsymbol{M}_{\mathrm{RB}} = \left[\begin{array}{ccc:ccc} m & 0 & 0 & & & \\ 0 & m & 0 & & \boldsymbol{0} & \\ 0 & 0 & m & & & \\ \hdashline & & & I_{Gxx} & -I_{Gxy} & -I_{Gxz} \\ & \boldsymbol{0} & & -I_{Gyx} & I_{Gyy} & -I_{Gyz} \\ & & & -I_{Gzx} & -I_{Gzy} & I_{Gzz} \end{array}\right] \tag{4-39}$$

$$\boldsymbol{C}_{\mathrm{RB}} = \left[\begin{array}{c:c} \boldsymbol{A} & \boldsymbol{B} \\ \hdashline \boldsymbol{C} & \boldsymbol{D} \end{array}\right] \tag{4-40}$$

式(4-40)中,

$$\boldsymbol{A} = \begin{bmatrix} 0 & 0 & 0 \\ 0 & 0 & 0 \\ 0 & 0 & 0 \end{bmatrix}$$

$$\boldsymbol{B} = \begin{bmatrix} 0 & mw & -mv \\ -mw & 0 & mu \\ mv & -mu & 0 \end{bmatrix}$$

$$\boldsymbol{C} = \begin{bmatrix} 0 & mv & -mv \\ -mw & 0 & mu \\ mv & -mu & 0 \end{bmatrix}$$

$$\boldsymbol{D} = \begin{bmatrix} 0 & -I_{Gzx}p - I_{Gzy}q + I_{Gzz}r & I_{Gyx}p - I_{Gyy}q + I_{Gyz}r \\ I_{Gzx}p + I_{Gzy}q - I_{Gzz}r & 0 & I_{Gxx}p - I_{Gxy}q - I_{Gxz}r \\ -I_{Gyx}p + I_{Gyy}q - I_{Gyz}r & -I_{Gxx}p + I_{Gxy}q + I_{Gxz}r & 0 \end{bmatrix}$$

2. 当动系原点 O 与重心 G 重合并且坐标轴与三个主惯性轴重合

此时,在动系原点 O 与重心 G 重合的基础上原来的惯性积 $I_{Gxy} = I_{Gyx} = I_{Gyz} = I_{Gzy} = I_{Gzx} = I_{Gxz} = 0$。因而,六自由度刚体运动方程可进一步简化为

$$\begin{cases} X = m(\dot{u} - vr + wq) \\ Y = m(\dot{v} - wp + ur) \\ Z = m(\dot{w} - uq + vp) \\ K = I_{Gxx}\dot{p} + (I_{Gzz} - I_{Gyy})qr \\ M = I_{Gyy}\dot{q} + (I_{Gxx} - I_{Gzz})rp \\ N = I_{Gzz}\dot{r} + (I_{Gyy} - I_{Gxx})pq \end{cases} \tag{4-41}$$

写成矩阵形式为

$$\boldsymbol{M}_{RB}\dot{\boldsymbol{V}} + \boldsymbol{C}_{RB}(\boldsymbol{V})\boldsymbol{V} = \boldsymbol{\tau}_{RB} \tag{4-42}$$

式(4-42)中,

$$\boldsymbol{M}_{RB} = \begin{bmatrix} m & 0 & 0 & & & \\ 0 & m & 0 & & \boldsymbol{0} & \\ 0 & 0 & m & & & \\ \hdashline & & & I_{Gxx} & 0 & 0 \\ & \boldsymbol{0} & & 0 & I_{Gyy} & 0 \\ & & & 0 & 0 & I_{Gzz} \end{bmatrix} \tag{4-43}$$

$$\boldsymbol{C}_{RB} = \begin{bmatrix} & & & 0 & mw & -mv \\ & \boldsymbol{0} & & -mw & 0 & mu \\ & & & mv & -mu & 0 \\ \hdashline 0 & mw & -mv & 0 & I_{Gzz}r & -I_{Gyy}q \\ -mw & 0 & mu & -I_{Gzz} & 0 & I_{Gxx}p \\ mv & -mu & 0 & I_{Gyy}q & -I_{Gxx}p & 0 \end{bmatrix} \tag{4-44}$$

4.1.4 潜水器的受力分析

在第 4.1.3 节的推导分析中,动力学方程的外力和外力矩项并未做详细的展开分析。但在实际解决潜水器的运动控制问题时,往往最重要的便是获取这些作用在潜水器上的外力和外力矩的信息。因此,本节将详细地分析作用在潜水器上的受力情况。

在式(4-34)中等号右侧的 $\boldsymbol{\tau}_{RB}$ 向量表示作用于潜水器本体上的外力和外力矩。通常情况下,可以将 $\boldsymbol{\tau}_{RB}$ 所包含的力或力矩进行分类,分为静力和静力矩 $\boldsymbol{g}(\boldsymbol{\eta})$、水动力和水动力矩 $\boldsymbol{\tau}_H$、环境力和环境力矩 $\boldsymbol{\tau}_E$,以及推进控制力和推进控制力矩 $\boldsymbol{\tau}$,即有

$$\boldsymbol{\tau}_{RB} = -\boldsymbol{g}(\boldsymbol{\eta}) + \boldsymbol{\tau}_H + \boldsymbol{\tau}_E + \boldsymbol{\tau} \tag{4-45}$$

此处的负号是为了后续书写统一性而人为添加的。

1. 静力和静力矩

当潜水器完全处于水中时,只要其形状不发生变化,那么在所有受力中,有一种力是永恒存在且大小、方向不会随运动发生改变,因而将这种力称为"静力"。具体地说,静力包含重力和浮力。在船舶静力学中,重力和浮力是在船体发生倾斜后回复到原来平衡状态的原因,因而重力与浮力也可称为船舶或 ROV 的回复力,其相互作用产生的力矩称为回复力矩。

设重力为 $W = mg$,浮力为 $B = \rho g \nabla$,其中 g 为当地重力加速度;ρ 为水的密度;∇ 为排水体积。重心和浮心在动系中的坐标为 $\boldsymbol{r}_G = [x_G, y_G, z_G]^T$ 和 $\boldsymbol{r}_B = [x_B, y_B, z_B]^T$。在定系中,重力与浮力的向量可分别表示为 $\boldsymbol{f}_G = [0, 0, W]^T$ 和 $\boldsymbol{f}_B = [0, 0, B]^T$。

根据第 4.1.1 节中介绍的坐标转换结果可将重力与浮力在定系中的向量表示转换为动系下的表示,有

$$\boldsymbol{f}_G = \boldsymbol{J}_1^{-1}(\boldsymbol{\eta}_2) \begin{bmatrix} 0 \\ 0 \\ W \end{bmatrix} \tag{4-46}$$

$$\boldsymbol{f}_B = -\boldsymbol{J}_1^{-1}(\boldsymbol{\eta}_2) \begin{bmatrix} 0 \\ 0 \\ B \end{bmatrix} \tag{4-47}$$

因此,重力与浮力的合成线性力向量为 $\boldsymbol{f}_G + \boldsymbol{f}_B$,重力与浮力对动系原点的合力矩向量为 $\boldsymbol{r}_G \times \boldsymbol{f}_G + \boldsymbol{r}_B \times \boldsymbol{f}_B$。写成向量形式为

$$\boldsymbol{g}(\boldsymbol{\eta}) = -\begin{bmatrix} \boldsymbol{f}_G + \boldsymbol{f}_B \\ \boldsymbol{r}_G \times \boldsymbol{f}_G + \boldsymbol{r}_B \times \boldsymbol{f}_B \end{bmatrix} \tag{4-48}$$

$$g(\boldsymbol{\eta}) = - \begin{bmatrix} -(W-B)\sin\theta \\ (W-B)\cos\theta\sin\phi \\ (W-B)\cos\theta\cos\phi \\ (y_GW-y_BB)\cos\theta\cos\phi-(z_GW-z_BB)\cos\theta\sin\phi \\ -(z_GW-z_BB)\sin\theta+(x_GW-x_BB)\cos\theta\cos\phi \\ (x_GW-x_BB)\cos\theta\sin\phi+(y_GW-y_BB)\sin\theta \end{bmatrix}$$

$$(4-49)$$

2. 水动力和水动力矩

水动力和水动力矩是潜水器在水中运动时由于自身对水的扰动而受到的水对潜水器本体的反作用力。换句话说,潜水器的运动决定了水动力和水动力矩,而水动力和水动力矩反过来又影响着潜水器的运动。在水动力学中,水动力和水动力矩又分为惯性水动力 τ_A 和黏性水动力 τ_D 两类。

$$\tau_H = \tau_A + \tau_D \qquad (4-50)$$

惯性水动力和惯性水动力矩又称附加质量力和附加质量力矩。顾名思义,是指由于水的惯性而产生的作用力。由于水体有一定的惯性,则潜水器在水中运动时会对周围水体施加一定的作用力,从而带动水体跟随潜水器一起运动,而这些被强迫运动的水体同样会对潜水器本身产生反作用力,最终的效果等于潜水器的质量和转动惯量等物理属性的增加,与潜水器运动的加速度相关。

黏性水动力是指由于潜水器在水中与水流相对运动后,水对潜水器产生的多种形式不同的阻力和升力,这一现象的本质归结为水具有黏性。由水动力知识可知,黏性水动力一般可分为兴波阻力 D_P、摩擦阻力 D_S、破波阻力 D_W 和黏压阻力 D_M。黏性水动力与潜水器运动的速度有关。

下面将就这两种力进行详细讨论。

1) 惯性水动力和惯性水动力矩

惯性水动力和惯性水动力矩是一种水体受迫运动而产生的对潜水器的反作用力,并且与加速度的大小成正比,与速度方向相反。为了求解惯性水动力和惯性水动力矩,这里采用一种基于基尔霍夫运动方程的能量方法,以完全浸没在水中的水下航行器为对象进行讨论。

从能量观点来看,当 ROV 穿过水体时,水体必须在其前方"让开"一条道路,并且当 ROV 行驶过后,水体应在其后方汇合。而当 ROV 不发生运动时,水体便不会产生这样"一开一合"的运动变化。因此可以认为,当 ROV 穿过水体时,水体从其本身获取了一定的原本不具备的额外能量。因此,便可通过计算这些能量来找到惯性水动力和惯性水动力矩。

流体的动能 T_A 可以表示成在动系下速度向量的二次形式,为

$$T_A = \frac{1}{2} \boldsymbol{V}^T \boldsymbol{M}_A \boldsymbol{V} \tag{4-51}$$

式中,$\boldsymbol{M}_A$ 是一个 6×6 的附加惯性矩阵,又称为附加质量矩阵,并且定义为

$$\boldsymbol{M}_A = \begin{bmatrix} X_{\dot{u}} & X_{\dot{v}} & X_{\dot{w}} & X_{\dot{p}} & X_{\dot{q}} & X_{\dot{r}} \\ Y_{\dot{u}} & Y_{\dot{v}} & Y_{\dot{w}} & Y_{\dot{p}} & Y_{\dot{q}} & Y_{\dot{r}} \\ Z_{\dot{u}} & Z_{\dot{v}} & Z_{\dot{w}} & Z_{\dot{p}} & Z_{\dot{q}} & Z_{\dot{r}} \\ K_{\dot{u}} & K_{\dot{v}} & K_{\dot{w}} & K_{\dot{p}} & K_{\dot{q}} & K_{\dot{r}} \\ M_{\dot{u}} & M_{\dot{v}} & M_{\dot{w}} & M_{\dot{p}} & M_{\dot{q}} & M_{\dot{r}} \\ N_{\dot{u}} & N_{\dot{v}} & N_{\dot{w}} & N_{\dot{p}} & N_{\dot{q}} & N_{\dot{r}} \end{bmatrix} \tag{4-52}$$

式(4-52)中的 36 项元素均称为附加质量系数,其含义为某一自由度上的单位运动加速度对另一个自由度产生的附加质量水动力和力矩。例如,$Y_{\dot{u}}$ 表示动系上沿 x 轴方向的单位加速度 $\dot{u}$ 在沿 y 轴方向产生的附加质量水动力。注意到,在大部分情况下,惯性矩阵的对角线元素,在把负号放入矩阵内时全部为正。对于全部浸没于水下的 ROV 而言,惯性矩阵 $\boldsymbol{M}_A$ 严格为正,即 $\boldsymbol{M}_A > 0$。在势流理论中,假设不考虑入射波和海流的影响并且认为附加质量系数与波浪圆频率无关,则当 ROV 运动速度很小时,附加惯性矩阵是对称的,即 $\boldsymbol{M}_A = \boldsymbol{M}_A^T$。此时,只有 21 个独立的附加质量系数。

在实际流体中,上述假设不成立,此时实际的 36 个附加质量系数可能都不相同但仍全部大于 0。但经实验研究表明,即便如此,把附加惯性矩阵视为对称矩阵,仍是一个不错的近似。

将式(4-52)代入式(4-51)中,展开并整理得到

$$T_A = -\frac{1}{2}(X_{\dot{u}}u^2 + Y_{\dot{v}}v^2 + Z_{\dot{w}}w^2 + 2X_{\dot{v}}uv + 2X_{\dot{w}}uw + 2Y_{\dot{w}}vw) -$$
$$\frac{1}{2}(K_{\dot{p}}p^2 + M_{\dot{q}}q^2 + N_{\dot{r}}r^2 + 2K_{\dot{q}}pq + 2K_{\dot{r}}pr + 2M_{\dot{r}}qr) -$$
$$p(X_{\dot{p}}u + Y_{\dot{p}}v + Z_{\dot{p}}w) - q(X_{\dot{q}}u + Y_{\dot{q}}v + Z_{\dot{q}}w) -$$
$$r(X_{\dot{r}}u + Y_{\dot{r}}v + Z_{\dot{r}}w) \tag{4-53}$$

基尔霍夫运动方程给出了作用于刚体上的外力与动能之间满足的关系,即

$$\frac{\mathrm{d}}{\mathrm{d}t}\left(\frac{\partial T_{\mathrm{A}}}{\partial \boldsymbol{V}_1}\right) + \boldsymbol{V}_2 \times \frac{\partial T_{\mathrm{A}}}{\partial \boldsymbol{V}_1} = -\boldsymbol{F}_1$$

$$\frac{\mathrm{d}}{\mathrm{d}t}\left(\frac{\partial T_{\mathrm{A}}}{\partial \boldsymbol{V}_2}\right) + \boldsymbol{V}_2 \times \frac{\partial T_{\mathrm{A}}}{\partial \boldsymbol{V}_2} + \boldsymbol{V}_1 \times \frac{\partial T_{\mathrm{A}}}{\partial \boldsymbol{V}_1} = -\boldsymbol{F}_2$$

(4-54)

式中，$\boldsymbol{V}_1 = [u, v, w]^{\mathrm{T}}$，$\boldsymbol{V}_2 = [p, q, r]^{\mathrm{T}}$，$\boldsymbol{F}_1 = [X_{\mathrm{A}}, Y_{\mathrm{A}}, Z_{\mathrm{A}}]^{\mathrm{T}}$ 以及 $\boldsymbol{F}_2 = [K_{\mathrm{A}}, M_{\mathrm{A}}, N_{\mathrm{A}}]^{\mathrm{T}}$，负号表示反作用力。

将式(4-54)按代数方程形式展开得

$$X_{\mathrm{A}} = -\frac{\mathrm{d}}{\mathrm{d}t}\left(\frac{\partial T_{\mathrm{A}}}{\partial u}\right) - q\,\frac{\partial T_{\mathrm{A}}}{\partial w} + r\,\frac{\partial T_{\mathrm{A}}}{\partial v}$$

$$Y_{\mathrm{A}} = -\frac{\mathrm{d}}{\mathrm{d}t}\left(\frac{\partial T_{\mathrm{A}}}{\partial v}\right) - r\,\frac{\partial T_{\mathrm{A}}}{\partial u} + p\,\frac{\partial T_{\mathrm{A}}}{\partial w}$$

$$Z_{\mathrm{A}} = -\frac{\mathrm{d}}{\mathrm{d}t}\left(\frac{\partial T_{\mathrm{A}}}{\partial w}\right) - p\,\frac{\partial T_{\mathrm{A}}}{\partial v} + q\,\frac{\partial T_{\mathrm{A}}}{\partial u}$$

$$K_{\mathrm{A}} = -\frac{\mathrm{d}}{\mathrm{d}t}\left(\frac{\partial T_{\mathrm{A}}}{\partial p}\right) - q\,\frac{\partial T_{\mathrm{A}}}{\partial r} + r\,\frac{\partial T_{\mathrm{A}}}{\partial q} - v\,\frac{\partial T_{\mathrm{A}}}{\partial w} + w\,\frac{\partial T_{\mathrm{A}}}{\partial v}$$

$$M_{\mathrm{A}} = -\frac{\mathrm{d}}{\mathrm{d}t}\left(\frac{\partial T_{\mathrm{A}}}{\partial q}\right) - r\,\frac{\partial T_{\mathrm{A}}}{\partial p} + p\,\frac{\partial T_{\mathrm{A}}}{\partial r} - w\,\frac{\partial T_{\mathrm{A}}}{\partial u} + u\,\frac{\partial T_{\mathrm{A}}}{\partial w}$$

$$N_{\mathrm{A}} = -\frac{\mathrm{d}}{\mathrm{d}t}\left(\frac{\partial T_{\mathrm{A}}}{\partial r}\right) - p\,\frac{\partial T_{\mathrm{A}}}{\partial q} + q\,\frac{\partial T_{\mathrm{A}}}{\partial p} - u\,\frac{\partial T_{\mathrm{A}}}{\partial v} + v\,\frac{\partial T_{\mathrm{A}}}{\partial u}$$

(4-55)

将式(4-53)代入式(4-55)，展开并整理得到

$$\left\{
\begin{aligned}
X_{\mathrm{A}} = {}& X_{\dot{u}}\dot{u} + X_{\dot{w}}(\dot{w} + uq) + X_{\dot{q}}\dot{q} + Z_{\dot{w}}wq + Z_{\dot{q}}q^2 + \\
& X_{\dot{v}}\dot{v} + X_{\dot{p}}\dot{p} + X_{\dot{r}}\dot{r} - Y_{\dot{v}}vr - Y_{\dot{p}}rp - Y_{\dot{r}}r^2 - \\
& X_{\dot{v}}ur - Y_{\dot{w}}wr + Y_{\dot{v}}vq + Z_{\dot{p}}pq - (Y_{\dot{q}} - Z_{\dot{r}})qr \\
Y_{\mathrm{A}} = {}& X_{\dot{v}}\dot{u} + Y_{\dot{w}}\dot{w} + Y_{\dot{q}}\dot{q} + Y_{\dot{v}}\dot{v} + Y_{\dot{p}}\dot{p} + Y_{\dot{r}}\dot{r} + X_{\dot{v}}vr - \\
& Y_{\dot{w}}vp + X_{\dot{r}}r^2 + (X_{\dot{p}} - Z_{\dot{r}})rp - Z_{\dot{p}}p^2 - \\
& X_{\dot{w}}(up - wr) + X_{\dot{u}}ur - Z_{\dot{w}}wp - Z_{\dot{q}}pq + X_{\dot{q}}qr \\
Z_{\mathrm{A}} = {}& X_{\dot{w}}(\dot{u} - wq) + Z_{\dot{w}}\dot{w} + Z_{\dot{q}}\dot{q} - X_{\dot{u}}uq - X_{\dot{q}}q^2 + \\
& Y_{\dot{w}}\dot{v} + Z_{\dot{p}}\dot{p} + Z_{\dot{r}}\dot{r} + Y_{\dot{v}}vp + Y_{\dot{r}}rp + Y_{\dot{p}}p^2 + \\
& X_{\dot{v}}up + Y_{\dot{w}}wp - X_{\dot{v}}vq - (X_{\dot{p}} - Y_{\dot{q}})pq - X_{\dot{r}}qr
\end{aligned}
\right.$$

$$\begin{cases}
K_A = X_{\dot p}\dot u + Z_{\dot p}\dot w + K_{\dot q}\dot q - X_{\dot v}wu + X_{\dot r}uq - Y_{\dot w}w^2 - (Y_{\dot q}-Z_{\dot r})wq + M_{\dot r}q^2 + \\
\quad Y_{\dot v}\dot v + K_{\dot p}\dot p + K_{\dot r}\dot r + Y_{\dot w}v^2 - (Y_{\dot q}-Z_{\dot r})vr + Z_{\dot p}vp - M_{\dot r}r^2 - K_{\dot q}rp + \\
\quad X_{\dot w}uv - (Y_{\dot v}-Z_{\dot w})vw - (Y_{\dot r}+Z_{\dot q})wr - Y_{\dot p}wp - X_{\dot q}ur + \\
\quad (Y_{\dot r}+Z_{\dot q})vq + K_{\dot r}pq - (M_{\dot q}-N_{\dot r})qr \\[4pt]
M_A = X_{\dot q}(\dot u + wq) + Z_{\dot q}(\dot w - uq) + M_{\dot q}\dot q - X_{\dot w}(u^2-w^2) - (Z_{\dot w}-X_{\dot u})wu + \\
\quad Y_{\dot q}\dot v + K_{\dot q}\dot p + M_{\dot r}\dot r + Y_{\dot p}vr - Y_{\dot r}vp - K_{\dot r}(p^2-r^2) + (K_{\dot p}-N_{\dot r})rp - \\
\quad Y_{\dot w}uv + X_{\dot v}vw - (X_{\dot r}+Z_{\dot p})(up-wr) + (X_{\dot p}-Z_{\dot r})(wp+ur) - \\
\quad M_{\dot r}pq + K_{\dot q}qr \\[4pt]
N_A = X_{\dot r}\dot u + Z_{\dot r}\dot w + M_{\dot r}\dot q + X_{\dot r}u^2 + Y_{\dot w}wu - (X_{\dot p}-Y_{\dot q})uq - Z_{\dot p}wq - K_{\dot q}q^2 + \\
\quad Y_{\dot v}\dot v + K_{\dot r}\dot p + N_{\dot r}\dot r - X_{\dot v}v^2 - X_{\dot r}vr - (X_{\dot p}-X_{\dot q})vp + M_{\dot r}rp + K_{\dot q}p^2 - \\
\quad (X_{\dot u}-Y_{\dot v})uv - X_{\dot w}vw + (X_{\dot q}+Y_{\dot p})up + Y_{\dot r}ur + Z_{\dot q}wp - \\
\quad (X_{\dot q}+Y_{\dot p})vq - (K_{\dot p}-M_{\dot q})pq - K_{\dot r}qr
\end{cases} \tag{4-56}$$

对式(4-51)中的 6 个自由度上的速度分别求导可得

$$\frac{\partial T_A}{\partial \boldsymbol V} = \begin{bmatrix} \dfrac{\partial T_A}{\partial u} \\[3pt] \dfrac{\partial T_A}{\partial v} \\[3pt] \dfrac{\partial T_A}{\partial w} \\[3pt] \dfrac{\partial T_A}{\partial p} \\[3pt] \dfrac{\partial T_A}{\partial q} \\[3pt] \dfrac{\partial T_A}{\partial r} \end{bmatrix} = \frac{\partial\left(\frac12 \boldsymbol V^{\mathrm T} M_A \boldsymbol V\right)}{\partial \boldsymbol V} = -\begin{bmatrix} X_{\dot u} & X_{\dot v} & X_{\dot w} & X_{\dot p} & X_{\dot q} & X_{\dot r} \\ X_{\dot v} & Y_{\dot v} & Y_{\dot w} & Y_{\dot p} & Y_{\dot q} & Y_{\dot r} \\ X_{\dot w} & Y_{\dot w} & Z_{\dot w} & Z_{\dot p} & Z_{\dot q} & Z_{\dot r} \\ X_{\dot p} & Y_{\dot p} & Z_{\dot p} & K_{\dot p} & K_{\dot q} & K_{\dot r} \\ X_{\dot q} & Y_{\dot q} & Z_{\dot q} & K_{\dot p} & M_{\dot q} & M_{\dot r} \\ X_{\dot r} & Y_{\dot r} & Z_{\dot r} & K_{\dot r} & M_{\dot r} & N_{\dot r} \end{bmatrix}\begin{bmatrix} u \\ v \\ w \\ p \\ q \\ r \end{bmatrix}$$

$$= M_A \boldsymbol V \tag{4-57}$$

因此,式(4-55)等号右侧所有第一项可统一写为

$$-\frac{\mathrm d}{\mathrm dt}\left(\frac{\partial T_A}{\partial \boldsymbol V}\right) = -\frac{\mathrm d}{\mathrm dt}(M_A \boldsymbol V) = -M_A \dot{\boldsymbol V} \tag{4-58}$$

式(4-55)等号右侧其余各项可写成如下矩阵形式

$$
\begin{bmatrix}
-q\dfrac{\partial T_A}{\partial w}+r\dfrac{\partial T_A}{\partial v} \\[2mm]
-r\dfrac{\partial T_A}{\partial u}+p\dfrac{\partial T_A}{\partial w} \\[2mm]
-p\dfrac{\partial T_A}{\partial v}+q\dfrac{\partial T_A}{\partial u} \\[2mm]
-q\dfrac{\partial T_A}{\partial r}+r\dfrac{\partial T_A}{\partial q}-v\dfrac{\partial T_A}{\partial w}+w\dfrac{\partial T_A}{\partial v} \\[2mm]
-r\dfrac{\partial T_A}{\partial p}+p\dfrac{\partial T_A}{\partial r}-w\dfrac{\partial T_A}{\partial u}+u\dfrac{\partial T_A}{\partial w} \\[2mm]
-p\dfrac{\partial T_A}{\partial q}+q\dfrac{\partial T_A}{\partial p}-u\dfrac{\partial T_A}{\partial v}+v\dfrac{\partial T_A}{\partial u}
\end{bmatrix}=-\boldsymbol{C}_A(\boldsymbol{V})\boldsymbol{V} \qquad (4-59)
$$

式(4-59)中,水动力科氏力及向心力矩阵 $\boldsymbol{C}_A(\boldsymbol{V})$ 为

$$
\boldsymbol{C}_A(\boldsymbol{V})=\left[\begin{array}{ccc:ccc}
0 & 0 & 0 & 0 & \dfrac{\partial T_A}{\partial w} & -\dfrac{\partial T_A}{\partial v} \\[2mm]
0 & 0 & 0 & -\dfrac{\partial T_A}{\partial w} & 0 & -\dfrac{\partial T_A}{\partial u} \\[2mm]
0 & 0 & 0 & \dfrac{\partial T_A}{\partial v} & -\dfrac{\partial T_A}{\partial u} & 0 \\[2mm] \hdashline
0 & \dfrac{\partial T_A}{\partial w} & -\dfrac{\partial T_A}{\partial v} & 0 & \dfrac{\partial T_A}{\partial r} & -\dfrac{\partial T_A}{\partial q} \\[2mm]
-\dfrac{\partial T_A}{\partial w} & 0 & \dfrac{\partial T_A}{\partial u} & -\dfrac{\partial T_A}{\partial r} & 0 & \dfrac{\partial T_A}{\partial p} \\[2mm]
\dfrac{\partial T_A}{\partial v} & -\dfrac{\partial T_A}{\partial u} & 0 & \dfrac{\partial T_A}{\partial q} & -\dfrac{\partial T_A}{\partial p} & 0
\end{array}\right]
$$

$$(4-60)$$

并且 $\boldsymbol{C}_A(\boldsymbol{V})$ 为反对称矩阵,且有 $\boldsymbol{C}_A(\boldsymbol{V})=-\boldsymbol{C}_A^{\mathrm{T}}(\boldsymbol{V})$。

所以,式(4-55)可简写为矩阵形式

$$
\boldsymbol{\tau}_A=-\boldsymbol{M}_A\dot{\boldsymbol{V}}-\boldsymbol{C}_A(\boldsymbol{V})\boldsymbol{V} \qquad (4-61)
$$

式中, $\boldsymbol{\tau}_A=[X_A,\ Y_A,\ Z_A,\ K_A,\ M_A,\ N_A]^{\mathrm{T}}$。

2) 黏性水动力 $\boldsymbol{\tau}_D$

由前述可知,黏性水动力一般分为兴波阻力 $\boldsymbol{D}_P$、摩擦阻力 $\boldsymbol{D}_S$、破波阻力

D_W 和黏压阻力 D_M。 经研究表明,黏性水动力都与运动的速度有关,因而有

$$D(V) = D_P(V) + D_S(V) + D_W(V) + D_M(V) \qquad (4-62)$$

$$\tau_D = -D(V)V \qquad (4-63)$$

当潜水器在水中做六自由度运动时,其所受到的实际黏性水动力十分复杂。因此,本书仅对黏性水动力的一些特性进行说明,并给出特定情况下的简化结果。

在势流理论中,黏性阻尼矩阵 $D(V)$ 为非对称实正定矩阵,且严格为正。由于在实际计算中,很难得出黏性阻尼中的高阶项及 $D(V)$ 中的非对角线元素。因此,常对特定情况下的 $D(V)$ 做一定的近似处理。

假设潜水器在水下以较低的速度运动,且潜水器具有 3 个与平动方向相对应的对称几何平面。因此,可认为潜水器的运动是非耦合运动,即水动力阻尼不发生互相干扰,且高阶阻尼可忽略。这就使得 $D(V)$ 可近似简化为如下对角阵

$$D(V) = -\text{diag}\{X_u + X_{u|u|} \mid u \mid, \; Y_v + Y_{v|v|} \mid v \mid, \; Z_w + Z_{w|w|} \mid w \mid,$$
$$K_p + K_{p|p|} \mid p \mid, \; M_q + M_{q|q|} \mid q \mid, \; N_r + N_{r|r|} \mid r \mid\} \qquad (4-64)$$

从式(4-64)可知,此时 $D(V)$ 为线性阻尼,且仅存在二阶阻尼项。

3. 环境力和环境力矩

环境力和环境力矩也称为环境扰动,是不期望产生却又不可避免在实际海洋环境中会遇到的问题。环境扰动按产生该扰动的自然现象分类可分为波浪扰动 τ_{wave}、风扰动 τ_{wind} 和流扰动 τ_{current}。 当潜水器位于水面或者在接近水面的水中运动时,3 种扰动都存在。而对于在深水中作业的潜水器而言,可认为仅受流扰动的作用。关于环境载荷的讨论已有较为详细的资料,本书不再进行讨论。

4. 推进力和推进力矩

推进力和推进力矩也称为主动力和主动力矩,是潜水器的推进设备和姿态控制设备为了使潜水器本体达到预期运动状态而产生的作用力。一般包含推进器产生的推力及舵面产生的面力。但 ROV 一般不装备控制舵,仅依靠多个推进器的合理布置和推力分配就可完成对六自由度运动的控制,不需要考虑舵的操纵。

关于推进器的讨论已有较为详细的资料,在此不再进行讨论。

4.1.5 潜水器六自由度运动方程

将式(4-34)、式(4-45)、式(4-50)、式(4-61)以及式(4-63)重新列出如下

$$M_{RB}\dot{V} + C_{RB}(V)V = \tau_{RB} \tag{4-65}$$

$$\tau_{RB} = -g(\eta) + \tau_H + \tau_E + \tau \tag{4-66}$$

$$\tau_H = \tau_A + \tau_D \tag{4-67}$$

$$\tau_A = -M_A\dot{V} - C_A(V)V \tag{4-68}$$

$$\tau_D = -D(V)V \tag{4-69}$$

并将式(4-66)、式(4-67)、式(4-68)以及式(4-69)代入式(4-65)，可得

$$M\dot{V} + CV + D(V)V + g(\eta) = \tau_E + \tau \tag{4-70}$$

式(4-70)中，

$$M = M_{RB} + M_A, \quad C = C_{RB}(V) + C_A(V) \tag{4-71}$$

$$D(V) = D_P(V) + D_S(V) + D_W(V) + D_M(V) \tag{4-72}$$

此外，结合坐标系变换

$$\dot{\eta} = J(\eta)V \tag{4-73}$$

由式(4-70)与式(4-73)一同构成完整的潜水器六自由度空间运动方程。

理论上，由完整的运动方程可知，当已知环境载荷和推进力确定后，可得到潜水器的各项物理参数，如各项水动力系数，然后可由运动方程计算出潜水器的运动速度，并求解得到潜水器的位置姿态信息，从而可以实现对潜水器的运动控制。实际上，由于潜水器的水动力系数并不容易得到，并且运动方程具有显著的非线性特性，通常需要对运动方程进行一定条件下的线性化处理，或者通过数值计算方法对非线性的运动方程进行近似求解。但配合一定的计算方法和控制方法，工程上也能够实现对潜水器满足要求的运动控制。

4.2　ROV 的控制方法

ROV 的运动控制是一个复杂的过程，它包含对其各个功能执行机构的底层控制和对 ROV 控制指令处理的上层控制，涉及海洋环境扰动、底层的 ROV 运动控制原理、方法以及上层的控制决策及控制器设计实施等环节。本节着重介绍 ROV 的控制原理。

ROV 的控制问题无一例外地都包括以下 3 个基本问题：

（1）速度控制问题。

（2）航向控制问题。

（3）深度或者高度（相对海底距离即为高度）控制问题。

速度控制问题主要解决对 ROV 前进速度的控制，包括定速和变速控制。定速控制指的是使 ROV 的速度保持一定的大小，而变速控制指的是使 ROV 的速度大小发生预期的改变。

航向控制问题主要解决对 ROV 航向角的控制，包括定向和变向控制。定向控制指的是使 ROV 保持一定的航向角航行，而变向控制是指使 ROV 的航向角发生预期的改变。

深度控制问题主要解决对 ROV 的深度控制，包括定深和变深控制。定深控制是指使 ROV 保持在一定的深度航行，而变深控制是指使 ROV 的深度发生预期的改变。

对于自治式潜水器 AUV 等带有控制舵的潜水器而言，实现航向和深度的控制可依靠舵角的改变来实现。而 ROV 并不具备控制舵，因而其首向及深度控制仅依靠对推进器的控制来实现[64]。

4.2.1 ROV 速度控制原理

由于 ROV 的六自由度运动完全依靠多个分布在不同位置的推进器协同工作来控制。因此，它具有独特的运动特性，即除了能实现一般潜水器的运动模式外，还能实现 3 个方向的自由平动。这里仅以前进为例，说明速度控制的原理，其余方向的平动速度控制原理与此类似。

为了尽快到达目的地，并且在环境扰动的情况下，结合路径优化技术，经常需要对 ROV 的运动速度进行保持或改变，以达到最优的运动效率。速度控制系统的工作原理如图 4-4 所示。

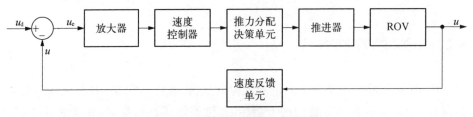

图 4-4　速度控制系统工作原理图

首先给定 ROV 的速度控制系统一个期望速度 u_d 作为输入，ROV 的实际速度 u 由速度反馈单元测量并反馈到控制器的输入端，经过运算比较器得出一

个速度偏差信号 u_e，再经放大器放大后送入速度控制器，控制器会根据输入的偏差信号产生纠正偏差所需要的相应推力调节指令，指令经过推力分配决策单元产生出控制各个推进器的合理控制信号并输送给相应的推进器，最终由推进器依照输入的控制指令产生相应推力，推动 ROV 克服阻力与扰动，最终改变 ROV 的前进速度。当实际速度 u 与期望速度 u_d 之间的误差为零，控制作用就为零，最终使推进器保持当前恒定状态工作，若误差仍存在，控制作用就一直存在，促使推进器不断改变工作状态以调节 ROV 的误差逐渐趋于零。

通过速度控制系统的反馈控制作用，最终达到能够控制 ROV 保持恒定速度或者改变速度到期望值的效果。

4.2.2 ROV 航向控制原理

ROV 的航向控制也是由特定的几个推进器联动实现的。ROV 的航向控制系统的工作原理图如图 4-5 所示。

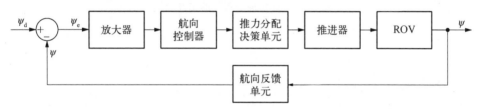

图 4-5 航向控制系统工作原理图

ROV 的航向一般可由罗盘测量。首先给 ROV 一个期望的航向角 Ψ_d 作为控制系统的输入指令，而由罗盘可测量得出 ROV 的实际航向角 Ψ，将测量出的实际航向角信号反馈至输入端信号，与输入的期望航向角做比较，得到一个航向角的误差信号 Ψ_e。误差信号经过放大后送入航向控制器中，经过控制器运算得出控制信号。对一般拥有控制舵的潜水器而言，控制信号直接输出至操舵执行机构，使舵依照输入的控制指令操舵转向，最终使潜水器的航向角发生变化。而对于 ROV 而言，改变航向是通过水平面内布置的多个推进器协同工作完成的。这些推进器之间通过提供大小、方向不同的推力，最终形成加载在 ROV 上的转向力矩，从而实现 ROV 首向角的改变。因此，当控制器输出相应的控制信号时，还需要经过推力分配决策单元计算相应的推进器所需产生的推力大小和方向，之后将合理的推力信号分路发送给各个推进器。最终，推进器在推力信号的驱动下，协同工作实现 ROV 航向角的变化。当实际航向角 Ψ 与期望航向角 Ψ_d 之间的误差为零时，控制作用就为零，最终停止推进器继续改变 ROV 航向。若误差仍存在，控制作用就一直存在，促使推进器不断调节 ROV 的航向角误差逐渐趋于零。

通过这一控制过程,便可以实现对 ROV 航向保持稳定的控制或者改变航向角至某一期望值的控制。

4.2.3　ROV 深度控制原理

ROV 的推进器布置方式可以决定其运动特性。一般来说,ROV 的多推进器布置可以使 ROV 平行上浮下潜而不改变其自身的姿态。ROV 的深度控制系统如图 4-6 所示。

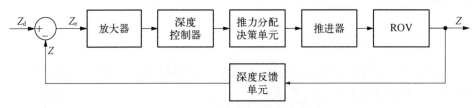

图 4-6　深度控制系统的工作原理

ROV 的深度一般可由深度计(压力传感器)或高度计测量得到。首先,给定 ROV 一个期望的深度值 Z_d 作为深度控制系统的输入,而 ROV 实际的深度值 Z 由传感器测量得到,并反馈给输入信号,与输入信号对比产生偏差 Z_e。偏差信号经过放大器放大后便作为深度控制器的输入,控制器接收到偏差信号后,通过内部设定好的程序机制计算得出相应的控制信号,控制信号同样需要通过推力分配决策单元进一步计算得出各个推进器所需要产生的推力,并形成相应的控制信号,最终由推力分配决策单元分路输出针对各个推进器的控制信号,使各推进器进行工作,产生合理的推力,最终达到控制 ROV 平行上浮下潜的目标。当实际深度 Z 与期望深度 Z_d 之间的误差为零时,控制作用就为零,最终停止推进器继续改变 ROV 深度,若误差仍存在,控制作用就一直存在,促使推进器不断调节 ROV 的深度使误差逐渐趋于零。

通过这些控制过程,就可以实现对 ROV 保持恒定深度或改变到达期望深度的控制。

4.3　ROV 运动控制模拟技术

在实际情况中,由于 ROV 的水动力系数并不容易得到,并且运动方程具有显著的非线性特点,通常需要对运动方程进行一定条件下的线性化处理,或者通过数值计算方法对非线性的运动方程进行近似求解。但配合一定的计算方法和控制方法,工程上也能够实现对 ROV 满足要求的运动控制[64, 65]。

在工程实际模拟控制系统中,应用最为广泛的是比例(P)、积分(I)、微分(D)控制调节器,简称 PID 控制器。PID 控制器具有结构简单、稳定性好、工作可靠、调整方便等特点,是工程控制的主要技术之一。

ROV 是一个非常复杂的系统,要建立精确的数学运动模型是非常困难的,从而难以通过计算机仿真确定其控制参数。当被控对象的结构和参数不能完全掌握,或者得不到精确的数学模型,以及控制理论的其他技术难以采用时,系统控制器的结构和参数必须依靠经验和现场调试来确定。这时候应用 PID 控制技术最为方便。随着计算机技术的快速发展,由计算机实现的数字 PID 控制器正在逐步取代模拟 PID 控制器。对于无精确控制模型的系统,在工程上通常采用凑试法,反复试验,直到得到一组比较优化的控制参数[66, 67]。

模拟 PID 控制系统原理框图如图 4-7 所示。系统由模拟 PID 控制器和被控对象组成。

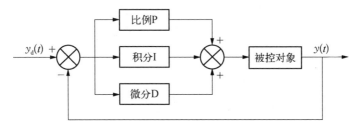

图 4-7 模拟 PID 控制系统原理图

PID 控制器是一种线性控制器,它根据给定值 $y_d(t)$ 与实际输出值 $y(t)$ 构成控制偏差,其中给定值和输出值的偏差可以表示为

$$e(t) = y_d(t) - y(t) \tag{4-74}$$

PID 的控制规律为

$$u(t) = k_P \left[e(t) + \frac{1}{T_I} \int_0^t e(t) \mathrm{d}(t) + \frac{T_D \mathrm{d}[e(t)]}{\mathrm{d}(t)} \right] \tag{4-75}$$

或者,也可以写成传递函数的形式,为

$$G(s) = \frac{U(s)}{E(s)} = k_P \left(1 + \frac{1}{T_I s} + T_D s \right) \tag{4-76}$$

式中,k_P 为比例系数;T_I 为积分时间常数;T_D 为微分时间常数。

简单来说,PID 控制器各校正环节的作用包括:

1. 比例环节

成比例地反映控制系统的偏差信号 $e(t)$,偏差一旦产生,控制器立即产生控制作用,以减小偏差。

2. 积分环节

主要用于消除静差,提高系统的无差度,可使系统稳定性下降,动态响应变慢。积分作用的强弱取决于时间常数 T_I。T_I 越大,积分作用越弱,反之则越强。

3. 微分环节

反映偏差信号的变化趋势(变化速率),并能在偏差信号变得太大之前,在系统中引入一个有效的早期修正信号,从而加快系统的动作速度,减少调节时间。

随着计算机技术的快速发展,由计算机实现的数字 PID 控制器正在逐步取代模拟 PID 控制器。计算机控制是一种采样控制,它只能根据采样时刻的偏差值计算控制量。计算机中的数据计算和处理,不论是积分运算还是微分运算,只能用数值计算去逼近。所以在计算机控制系统中,PID 控制规律的实现也必须用数值逼近的方法。当采样周期足够小时,用离散信号代替连续信号,用求和代替积分,用一阶向后差分代替微分,使连续 PID 离散化变为差分方程,以便于计算机实现[68]。为此可做如下近似

$$\int_0^t e(t)\mathrm{d}t \approx T\sum_{j=0}^k e(j) \tag{4-77}$$

$$\frac{\mathrm{d}[e(t)]}{\mathrm{d}t} \approx \frac{e(k)-e(k-1)}{T} \tag{4-78}$$

将式(4-77)、式(4-78)代入式(4-75)则可得到数字 PID 控制算法为

$$\begin{aligned}
u(k) &= k_P\left[e(k) + \frac{T}{T_I}\sum_{j=0}^k e(j) + T_D\frac{e(k)-e(k-1)}{T}\right] \\
&= k_P e(k) + k_I\sum_{j=0}^k e(j)T_D + k_D\frac{e(k)-e(k-1)}{T}
\end{aligned} \tag{4-79}$$

式中,$k_I = \dfrac{k_P}{T_I}$,$k_D = k_P T_D$;T 为采样周期;k 为采样序号,$k=1, 2, \cdots, e(k-1)$ 和 $e(k)$ 分别为第 $(k-1)$ 和第 k 时刻所得的偏差信号。

由于 $u(k)$ 作为控制信号,它直接决定了执行机构的位置(如流量、压力、阀门等的开启位置),因此式(4-79)称为位置式 PID 控制算法。其中 PID 的控制

参数 k_P、k_I 和 k_D 采用工程上常用的凑试法,反复试验,在试验中观察系统的响应曲线,根据 PID 参数对系统响应的大致影响,反复试凑参数,以达到满意的响应,从而确定一组比较优化的控制参数。

基于计算机数字 PID 控制器技术,根据上述位置式 PID 控制算法,可以实现一种对 ROV 运动控制的模拟技术。下面以 ROV 的深度控制举例说明,基于计算机数字 PID 控制器技术的 ROV 深度控制系统如图 4-8 所示。

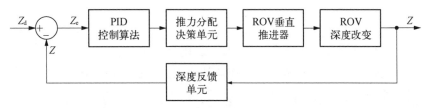

图 4-8 基于计算机数字 PID 控制器技术的 ROV 深度控制系统图

ROV 的实际深度值一般可由深度计测量得到。进行 ROV 深度控制时,首先给定 ROV 一个期望的深度值 Z_d 作为深度控制系统的输入,而 ROV 实际的深度值 Z 由传感器测量得到,并实时反馈给输入信号,与输入信号对比产生偏差 Z_e。偏差信号作为深度控制系统的输入,通过控制计算机内部运行的位置式 PID 控制算法程序计算得出相应的控制信号,控制信号通过推力分配决策单元进一步计算得出 ROV 各个垂直推进器所需要产生的推力,并形成相应的控制信号,最终由推力分配决策单元分别输出各个垂直推进器的控制信号,使各垂直推进器进行工作,产生合理的推力,当实际深度 Z 与期望深度 Z_d 之间的误差为零时时,控制作用就为零;若误差仍存在,控制作用就一直存在,控制 ROV 各个垂直推进器不断调节,直至 ROV 的深度误差逐渐趋于零,从而实现对 ROV 的深度控制,使得 ROV 保持在恒定深度或改变到达期望深度。

4.4 ROV 控制方法的应用实例

"海马-4500 号"ROV 经过 2014 年 2 月 20 日~4 月 22 日 3 个阶段的南海海试,共完成 17 次下潜,3 次到达南海中央海盆底部进行作业试验,最大下潜深度达 4 502 m,完成了水下布缆、沉积物取样、热流探针试验、OBS(海底地震仪)海底布放、海底自拍摄、标志物布放等多项任务,成功实现了与水下升降装置(lander)联合作业,通过了定向、定高、定深航行等 91 项技术指标的现场考核[69]。此次海试的成功标志着我国掌握了大深度 ROV 的关键技术,并在关键技术国产化方面取得实质性的进展，是我国继"蛟龙号"之后在深海高技术领域取得的又一标志性成果。

通过这次海试，"海马－4500号"ROV的控制系统实现了前面所述的对ROV运动控制的模拟技术，并通过实际试验反复试凑PID参数，最终确定了比较优化的控制参数，实现了"海马－4500号"ROV的自动定向航行、自动定深航行和自动定高航行功能，并具有较高的精度。

1. 自动定向航行

"海马－4500号"ROV在海试验收的第16次和第17次（见图4－9和图4－10）海试下潜及水下作业过程中，都启用自动定向航行功能，保持ROV的航向稳定，保证ROV的安全和水下作业的要求。测试的数据通过ROV控制计算机记录以分析定向航行性能。

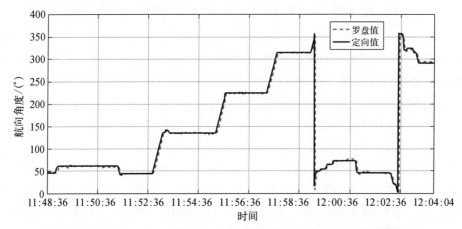

图4－9　"海马－4500号"ROV第16次潜水试验定向航行曲线图

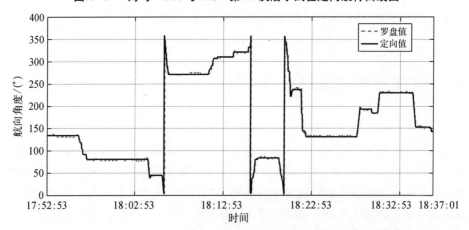

图4－10　"海马－4500号"ROV第17次潜水试验定向航行曲线图

　　图 4-9 和图 4-10 为"海马-4500 号"ROV 第 16 次海试下潜试验中 11:48:36 到 12:04:04 和第 17 次海试下潜试验中 17:52:53 到 18:37:01 处于定向航行的航向曲线。通过主控台的控制手柄改变定向值,ROV 就会以新的定向值进行自动定向航行。

　　图 4-11 为截取的部分定向航行精度分析曲线,从中得出"海马-4500 号"ROV 定向航行的精度约为±4°。

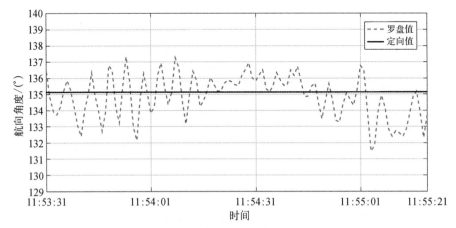

图 4-11　部分定向航行精度分析曲线

　　2. 自动定深航行

　　"海马-4500 号"ROV 在海试验收第 17 次海试下潜及水下作业过程中,进行了自动定深航行测试。测试的数据通过 ROV 控制计算机记录以分析定深航行性能。

　　图 4-12 和图 4-13 分别为"海马-4500 号"ROV 第 17 次海试下潜试验中 17:52:53 到 18:02:29 和 18:03:28 到 18:10:05 处于定深航行的航向曲线。

　　图 4-14 为截取的部分定深航行精度分析曲线,从中得出"海马-4500 号"ROV 定深航行的精度约为±0.2 m。

　　3. 自动定高航行

　　"海马-4500 号"ROV 在海试验收第 16 次海试下潜及水下作业过程中,接近海底 50 m 时开启高度计,进行了自动定高航行测试。测试的数据通过 ROV 控制计算机记录以分析定高航行性能。

　　图 4-15 和图 4-16 分别为"海马-4500 号"ROV 第 16 次海试下潜试验中 12:00:38 到 12:08:43 和 15:22:35 到 15:29:59 处于定高航行的航向曲

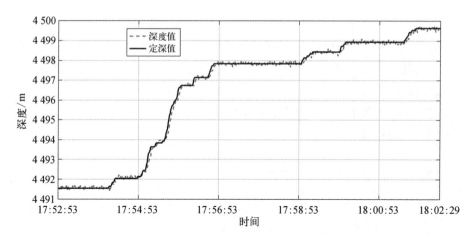

图 4‑12 "海马‑4500 号"第 17 次下潜试验定深航行曲线图(1)

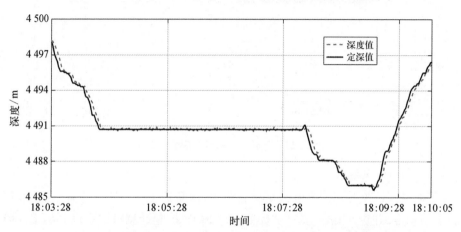

图 4‑13 "海马‑4500 号"第 17 次下潜试验定深航行曲线图(2)

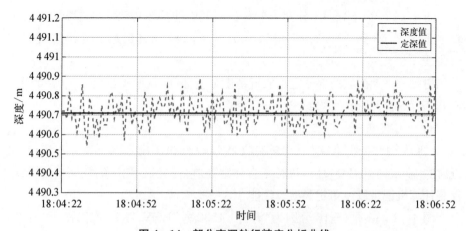

图 4‑14 部分定深航行精度分析曲线

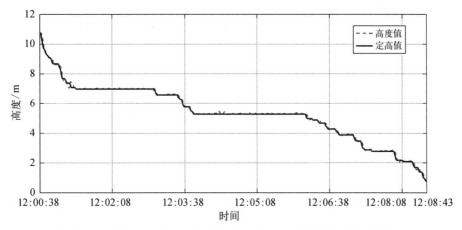

图 4 - 15 "海马 - 4500 号"ROV 第 16 次潜水试验定高航行曲线图(1)

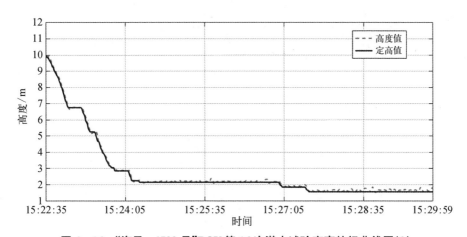

图 4 - 16 "海马 - 4500 号"ROV 第 16 次潜水试验定高航行曲线图(2)

线。通过主控台的控制手柄改变定高值,ROV 就会以新的定高值进行自动定高航行。

图 4 - 17 为截取的部分定高航行精度分析曲线,从中得出"海马 - 4500 号"ROV 定高航行的精度约为±0.1 m。

2014 年 3 月 3 日,科研人员在"海马 - 4500 号"ROV 本体上安装了超短基线定位系统(USBL)进行第 10 次海试,并利用 USBL 监控软件确定其水下精确位置,图 4 - 18 中的椭圆形线为该次海试通过 USBL 监控软件记录下的"海马 - 4500 号"ROV 的运动轨迹。

"海马 - 4500 号"ROV 操作员首先让 ROV 下潜到该海试站位最深的位置,然后直接坐底,坐底后对 ROV 本体上的照明灯、摄像机和液压多功能机械手等

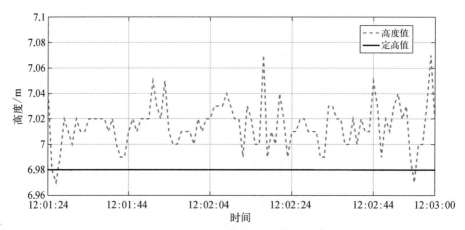

图 4-17　部分定高航行精度分析曲线

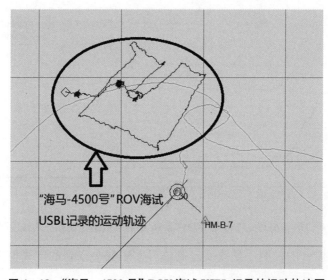

"海马-4500号"ROV海试
USBL记录的运动轨迹

图 4-18　"海马-4500 号"ROV 海试 USBL 记录的运动轨迹图

进行试验。接下来,ROV 离底进行自动定向航行运动,在此过程中不断改变
ROV 的航向,最后形成了图 4-18 中的椭圆形运动轨迹线,这可以看出"海马-
4500 号"ROV 实现了自动定向航行功能。另外,由于该 ROV 运动轨迹线是封
闭的曲线,因此理论上如果 ROV 的自动定向航行精度很高的话,ROV 应该可
以回到最初的起点。事实上在这次实际海试过程中,"海马-4500 号"ROV 确
实回到了最初的起点,即它离底开始运动的地方。图 4-19 所示便是"海马-
4500 号"ROV 在完成自动定向航行封闭曲线运动轨迹后发现的其之前坐底

时留下的"海马脚印",这正好从侧面证明了"海马-4500 号"ROV 具有较高的
自动定向航行精度,其运动控制模拟技术也得到了验证。

图 4-19　"海马脚印"

5

ROV的脐带缆技术、能源与信息传输系统设计

根据吊放回收作业模式的不同,ROV 脐带缆通常包括直接用于 ROV 吊放且同时可传输能源与信息的承重缆(主脐带缆)以及只用于传输动力和信号的非承重缆或中性浮力缆(零浮力缆)。本章将介绍 ROV 的脐带缆技术、能源与信息传输技术。

5.1 ROV 的脐带缆与连接件设计

5.1.1 概述

脐带缆之所以被比喻为 ROV 的"脐带",是因为它担负着能源和信息传输的使命,是 ROV 的一条"生命线"。ROV 是通过动态铠装脐带缆或中性浮力缆与水面作业母船吊放和控制系统连接的。所谓"动态",是因为这种缆不同于静态铺设缆,需要于高载荷下在绞车上反复收放,且水流作用所产生的阻力和激震运动,以及因母船升沉运动所产生的动张力均作用于其上。

ROV 脐带缆包含诸多关键技术,包括低比重高强度铠装技术、光纤和导体材料技术、小直径高密度耐压结构技术、高电压高环境压力绝缘技术、纵向密封和连续大长度成缆工艺技术等。长期以来脐带缆技术与产品被国外垄断,国内的需求均依赖于进口,已成为我国水下装备发展的瓶颈技术之一,制约着我国海洋探测技术与装备的发展。近年来,在国家科技计划的大力支持下,相关技术与产品的研发取得了长足的进展,如中天科技股份有限公司研制成功了 ROV 和水下拖体用系列铠装缆和中性浮力缆,其中包括"海马-4500号"ROV 铠装缆,并通过了海上试验和工程应用,形成了 500 m 级 ROV 用中性缆(零浮力缆)、1 000 m 级拖体用金属铠装缆、4 500 m 级 ROV 用金属铠装缆的共性关键技术、制造工艺和产品系列,在 4 500 m 水深级别上逐步替代进口产品,填补国内空白。目前适用于万米级 ROV 的全海深非金属铠装脐带缆也在研制之中。

脐带缆技术与产品已广泛应用于潜水器、锚系船泊设施、水下工程机械、作业器具、水下照明、电力分配系统、潜水装备器具(潜水钟、潜水头盔、电热服)等领域的电力输送、电/液控制、信号传送等诸多方面,其专业技术涉及机械加工、水下通信、材料、电子电力、化工等多个领域,下面就 ROV 的脐带缆技术进行详细的介绍。

5.1.2 ROV 脐带缆技术

ROV 脐带缆是连接水面支持母船与 ROV 本体的关键连接载体,集机械承载、电力远供、光纤通信、遥控指令传递、视频影像传输等功能于一身,各种功能单元综合集成程度高,自身机械强度大,且必须具有防止海水/油液渗漏、耐海水腐蚀和磨损能力,以及在脐带绞车上的反复收放的能力,因此是决定 ROV 系统能否正常作业、保障 ROV 系统安全的关键组成部分。

1. 脐带缆的基本功能

脐带缆不仅具有动力传输、光纤通信、铜缆通信、遥控指令传递、视频影像传输、ROV 收放承载等综合功能,还具有较高的强度/重量比、灵活的弯曲特性、优良的耐腐蚀、耐磨损和反复收放能力。脐带缆的基本功能包括电能传输、信号传输和机械承载。

1) 电能传输

电能传输即传递电流,将水面母船电能传输给 ROV 本体,满足 ROV 系统的正常工作需要。电能传输要求有足够的导体材料将合适的电压和电流传递到脐带缆的远端水下设备设施。

2) 信号传输

信号传输包括水面母船控制信号传达给 ROV 或者 ROV 获取的信号(如视频、数据等)反馈给控制室。因此,信号传输过程中要减小信号的衰减,提高带宽和传输速度。传输的信号既可以是模拟信号,也可以是数字信号;既可以是电信号,也可以是光信号。光信号可通过光纤进行传递,相对于电信号,光信号不会被干扰,且传输距离远,但需增加两端的光电转换装置。

3) 机械承载

脐带缆承担着支持母船与 ROV 之间的机械连接。除自身重量外,脐带缆还承担着 ROV 重量、负载重量和动态载荷的作用。此外,脐带缆尺寸还影响着其受到的水流阻力。因此,在脐带缆设计时,其强度设计需要考虑多种因素。

2. 产品结构分类

脐带缆作为 ROV 的光电传输纽带,承担着将载荷、能量和信息传递给 ROV 的作用。ROV 的尺寸、重量、工作深度、动力、子系统、载荷等决定着脐带缆的结构设计,其产品结构的分类也不同。

1) 按铠装结构分类

对于常规 ROV 使用的电-光-机械脐带缆,从铠装结构区分,可以分为金属铠装脐带缆和非金属铠装脐带缆。对于中继器吊放模式,水面母船到中继器之间脐带缆一般使用金属铠装脐带缆,中继器与 ROV 本体之间一般使用非金属铠装脐带缆或中性浮力缆;对于单缆吊放模式,从水面母船直接到 ROV 本体的脐带缆有金属铠装脐带缆(如"海马-4500 号"ROV),也有非金属铠装脐带缆。金属铠装脐带缆如图 5-1 所示,非金属铠装脐带缆如图 5-2 所示。

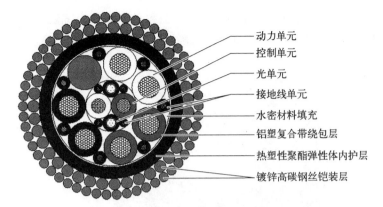

图 5-1 金属铠装脐带缆示意

动力单元
控制单元
光单元
接地线单元
水密材料填充
铝塑复合带绕包层
热塑性聚酯弹性体内护层
镀锌高碳钢丝铠装层

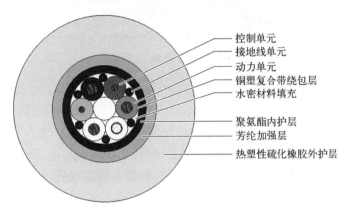

图 5-2 非金属铠装脐带缆示意

控制单元
接地线单元
动力单元
铜塑复合带绕包层
水密材料填充
聚氨酯内护层
芳纶加强层
热塑性硫化橡胶外护层

2) 按使用环境分类

根据 ROV 的使用环境不同进行分类,脐带缆可以分为浅海观察级 ROV 脐带缆、作业级 ROV 脐带缆和全海深 ROV 脐带缆。

一般的浅海观察级 ROV 脐带缆结构比较简单,满足数据传输和较低功率的电能供给即可,既可以是金属铠装也可以是非金属铠装。功能单元一般为一个或者多个,满足 ROV 探测用的信息和能量传递。该系列脐带缆用于浅水环境(<200 m),结构简单,生产相对容易,最大生产长度不超过 1 km。

作业级 ROV 脐带缆结构比较复杂,使用水深从浅海到深海,最深可达6 000 m。为了满足不同水深作业级 ROV 的不同需要,脐带缆功能单元多样,既有较大功率的电能供给,也有大容量的光纤传输等。根据使用水深,工作强度可达几十吨,其铠装钢丝一般为 2～3 层。

对于全海深 ROV 脐带缆,由于应用较少、技术难度较高,目前国际上该类脐带缆的生产和使用实例极少。作为全海深 ROV 脐带缆,为了满足强度要求,降低自身重力，其铠装材料必须为非金属。日本的万米级"Kaiko号"ROV使用的是JAMSTEC自研自用的非金属铠装缆，如图5-3所示。

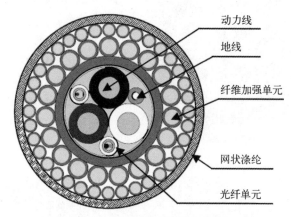

动力线

地线

纤维加强单元

网状涤纶

光纤单元

图5-3　全海深ROV脐带缆

3. 脐带缆的设计基础

脐带缆作为一个复杂的结构单元，所有单元结构有机地结合在一起工作，为ROV提供所需要的能量、信息和载荷。但是脐带缆的每一层并不是根据功能单元来划分的，而是根据单元尺寸进行组合，维持良好的同心度。比如，有些脐带缆把动力单元放置在靠近中心层处，而有些放置在外边缘处。保持良好的同心度对于脐带缆的卷绕性和柔软性是非常重要的。

脐带缆的每一层之间一般采用铝塑复合带进行缠绕紧固，以便保持缆芯的紧凑度和圆整度，提高缆芯的抗侧压能力，并降低缆芯在受压状态下的径向收缩。脐带缆使用过程中，如果在使用长度上的任意一点发生破损，都必须具备阻止海水沿着破损点进入缆芯乃至用电设备的能力，防止用电设备短路，造成用电设备的损坏。这样，就需在缆芯中填充合适的纵向水密材料，填充各个结构单元的间隙，起到空间占位和良好的阻水、阻油的效果，使缆芯具备纵向密封的能力。

脐带缆的外层铠装结构作为机械承力单元和缆芯保护单元，一方面为ROV的回收和吊放提供载荷，另一方面也保护内部结构单元不受到外部机械和环境损伤。为了防止脐带缆在收放过程中的受力打扭，铠装结构一般设计为扭矩平衡结构。铠装外面会有保护层，防止在海水中腐蚀，影响性能。

1）设计分析技术

目前脐带缆设计并没有相应的国际、国内标准可供参考，而主要依靠由长期经验积累而成的大量的产品设计参数，其主要手段也是采用理论和计算的方法，进行动态运行以及结构应力分析。

脐带缆所需要的性能是由 ROV 系统的应用工作条件决定的,整体分析的主要内容包括在海流、波浪、水面母船和 ROV 本体/中继器等作用下,脐带缆所受到的极值和疲劳荷载分析,并验证其稳定性等要求。进行一般简化,主要考虑以下几个方面:

(1) 脐带缆顶部的船体运动及其激励运动。

(2) 在深海不断变化的海流中导致的脐带缆的几何变化。

(3) 由于浮力和重力因素得到的 S 形减少了脐带缆对于 ROV 的作用力。

(4) 脐带缆的诱导横向振动。

(5) 脐带缆底部的作用力和运动。

局部分析是进行脐带缆设计的关键,它可以计算整体荷载,如拉伸、弯曲、扭转等作用下脐带缆局部各个构件的响应,包括应力、变形等,为布局调整、布局优化以及加强设计提供依据和方法,有效地辅助相关设计。随着计算力学的快速发展,使得通过模型化及数值模拟的手段,结合部分试验结果,对脐带缆结构进行分析设计成为主流手段。

2) 铠装缆结构

(1) 金属铠装缆结构。如图 5-1 所示,金属铠装脐带缆由动力单元、控制单元、光单元、接地线单元等结构单元组成,各个单元通过绞合成缆,结构单元间隙填充水密材料,成缆后缠绕包裹一层铝塑复合带构成缆芯,缆芯外挤制高密度聚乙烯内护层,内护层外含有两层钢丝铠装层。对于这类金属铠装缆,目前国外可以设计并制造,且系统配套完整系列的 ROV 脐带缆,以 Nexans,Rochester 和 JDR 占据主导地位,我国主要有江苏中天科技等少数企业可以生产。

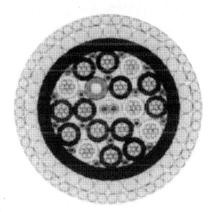

图 5-4　Nexans 金属铠装脐带缆

Nexans 金属铠装脐带缆:Nexans 金属铠装脐带缆如图 5-4 所示,包括 17 个 4 mm² 电源单元,1 对 0.5 mm² 屏蔽通信单元,1 个 12 芯单模光纤单元,金属铝塑带屏蔽层,PP 内护层,双层高强度钢丝铠装层。它的外径为 32.8 mm,破断力为 450 kN。

Rochester 金属铠装脐带缆:Rochester 金属铠装脐带缆如图 5-5 所示,包括 4 根 19AWG 铜导体(AWG 指 American wire gauge,美国线规),6 根 18AWG 铜导体,6 根 4AWG 铜导体,4 根单模光单元,Hytrel 内护层,双层高强度钢丝铠装层。它的外径为 42.1 mm,破断力为 623 kN。

　　JDR 金属铠装脐带缆：JDR 金属铠装脐带缆如图 5-6 所示,包括 4 根 4 芯多模光纤单元,16 根 4 mm² 电源单元,3 根 RG59 单元,3 根 0.56 mm² 星绞单元,6 根 0.56 mm² 电源单元。它的外径为 38.0 mm,破断力为 380 kN。

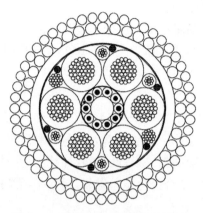

图 5-5　Rochester 金属铠装脐带缆　　　　图 5-6　JDR 金属铠装脐带缆

　　(2) 非金属铠装缆结构

　　如图 5-2 所示,非金属铠装脐带缆由控制单元、接地线单元、动力单元、光单元等结构单元组成,各个结构单元通过绞合成缆,结构单元间隙填充水密材料,成缆后缠绕包裹一层铜塑复合带构成缆芯,缆芯外挤制热塑性聚氨酯弹性体发泡内护层,内护层外双层反向缠绕两层并编织一层芳纶构成芳纶加强层,芳纶加强层外挤制热塑性硫化橡胶外护层。

　　非金属铠装脐带缆是一种零浮力缆、等浮力缆或者中性脐带缆,它的一个显著特点就是密度与海水的密度相同或者接近,在海水中基本处于自然状态,对于 ROV 不会产生附加作用力。

　　Nexans 非金属铠装脐带缆：如图 5-7 所示的非金属铠装缆结构,包括 3.3 kV 电源单元,1 个 12 芯单模光纤单元,金属铝塑带屏蔽层,TPU[热塑性弹性体(聚氨酯)]内护层,双层或多层非金属铠装层,TPE(弹性体橡胶)外护层。它的外径为 50 mm,破断力为 150 kN。

　　JDR 非金属铠装脐带缆：JDR 非金属铠装脐带缆结构如图 5-8 所示,包括 1 根单模光纤单元,8 根 1.23 mm² 电源单元,聚酯内护层,芳纶铠装层,聚酯外护层。它的外径为 36 mm,破断力为 80 kN。

　　综上所述,金属或非金属铠装脐带缆一般都需要双层或多层铠装,并且在多层铠装后要充分释放其内应力。特别对于金属铠装脐带缆应用于水下作业,为

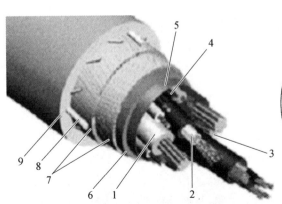

图 5‑7 Nexans 非金属铠装脐带缆

图 5‑8 JDR 非金属铠装脐带缆

1—动力线；2—光纤；3—填充体；4—地线；
5—水密填充层；6—内护层；7—聚氨酯外护层；
8—芳纶加强层；9—非金属铠装层

减小海水的作用力以及更好地达到动态平衡，从而避免水下扭曲现象，铠装层多选择直径较细的高强度钢丝，一般情况下铠装的钢丝数目比较多且单根连续生产长度较长。

4. 脐带缆结构及功能设计

脐带缆承担着传递电能、信息、视频和控制信号等功能，通常包含多个结构功能单元，如光纤单元、动力或导体单元、通信单元、接地线单元、铠装单元等。

1）光纤单元设计

光纤单元主要承担脐带缆的光学信息传输及保护光学传输元件的完好使用寿命。光纤单元主要设计采用带塑料护套的不锈钢管光单元，必须设计考虑光纤芯数、光纤类别、光纤的不锈钢管保护材料和光单元数量等，其主要材料选型如下所述。

（1）光纤。根据 ROV 的容量、带宽及传输波长等光纤通信要求以及对光纤衰减的要求，并结合脐带缆的实际使用环境确定光纤类别、光纤芯数等。

（2）不锈钢管。根据光纤芯数、光纤外径、光纤最小弯曲半径、光纤一次余长、不锈钢管厚度等参数来设计不锈钢管尺寸参数。

$$D = 2\delta + d_i \qquad (5-1)$$

$$d_i = \sqrt{d_f^2 n/r} \qquad (5-2)$$

式中，D 为不锈钢管外径（mm）；d_i 为不锈钢管有效内径（mm）；δ 为不锈钢管壁厚（mm）；d_f 为光纤着色外径（mm）；n 为光纤芯数；r 为光纤体积占有率（或填充度)。

(3) 塑料护套。为进一步提高不锈钢管光纤单元的防护能力,使得光纤单元遭受侧压力时具有一定缓冲作用,并使线芯成缆后结构紧凑、圆整,一般需要在不锈钢管外挤制一层塑料护套。

2) 动力单元设计

动力单元主要承担脐带缆的电能传输,使其满足 ROV 的供电工作电压和电流(供电功率)。动力单元一般设计为含绝缘材料的铜导体,主要设计参数包括导体芯数、导体标称截面积、绝缘材料选型及绝缘厚度等。

根据 ROV 的供电需求,如单相工作电压、三相工作电压、供电功率等参数计算额定电流,通过额定电流计算导体直流电阻,从而计算选择适当截面的导体。

单相工作电压为

$$I = \frac{P}{U\cos\phi} \tag{5-3}$$

三相工作电压为

$$I = \frac{P}{U\cos\phi\sqrt{3}} \tag{5-4}$$

式中,I 为额定电流(A);P 为供电功率(W);U 为工作电压(V);$\cos\phi$ 为功率因数,一般取 0.8。

额定电流计算公式为

$$I = \left\{ \frac{\Delta\theta - W_d[0.5T_1 + n(T_2 + T_3 + T_4)]}{RT_1 + nR(1+\lambda_1)T_2 + nR(1+\lambda_1+\lambda_2)(T_3+T_4)} \right\}^{0.5} \tag{5-5}$$

式中,I 为一根导体中的额定电流(A);$\Delta\theta$ 为高于环境温度的导体温升(K);R 为最高工作温度下导体单位长度的交流电阻(Ω/km);W_d 为导体绝缘单位长度的介质损耗(W/m);T_1 为一根导体和金属套之间单位长度热阻(K·m/W);T_2 为金属套和铠装之间内衬层单位长度热阻(K·m/W);T_3 为铠装脐带缆外护层单位长度热阻(K·m/W);T_4 为铠装脐带缆表面和周围介质之间单位长度热阻(K·m/W);n 为铠装脐带缆中载有负荷的导体数;λ_1 为铠装脐带缆金属套损耗相对于所有导体总损耗的比率;λ_2 为铠装脐带缆铠装损耗相对于所有导体总损耗的比率(注:可根据实际计算情况对式中的参数进行删减)

$$R' = \frac{R}{1 + Y_S + Y_P} \tag{5-6}$$

式中,R' 为单位长度导体直流电阻(Ω/km);Y_S 为集肤效应因数;Y_P 为邻近效应因数。

(1) 导体截面积。导体的作用是传输电流,结构分为实心和绞合两种形式。由于脐带缆在生产和使用过程中经常需要弯曲,为了增加其柔软性和可弯曲度,由多根小直径单线绞合的导体柔软性好,可弯曲度大,因此脐带缆多采用绞合形式。多根绞合时,单线之间可滑动,同时绞合圆中心线内外两部分可以相互移动补偿,弯曲时不会引起单线的塑性变形,使导体的柔软性和稳定性大大提高。

导体截面积为

$$S=\frac{\pi}{4}d^2Z \tag{5-7}$$

式中,S 为截面积(mm^2);d 为单线直径(mm);Z 为单线总根数。

(2) 绝缘层厚度。绝缘层厚度的确定主要根据脐带缆绝缘层内最大电场强度等于击穿电场强度时脐带缆发生击穿的原理来设计绝缘层厚度,同时考虑到击穿强度的分散性,保证脐带缆绝缘有一定的安全裕度,并考虑脐带缆导体绝缘工艺所允许的最薄厚度,以及脐带缆在生产和使用过程中可能受到的机械损伤和绝缘不均匀性。

绝缘层厚度为

$$\frac{E}{m}=\frac{U}{r_c\ln\dfrac{R}{r_c}} \tag{5-8}$$

$$\Delta_i=R-r_c=r_c\left[\exp\left(\frac{mU}{Er_c}\right)-1\right] \tag{5-9}$$

式中,E 为击穿场强($\mathrm{kV/mm}$);m 为安全裕度;U 为试验电压(kV);r_c 为导体半径(mm);R 为绝缘层半径(mm);Δ_i 为绝缘层厚度(mm)。

3) 通信单元设计

通信单元主要承担脐带缆的通信信号传输及控制、保护等功能。通信单元分为无屏蔽及有屏蔽两种类型。有屏蔽电缆又分为总体屏蔽或者每一绝缘线芯各自屏蔽后再加总体屏蔽的两种形式。通信单元主要设计考虑导体芯数或对数、导体标称截面积、屏蔽形式等。通信单元应采用符合 GB/T 17737.1-2013《同轴通信电缆第 1 部分:总规范总则、定义和要求》或其他适用标准或规范要求的通信电缆。

4) 单元线芯成缆设计

将光纤单元、动力单元、通信单元、接地线单元等各个组成单元绞合在一起构成缆芯,各个组成单元的间隙填充水密材料,填充后缆芯外形紧凑、圆整,组成单元绞合后使用金属或非金属带绕包扎紧。

缆芯内部空隙采用水密材料填充,可以是聚合物、硅橡胶和(或)固化聚氨酯等材料,目前有多种材料可以选择,可根据使用要求进行选择。填充的主要目的是当内护层破损时,阻止水分纵向侵入缆芯。内部空隙填充还有另一个好处,即增加缆芯弹性模量的,同时又减少了结构的永久变形。

5) 内护层设计

设计内护层时应综合考虑脐带缆的实际使用要求,如需要内护层作为限制外部压力和径向阻水功能,应结合内护层材料特性和实际制造工艺条件进行设计。

6) 铠装结构设计

根据 ROV 对脐带缆的机械性能要求,脐带缆必须设计铠装结构以满足脐带缆的机械荷载功能。一般地,铠装结构主要选择非金属材料和(或)金属材料作为铠装承力元件。

(1) 非金属铠装承力元件。非金属铠装承力元件一般选择非金属人工纤维材料作为承力元件,其断裂拉伸强度计算式为

$$F = F_{BS} \cdot n \cdot k \tag{5-10}$$

式中,F 为断裂拉伸强度(N);F_{BS} 为纤维断裂拉伸强度(N);n 为纤维支数(支);k 为损耗系数。

(2) 金属铠装承力元件。金属铠装承力元件一般选择高强度镀锌钢丝作为承力元件。由于其他元件承担的拉伸强度很小可忽略,仅计算主要承力元件的拉伸强度。

$$P = \sum P_O + \sum P_I \tag{5-11}$$

式中,P 为承力元件的断裂拉伸强度(N);P_O 为外层承力元件的断裂拉伸强度(N);P_I 为内层承力元件的断裂拉伸强度(N)。

$$P_I = P_w \cos \theta \tag{5-12}$$

式中,P_w 为承力元件断裂拉伸强度(N);θ 为承力元件绞合角度。

$$P_w = \frac{\pi}{4} d^2 S_w \tag{5-13}$$

式中,d 为承力元件直径(mm);S_w 为承力元件抗拉强度(N/mm²)。

$$P = \frac{\pi}{4}(N_O d_O^2 S_O \cos\theta_O + N_I d_I^2 S_I \cos\theta_I) \qquad (5-14)$$

式中，N 为承力元件根数；下标 O 表示外层承力元件；下标 I 表示内层承力元件。

5. 应用特性参数设计

脐带缆的功能性构件和结构性构件的设计参数不尽相同，这些设计参数还应考虑最终应用特性参数的设计，如刚度、强度、疲劳和稳定性等，具体介绍如下。

1）最小拉断载荷

缆体最小拉断力应大于其在应用环境下所承受的极值拉伸载荷，保证在任何工况下有足够的安全余度，确保脐带缆的正常运行。

2）最小弯曲半径

在储存和使用期间，过度的弯曲将导致脐带缆屈曲失效、塑性失效以及功能失效。

3）动态疲劳寿命

当脐带缆以动态形式承受载荷运行时，缆体设计必须考虑抗疲劳性能；在足够安全系数的情况下，缆体应达到规定的设计寿命。

4）截面布局

脐带缆中所包含的功能构件，其力学性能往往差异较大，因此在构件集束组装布置过程中截面应尽可能紧凑和对称，同时对于构件间的空隙，应尽可能采用辅助填充物达到密实状态，且需避免脐带缆制造、安装和工作期间构件间产生较大的挤压力。

5）动态特性分析和研究

在实际工程应用中，深海 ROV 等设备使用的铠装缆属于动态缆，不同于常规的静态缆，所以在设计和使用方面有其独特性。针对铠装缆内部不同构件的材料特性、复杂结构以及水动力学特性，建立相应的力学模型，然后采用数值分析的方法对铠装缆在不同载荷工况下的水动力和弯曲半径等进行力学分析和研究。通过上述力学分析和研究，获取理论数据和参数，以满足铠装缆在设计、制造、检测过程中的功能要求。

6）动态张力分析

拖体用铠装缆与 ROV 用铠装缆相比，其工作环境和受力状态更为复杂，所以在此针对拖体用铠装缆的动态特性进行分析。

舰船拖航过程中，铠装缆断裂是导致拖航过程中拖体失控漂浮或丢失的原因之一，分析铠装缆失效对于拖航安全评估的意义重大。铠装缆承受的拉力分为稳态拉力和动态拉力,动态拉力由船舶运动冲击引起。在海况已知的条件下,可以通过分析铠装缆的极限动态张力,来评定铠装缆的安全性,这要比依靠稳态张力和安全系数评定铠装缆的安全性更为准确。

铠装缆承受的动态拉力存在着随机现象。在拖航过程中,要求铠装缆实际承受的拉力 T_e 小于其安全工作拉力。一般而言,铠装缆的动态张力可凭经验估算,通常的计算方法是 $T_e = C_s T_0$,这里的 C_s 为安全系数,T_0 为稳态拉力。对拖缆的动态张力国内外学者已经研究较多,可通过求解动态张力的微分方程,以及通过极限张力频域的计算机模拟方法等得到精确解,但求解过程非常复杂。

导致铠装缆失效的因素众多,包括船舶运动、海况以及海水中盐分对铠装缆的腐蚀等。另外,由于铠装缆承受的动态拉力为随机变量,所以可以运用计算机和蒙特卡罗法对铠装缆受到的动态拉力进行模拟和计算,可以方便地对拖航过程中铠装缆的强度进行安全校核。

7) 阻力特性分析

以水下拖曳系统为例,在拖曳问题中,缆-流之间的相互作用可以作为缆与定常流间的相互作用问题。拖体用铠装缆的截面有圆形,也有各种流线型。圆截面铠装缆在水中拖动时由于颤振附加效应大,所以多采用流线型导流罩,以减小颤振,同时还可以增加拖体深度。但也可能会带来另外一些不利因素,例如流线体的非完善性可能会促使缆侧漂,增加上端张力,且使拖船升沉运动的响应增大。

圆形缆每单位长度上的法向阻力为

$$r_0 = \frac{1}{2} C_{r_0} \rho v^2 d \qquad (5-15)$$

式中,C_{r_0} 为缆轴与流呈 90°时的阻力系数;d 为缆直径;v 为拖速;ρ 为水的密度。

在实际工程应用中,由于颤振效应,C_{r_0} 通常为 1.4~1.7,到目前为止还不能更精确地做出预报。光滑圆柱缆在倾斜时,C_{r_0} 为 1.2~1.7,取决于难以预测的颤振效应。由于压力引起的流体动力必定与缆正交,正比于该方向的动压力分量,所以缆-流间存在垂倾角时的阻力为 $r = r_0 \sin^2 \Phi$。随着 Φ 趋向零,压力消失,可以预料有一个切向流引起的小摩擦力。在实际中,这个切向力仅为 r_0 的 2%~3%,常常忽略不计。

缆在水中工作的过程中,附连水质量和阻力特性都会对缆产生一定的机械作用,这就需要在设计缆的抗拉强度时充分考虑附连水质量和阻力特性对缆工作的影响,设计适当的安全余量,以确保缆在水中工作的可靠性。

8) 附连水质量分析

ROV 及铠装缆在水下运动时,会产生流固耦合问题,对其自振特性及动力响应造成重力、阻尼和惯性等 3 方面的影响。其中,惯性,即附连水质量的影响是最主要的。对于总振动而言,附连水质量与目标自身质量是同一量级的;而对于局部振动而言,局部结构的附连水质量可以达到结构自身质量的 5~6 倍,甚至更大些,它对结构固有频率的影响相当大,所以在计算时必须考虑。附连水质量的计算方法有很多种,例如莫里森公式法、商业软件计算、数值计算或修正系数法等。

6. 脐带缆的安全使用

1) 脐带缆的安全使用说明

(1) 储存。一般地,脐带缆应整齐一致地卷绕在高强度的钢质或木质线盘上,紧密成圈、不交叉、也不留空隙,这可以避免倒盘放线过程中对铠装脐带缆交叉部位的挤压损害。

线盘应垂直放置,即两个侧板垂直于地面。若将线盘水平放置,会使成圈的脐带缆相互交叉,给后续的使用和倒盘带来很多不便。露天放置时,应对线盘加以必要的遮盖,底部开口便于通风。如果储存周期超过数月,宜在脐带缆表面涂抹足够的防腐剂,提供额外的保护。

吊装线盘时,应采用钢轴穿过筒体,两端起吊。不允许将钢丝绳穿入线盘孔直接起吊,这会使侧板受力,并挤压线盘上的铠装脐带缆。

(2) 收线。若将脐带缆紧密地收卷在圆形线盘上,需要有足够的张力。一般地,施加脐带缆的张力约为 3% 的断裂强度较为合适。

若采用绞车系统收线,绞车动力和储缆功能由一个单元提供,对脐带缆安装较为苛刻。在卷绕操作前,应注意它对脐带缆的影响。反向双层铠装的铠装脐带缆能够抵御外部压力。它的各个单元(即两层铠装和缆芯)紧密接触,在外力作用下几乎不产生相对位移。一旦这些部件成为一个整体单元,抵御外部压力破坏的能力就得到最大化。同样地,当压力沿着脐带缆圆周分布,而不是集中在某个径向,脐带缆变形会更小,降低受损的可能性。

(3) 轮槽。铠装脐带缆在生产、储存、使用过程中都会涉及轮槽。因此,设计合适的轮槽,使得与铠装脐带缆呈现环状接触,如图 5-9

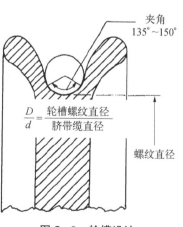

图 5-9 轮槽设计

所示。

轮槽的表面应光滑,伴随使用过程中的摩擦,其表面逐渐呈波纹状,加速了对脐带缆的磨损,必要时需对其重新抛光处理。

轮槽表面硬度应低于铠装单丝的硬度。与更换脐带缆相比,重新处理轮槽表面则更为经济。采用聚氨酯涂层的轮槽可以取得良好的使用效果,其他热塑性材料也有成功的应用。

轮槽的直径应尽可能大,对应脐带缆的直径最小值可由下式确定为

$$D = 400d_w \tag{5-16}$$

式中,D 为轮槽直径;d_w 为铠装单丝的最大直径。

设计脐带缆收放系统时,应尽量减少脐带缆转向。当脐带缆弯曲时,内外层铠装会产生相对位移,这将造成铠装层磨损,这就说明润滑是非常重要的。此外,电缆进入轮槽时,其切点处的铠装绞合角趋向减小;脱离轮槽的切点处,绞合角又趋向恢复原先角度,这会使电缆与轮槽间相互摩擦。

(4) 使用前准备。准备工作通常包括:

① 根据作业项目,选择适合的脐带缆;

② 脐带缆终端应固定在绞车滚筒上;

③ 脐带缆在绞车滚筒上应排列整齐;

④ 在排绕脐带缆时,脐带缆应保持一定的张力;

⑤ 脐带缆全部排绕完毕后,内端缆芯按顺序与绞车滑环连接;

⑥ 检查各缆芯直流电阻值、绝缘电阻值和绞车滑环接触电阻值。

(5) 使用。使用脐带缆应注意以下几点:

① 操作绞车的人员应持证上岗,并按规定操作;

② 操作绞车应平稳,根据海洋装备的下潜速度和深度调整放缆速度和长度,关注脐带缆的张力变化情况;

③ 在作业时,绞车滚筒上应预留一定长度的脐带缆。

(6) 维护。脐带缆的维护主要考虑以下几个方面:

① 任何时候,脐带缆在绞车滚筒上每层都应排列整齐;

② 每次上提电缆时,应使用清水对脐带缆表面进行清洁处理,必要时再次涂覆防腐剂;

③ 外层钢丝断裂应及时处理;

④ 与脐带缆接触的排缆器、导向轮等,应与脐带缆保持转动接触,不应滑动接触;

⑤ 停用的脐带缆应进行防腐处理后避雨水封存。

2）脐带缆的失效判定

（1）考虑因素。在使用过程中保持脐带缆质量的可靠性，这是脐带缆从设计到失效整个活动周期的目标。这些活动通常包括：

① 系统性分析，建立完备的应用需求；

② 在上述需求的引导下，制订脐带缆采购规范；

③ 核实试验报告，确定脐带缆是否达到要求；

④ 合理设计收放系统；

⑤ 脐带缆系统正确安装；

⑥ 正确操作脐带缆系统；

⑦ 合理维护脐带缆；

⑧ 建立准则，评估脐带缆是否适合继续使用。

（2）断线准则。脐带缆的整体强度主要归结于铠装的强度，其铠装层由独立单丝而不是绞合单丝构成。若任意一根铠装单丝发生断裂，都应该引起足够的重视，这说明它受到了过度的损害。因此，一旦脐带缆铠装单丝发生断裂，首先需要确定其原因，针对不同的原因采取相应对策。

① 外部磨损：包括局部或整体性的磨损。常见的原因是脐带缆与固定表面或粗糙的槽轮之间的摩擦。如果判断其他单丝满足使用要求，可修复断裂单丝，继续使用。

② 工厂单丝焊接点断裂：对于这种情况，需要检查其他工厂单丝焊接点的状况，防止脐带缆上再次出现类似的损伤。如果其他焊接点满足要求，可修复断裂单丝，继续使用。

③ 尖锐物造成的刮痕：除了上述的断裂点，应仔细检查脐带缆其余部分，确定是否有刮痕的存在。如果铠装损伤不严重，可修复断裂和缺损的单丝，继续使用。

④ 脐带缆过大受力段上的单丝断裂：应仔细检测脐带缆的电气和光学性能，确定其完整性。如果脐带缆电气和光学性能满足要求，且其他铠装单丝状态正常，则可以继续使用。

⑤ 铠装层间的磨损：由这种磨损导致的断丝表明铠装脐带缆整体的劣化。应仔细检查铠装脐带缆，每间隔一定的长度打开铠装层，检查磨损的程度。

⑥ 腐蚀：将腐蚀与上述第⑤项进行区分有一定难度，因为腐蚀一般会加速铠装层间的磨损。应进行第⑤项中相同的检查步骤；如果确定修理断线后继续使用，就要仔细清理并润滑铠装脐带缆。

⑦ 扭结：如果发现这种严重的局部变形，应立即停用，必要时需切除受损的脐带缆段。脐带缆扭结现象是由脐带缆突然退出使用状态产生的，脐带缆线芯常因此受损。

⑧ 钢丝扭曲：这种局部的钢丝变形表明操作不当。钢丝拱起由张力的突然释放导致，脐带缆的张紧能量转化为轴向挤压力，使钢丝永久变形。

（3）脐带缆的寿命周期原则。

① 重复性脐带缆使用系统：某些系统重复使用相同的脐带缆，对其可靠性要求很高，要定时更换，并经常使用"在役""使用寿命""寿命周期"等概念。所有这些原则需要准确的维护记录。一旦采用这些原则，大量有用的信息可从已用铠装脐带缆处获得，用来调整报废原则。

② 脐带缆日志信息的使用：这些已用脐带缆的日志，结合最终检查报告，可形成有用的信息库；它不仅用于修正报废原则，还用于脐带缆寿命的限制因素。这些因素可促进以下内容的研究与改进，如脐带缆的设计理念；脐带缆的工程设计；收放系统的设计；脐带缆收放步骤以及脐带缆维护程序。

③ 使用寿命期间的增效：可利用收集到的数据，延长脐带缆的使用寿命，提高其成本效益。

（4）报废。当脐带缆出现下列情况之一时，可以考虑报废处理：

① 全长 2/3 以上的脐带缆外层钢丝磨损已超过原直径的 1/3；

② 钢丝腐蚀、锈蚀严重，内外层钢丝发生氢脆现象；

③ 缆芯绝缘电阻或光纤性能降低且无法修复。

5.1.3　脐带缆的配套连接件设计

ROV 系统作为一个复杂的有机组成，每个组成部分都起着非常重要的作用。ROV 脐带缆所配套使用的其他附件包括承重头、水密接插件、水密盒等，它们的功能好坏与脐带缆一样，都对 ROV 系统的正常工作起到重要作用。

1. 承重头

ROV 在吊放和回收过程中需要通过脐带缆承力，需要通过承重头将脐带缆铠装与 ROV 相连接，即承重头的作用是一端通过夹具或灌胶的方式与脐带缆连接，另一端通过法兰等连接方式与 ROV 固定在一起，承担 ROV 与脐带缆之间的受力结构。

承重头为机械受力结构，需要有较高的机械强度和抗腐蚀性能，能够承受 ROV 在多次的布放和回收过程中受到的作用力。承重头设计的好坏直接决定了脐带缆系统的受力能力，在许多情况下，脐带缆的断裂发生在承重头处。承重头的力值设计一般要求不小于脐带缆的破断力。

承重头一般为中空结构,脐带缆铠装在承重头处固定,脐带缆的缆芯一般穿过承重头,通过水密盒与 ROV 预留线相连接,如图 5‑10 所示。

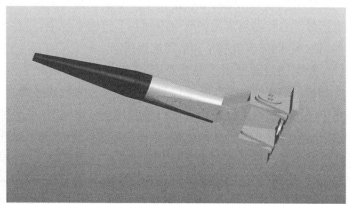

图 5‑10　承重头实物图

2. 水密接插件

水密接插件(也称水下连接器或水密连接器)是一种在水下环境使用、肩负电源及信号等在水下传输使命的连接器。水密接插件在海洋科学研究、海洋石油及天然气钻探与生产、水下工程设备、水下传输及监控网络、深海潜水器及国防等诸多领域都具有十分广泛的应用,具体包括 ROV、AUV、海洋仪器、深海油气开发、水下探测、水下摄像机、水下潜标、水下拖体、水下检测等。

根据功能划分,水密接插件可分为水下光纤接插件,水下电接插件,水下光电复合接插件(见图 5‑11)。

(a)　　　　　　　　　　　(b)　　　　　　　　　　　(c)

图 5‑11　水密接插件实物图
(a) 水下光纤接插件　(b) 水下电接插件　(c) 水下光电复合接插件

水下光纤接插件是光纤与光纤之间进行可拆卸(活动)连接的器件,它把光纤的两个端面精密对接起来,以使发射光纤输出的光能量最大限度地耦合到接收光纤中去,并使由于其介入光链路而对系统造成的影响减到最小,保证在水下环境正常工作[70, 71]。

水下电接插件是实现水下电力连接和传输的连接装置,保证良好的机械和电器性能。

信号传输多元化随着装备技术的不断提高而成为一种发展趋势,特别是光电信号综合传输越来越多地应用到各个传输系统中,因此水下光电复合接插件得以发展,同时实现能量和信息的连接。

根据安装和使用环境的要求,水密接插件可以分为干插拔和湿插拔两类。干插拔水密接插件是指接插件只能在空气中进行插拔操作,连接好之后再放入水中使用。当水下设备需要进行维修、更换、增减时,也必须使设备浮出水面才能进行电连接器的分离和连接,这种操作方式费时费力、成本高。湿插拔水密接插件是指接插件能够在水下环境进行插拔,以实现在水下快速、经济地进行设备的组装、增减、更换等工作,特别适用于在水下作业场合,如脱落电缆、潜水设备、水下摄像机、海上油田上的电器设备、高压水阀门、压力变送器、水下电话、快速抢修设备等装备上。

干插拔水密接插件主要是采用橡胶塑模密封和金属壳体 O 形圈密封来实现(见图 5-12)。橡胶塑模密封连接器的可靠性取决于密封材料的性能及接插件插拔的可靠性,此连接器现阶段基本靠进口,代表公司有 Subconn 和 Seacon。金属壳体 O 形圈密封连接器已广泛应用于军品研究及民品开发中,在深度 0~500 m 的淡水及海水中能很好地实现密封。湿插拔水密连接器主要是采用充油压力平衡式连接器,如图 5-13 所示,其工作原理是连接器的插头与插座先对接密封,继续挤压,挤出外部流体和污染物,连接器通过各自的通道完成对接。

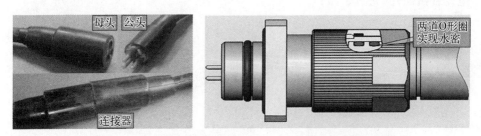

图 5-12 干插拔式橡胶塑模密封和金属壳体 O 形圈连接器

3. 水密盒

脐带缆缆芯通过承重头后,在水密盒内与 ROV 预留线相连接。在水密盒内,脐带缆缆芯动力单元和信号单元分别与水密接插件插座相连接,ROV 各设备配备有水密接插件的插头,通过插拔实现动力与信号的通断。在深水区,水密

图 5‑13 湿插拔水密充油压力平衡式连接器

盒一般与液压补偿装置相联调,减少壳体所承受的水压,从而降低密封的要求,如图 5‑14 所示。

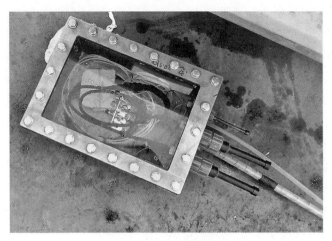

图 5‑14 水密盒实物图

5.2 ROV 的能源传输系统设计

稳定可靠的能源传输是 ROV 长时间作业的基础。电动型 ROV 一般作业水深较浅,功率较小,一部分直接采用低压(220 V/380 V)供电方式就可以满足电源要求;一些功率稍大一些,如 5~20 kW 的电动 ROV 会考虑使用高压供电,以降低脐带缆上的压降损耗;作业水深较大的电动 ROV 因为脐带缆长度因素也会采用高压供电,既可以降低缆线上的压降,降低损耗,也可以减小脐带缆直径,降低运动时脐带缆的阻力影响。液压型的 ROV 一般功率较大,一般都在数十千瓦以上,若采用低压供电,脐带缆上的损耗将导致设备无法正常工作,故多采用高压供电。本章将讨论高压供电以及 ROV 本体端电源分配策略。

作业时,ROV 由母船供电,操作人员需要随时掌握供电电压、电流、对地绝缘等状况,以便做出正确判断。强电配电系统需要对以上参数做到实时监测,控制系统应该将整个运行过程中的所有参数予以保存,以便回放查看。

这里以一台最大使用深度 4 000 m,带有输出功率 65 hp[①] 液压源的 ROV 为例进行配电系统设计。

液压源电机的功率因数为 0.84,效率为 0.88;母船电源为 380 V,所选脐带缆长度为 6 000 m,脐带缆内部包括 3 根动力电缆和 2 根控制电源电缆。动力缆线电阻为 2.4 Ω/km,控制用电的功率相较于动力用电小很多,导线也较细,控制电源电缆电阻为 5 Ω/km。

1. 水面电力分配单元设计

电力分配单元(power distribution unit, PDU)负责对水下高压电机和水下控制系统强电供电情况的检测和控制。ROV 本体端一台高压液压源需要单独一路三相大功率电源,控制系统需要一路电源。不同于陆地上使用的电机,液压源电机由于工作环境位于水中,设计时仅考虑满足水中具有良好散热条件的工作状态,故其在制作中尽量减小体积和重量,这也导致此类电机在空气中不可长时间开启;另外,ROV 系统每次通电自检时,并不需要液压源同时启动,特别是在调试阶段和下水前的甲板检测阶段。因此,ROV 本体端的控制系统不从电机电源取电,而是与电机分开独立供电。

船电进入 PDU 单元,先经过熔断器隔离开关,进入交流接触器,然后经热保护继电器分别进入水面变压器,再经脐带缆送至水下单元。

在熔断器开关后设有电压互感器和电流互感器,对三相电和单相电进行电压、电流监测,监测结果送至 PDU 单元的 PLC 控制器和显示仪表。在变压器次级端同样设有高压电压/电流互感器,以监测高压部分的电压/电流情况,并送至仪表显示。PDU 单元针对三相电特点设置缺相和欠压保护,当某线路电压不正常时将进行报警,并采取相应处置措施,如关断此路电源。

配电柜面板上设置多个操作开关,如图 5-15 所示。一些 ROV 配电系统设计为在总开关打开情况下,只有用钥匙打开控制锁,才可以进行下一级的供电操作,如开启高压水下电机电源等操作,否则即使总开关打开,也不能向下一级系统供电,以此确保供电操作人员均为授权人员。

整个 PDU 部分置于一个箱体内,考虑确保操作人员安全,总电源开关设计为只有当箱门关闭情况下才可以合上熔断器隔离开关,在各部分运行正常的情

① hp:英制马力,一种衡量功率大小的单位,1 hp=745.7 W。

况下后一级的电路才可以通电。当在通电情况下箱门被打开时，PDU 将对交流接触器断路并报警，以保证人身安全。

　　PDU 控制单元采用高可靠性的 PLC 进行控制，PLC 采集各部分运行情况和检测结果，在配电柜面板上通过蜂鸣器进行声光提示，同时通过 RS485 总线将状态信息送至控制室主控计算机，并可以接收、执行主控计算机的部分操作指令。

　　PDU 内设置高压在线绝缘监测单元，对变压器次级高压输出端进行绝缘检测，保证整个供配电的高压端对地绝缘电阻在 2 MΩ 以上，以保证操作人员和设备的安全。

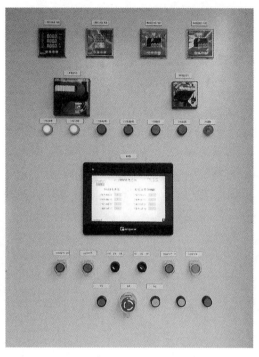

图 5‑15　PDU 操作面板

　　升压变压器应放置在箱体内，高压缆需经过脐带缆绞车接线盒等位置进入绞车电滑环，每个有高压接入的地方，其箱体柜门均需对柜门开关做检测，并将检测结果串入 PDU 接触器控制回路。如果某一柜门打开，则无法给高压电源通电，这样避免了高压线缆暴露在外的潜在风险。一些绝缘检测装置，如 Bender 公司的绝缘检测仪，有继电器输出，当线缆对地绝缘数值小于设定阻值时，继电器发生动作，将此继电器接入接触器控制回路，即可以在对地绝缘数值低于门限值时自动切断高压电源，以保护人员和设备安全。图 5‑16 为 PDU 单元原理示意图。

　　2. 变压器设计

　　1）动力用升压变压器

　　如前述，输出 65 hp[①]（≈48 kW）功率的液压源电机的效率为 0.88，则电机的输出功率为 48 kW/0.88≈55 kW；电机功率因数为 0.84，则电机输入功率为 55 kW/0.84≈66 kW，此时线电流约为 13 A。计算时，一般应取较大值，以留有一定设计余量。

――――――――――

　　① hp：英制马力，一种衡量功率大小的单位，1 hp=745.7 W。

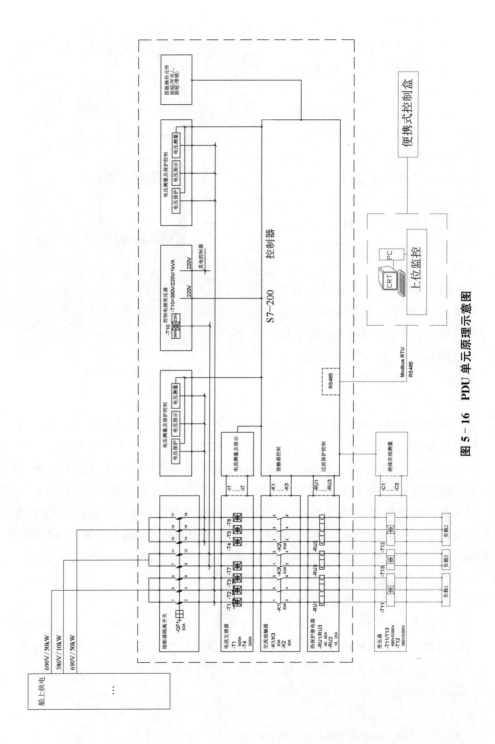

图 5 - 16 PDU 单元原理示意图

假设母船电源为 380 V,所选脐带缆长度 6 000 m,内部包括 3 根动力电缆和 2 根控制电源电缆,其单根动力缆线电阻为 2.4 Ω/km,控制用电的功率相较于动力用电小很多,导线也较细,单根控制电源电缆电阻为 5 Ω/km。

此单根动力缆电阻为 2.4 Ω/km×6 km≈15 Ω,在液压源满负荷工作时压降为 13 A×15 Ω=195 V≈200 V,则满足水下高压电机输入电压的要求。水面供电端升压变压器输出电压应设为 3 200 V,此时变压器输出功率为

$$\sqrt{3} \times 3\,200\ \text{V} \times 13\ \text{A} \approx 72\ \text{kW}$$

若需要根据负载选择脐带缆,只考虑能满足电流要求的脐带缆往往不能满足电压需求。若根据美国线规(AWG)标准,AWG12♯规格的电缆可以满足电流需求,其电阻为 5.31 Ω/km,则 6 000 m 缆上压降为 5.31 Ω/km×6 km×13 A≈415 V,超过电机正常工作时电压波动范围(10%)要求。实际作业中,应根据满载电流对应的压降来选取脐带缆截面积,若上述脐带缆选择为 AWG8♯,导线截面积为 8.37 mm²,电阻为 2.11 Ω/km,则缆上压降为 2.11 Ω/km×6 km×13 A≈165 V,满足电机电压波动范围要求。

ROV 作业中往往会出现短时间的超载运行情况,另外作业时间可能达到数小时甚至连续作业十几个小时。为使变压器在长时间使用中不至于过热,设计中应保证 ROV 满载时变压器的实际输出功率在设计功率的 80% 以下。此处根据设计需要为 72 kW 功率,则选择的变压器输出功率应该在 90 kW 以上。若升压变压器安装在船舱内,环境温度一般较高,使用风扇等加强通风也能有效降低变压器的温升。

在实际使用中,船电电压可能与设计电压有偏差,脐带缆长度可能随着使用长度会有变化(如切割掉一部分),从而导致水下电机输入端电压不能满足输入范围要求。如果水面变压器只有一种输出,则不便于根据实际情况对输出电压做出调整。为此,将水面升压变压器的输出设置为 4 组,不同抽头的输出电压分别设为 3 000 V、3 100 V、3 200 V、3 300 V,在具体使用时就可以根据脐带缆实际压降选择合适的电源电压。

有些 ROV 设计为要满足不同供电电源的母船使用,则输入端也可以考虑设为多个不同输入电压,如船电常见的 380 V 和 440 V;一些国外 ROV 配电系统将升压变压器输入端额外增加两组输入接头(400 V 和 420 V),以适应更大范围的输入电源电压变化。

国内电力设备以 50 Hz 电源为主,国外设备多为 60 Hz 电源。如果选用进口 60 Hz 液压源,在使用 3 000 V、50 Hz 供电时,设备会严重发热甚至烧毁。为

保证电机额定电流和功率因数不变,电机在电源频率变化后过载能力基本不变,变频前后应该采取降压供电的方式,计算方法为

$$\frac{U_1}{U_2} = \frac{f_1}{f_2}$$

式中,U_1,f_1 分别为电机设计电压和电源频率;U_2,f_2 分别为实际使用的电压和电源频率。由上式计算可知,设计电压 3 000 V 的 60 Hz 电机在 50 Hz 电源环境下使用时,电压应降为 2 500 V,此时电机功率降低为原先的 83%,转速也降低为原先的 83%,额定转矩不变。

2) 控制用升压变压器

除了电机,ROV 的照明设备和电子舱内部功能电路无疑是用电"大户",其他如高度计、深度计、罗盘等运动传感器相对功耗均比较小,故设计中应充分考虑照明灯的功耗和数量,为将来的扩展和搭载设备留有余量,从而估算出电控系统总的功率范围。

设水下共有 2 个 HMI 灯(400 W/个),5 个卤素灯(200 W/个),所需功率为

$$2 \times 400 \text{ W} + 5 \times 200 \text{ W} = 1.8 \text{ kW}$$

液压阀箱供电需 24 V,20 A 电源,按 1 kW 提供;各个传感器所需总功耗为 500 W(估值,实际小于此值),电子舱内设备为 500 W(实际上一般小于此值)。以上所需功耗共计为

$$1.8 \text{ kW} + 1 \text{ kW} + 500 \text{ W} + 500 \text{ W} = 3.8 \text{ kW}$$

上述几类用电设备的计算功率大于实际需求,考虑到可能的功能扩展等用电需求,设计配电系统可为水下观测、控制系统提供 5 kW 功率输出。5 kW 的用电需求在 6 km 电缆上已经无法低压传输,需要使用高压传输再降压的方式给 ROV 本体端提供合适的电源电压,即在母船端设置一个升压变压器,高压传输到 ROV 本体端的降压变压器,再引出合适的电压供给电控系统使用。

考虑长距离电力传输,此处设计水下变压器输入电压为 2 000 V,满负荷输出时缆绳电流为 2.5 A,根据所预选脐带缆,控制供电电缆单根缆绳电阻为 5 Ω/km,单根控制电源缆线总电阻为

$$5 \text{ Ω/km} \times 6 \text{ km} = 30 \text{ Ω}$$

则回路压降总共为

$$2.5 \text{ A} \times (30 \text{ Ω} + 30 \text{ Ω}) = 150 \text{ V}$$

即满负载时水面控制变压器输出电压应为 2 150 V 即可满足水下降压变压器输入电压要求,从而保证降压变压器输出电压满足后续设备要求。此时水面升压变压器输出最大功率(考虑缆线损耗)为

$$5 \text{ kW} + 2.5 \text{ A} \times 2.5 \text{ A} \times (30 \text{ }\Omega + 30 \text{ }\Omega) \approx 5.4 \text{ kW}$$

设计时需考虑预留一定余量,此处设定升压变压器输出最大功率 10 kW 以满足未来扩展需求,输出电压应在 2 000 V 至 2 200 V 之间。

如前所述,供电情况和脐带缆状态变化等会引起降压变压器输出电压变化,而水下变压器一旦安装,不易也不应对输出电压做调整。为便于调整水下变压器输出电压数值,水面变压器可以在 2 000 V 到 2 200 V 之间设置多路输出接头,根据实际调试情况灵活选取合适输出电压,以满足水下变压器 2 000 V 输入要求。

以“海马-4500 号”ROV 为例,电子舱内配电采用 Vicor 电源模块,其整流用的 FARM 模块输入电压适应 110 V 系统和 220 V 系统,系统可以自动调整,在这两种电压下的输入范围为 90～132 V 之间和 180～264 V 之间。水下降压变压器输入电压设计为输入 2 000 V 时输出端电压为 220。当负载较轻,如水下设备全部关闭时,电流为 0,此时水下降压变压器输入等于水面升压变压器输出电压,等于 2 150 V,则水下降压变压器输出电压为

$$\frac{2 \ 150}{2 \ 000/220} \text{ V} = 236.5 \text{ V}$$

此输出电压仍然在 Vicor 模块的输入电压范围内,所以负载变化时水下降压变压器输出电压变化对电子舱内配电部分没有影响。

3) 电子舱内配电系统设计

对于水下设备来说,工作环境恶劣,用电设备可能存在漏水、绝缘等故障,如果不能很好地解决各个设备之间电源和通信的隔离问题,一个设备的故障可能会导致整体工作状态的不正常。

ROV 电子舱内板卡一般都工作在低压直流电源下,外部传感器和摄像机等也是工作于不同低压直流电源下。舱内板卡因为处于同一个环境,可以使用相同的电源供电,而舱外不同设备一般都在独立的舱体内,通过水密缆连接,这些外部设备供电就需要进行隔离或者采取措施,在其发生漏水、绝缘故障时可以将其与使用同一电源的其他设备物理隔断。

这里以 Vicor 公司的电源模块为例,说明如何设计隔离的低压直流电源系统。Vicor 模块体积小,功率大,外围器件少,其整流模块(FARM 模块)带有使能输出。在刚接通电源时,FARM 能暂时关断后级的 DC/DC 模块输出;在其本

身达到稳定工作状态时,FARM 使能端控制 DC/DC 模块开始正常工作。利用这种特性,电子舱内通信和主控制板的电源使能由 FARM 控制,而其他的 DC/DC 模块则由控制板根据需要打开或者关闭。通电后,主控制板和通信模块正常开始工作,接收甲板操作指令,并上传状态监测数据;需要时再使能其他 DC/DC 模块,打开相应外设电源。

对于 ROV 本体上主要的几个摄像机和高度计、深度计、罗盘以及阀箱等比较关键的设备,建议每个设备使用独立电源,以保证任意一个设备的损坏不影响到其他设备工作。其他辅助设备,如观测脐带缆蘑菇头状态的摄像机、液位传感器等可以使用一个 DC/DC 模块带多个设备,通过继电器控制其电源开关。

以"海马-4500 号"ROV 电子舱电源设计为例,共有 4 组 FARM 模块,每个 FARM 模块后面带有 10 块 Vicor DC/DC 模块,两块 DC/DC 为一组,由一个绝缘检测板对这两路电源的电压、电流、对地绝缘阻值进行在线监测。给各个绝缘检测板和光端机供电的电源模块如前所述,通电时其使能端由 FARM 模块控制,是整个电子舱内最先通电的几个电源模块。此时,上下位机通过光端机的通信可以建立;绝缘检测板接收上位机指令,可以控制各个设备通电并进行通信。"海马-4500 号"ROV 主要设备都是由独立电源模块供电,如多个摄像机、声呐设备、高度计、云台等均采用独立电源模块供电;电子舱内配电系统提供大量的备用电源,以备给可能接入的扩展设备供电。

5.3 ROV 的信息传输系统设计

本节着重介绍不同类型潜水器的信息传输系统采用的大致技术框架。ROV 搭载丰富的视频设备和运动传感器,以提供操作人员场景信息和 ROV 运动状态信息,其中运动传感器的状态信息也作为控制算法的输入参数执行自动控制功能。

1. 小型 ROV 信息传输系统方案设计

小型 ROV 动力有限,脐带缆采用直径较小的电缆作为动力和信息传输通道,以减小因脐带缆产生的阻力对 ROV 运动性能造成影响。这里只考虑单相交/直流供电的小型 ROV 系统。

图 5-17 为一个典型的小型 ROV 脐带缆截面示意图,包括 2 根电源线,1 对双绞线,1 根同轴缆。电源线用来为 ROV 提供动力,双绞线用来传输传感器数据和操作指令,同轴缆传输 ROV 的视频信息。一些小型 ROV 配置的传感

器数量较少,如观察级的小 ROV 仅需要 1 台摄像机,本体搭载的传感器主要包括罗盘、深度计、高度计等运动传感器,数据传输带宽的需求也较小。此类 ROV 作业深度小,脐带缆长度在数十米至数百米长度以内,视频信息可以直接通过同轴缆送至水面显示,而双绞线在这个长度上即使以基带传输也可以提供约 1 Mb/s 的带宽,完全可以满足其控制要求。舱内控制板采集各个传感器的数据,根据协议

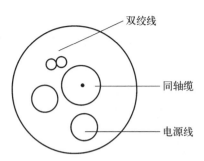

图 5-17 典型的小型 ROV 脐带缆截面示意图

组帧打包后通过双绞线上传给上位机,并接收上位机的控制指令。图 5-18 为小型潜水器信息传输系统示意图。

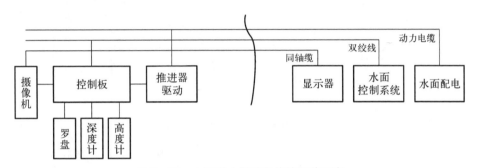

图 5-18 小型潜水器信息传输系统示意

上述脐带缆包含 3 组导线,由于脐带缆内含有填充物,加上外层的抗拉和保护层,脐带缆直径约在 1 cm,其产生的阻力对 ROV 运动影响仍然较大。为进一步减小脐带缆直径从而减小运动中脐带缆产生的阻力,可以考虑载波传输,即将传感器数据和视频信息调制到载波上,这样就可以节约 1 根同轴缆的空间。可以使用的载波传输方案包括常见的调制解调器,如 ADSL 以及衍生出的各种调制解调方案。图 5-19 为载波传输方案示意图。

调制解调器的接口一般是网络接口,这就需要控制板提供网络接口,开发难度稍有增加;另外由于小型 ROV 系统的电控系统非常紧凑,这种方案需要增加一个调制解调器,以及视频信号到网络信号的视频服务器,对电子舱的空间要求有所提高。

引入电力线载波(power line carrier,PLC)技术使得仅包含 1 对电力线的脐带缆成为可能[72, 73],也使得脐带缆的直径大为减小。早期的电力线通信带宽较小,在数十千(K)带宽至数百千(K)带宽之间,现在已经出现标称上百兆带宽

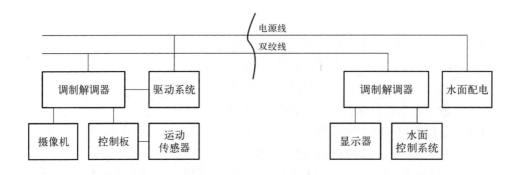

图 5‑19　载波传输方案示意

的电力线调制解调器,通信距离和通信速率均大有改观。图 5‑20 为电力线通信方案示意图。

图 5‑20　电力线通信方案示意

一些脐带缆内部只有一根同轴电缆,ROV 本体端使用直流电源供电,这种情况下可以使用共缆传输技术[74],如图 5‑21 所示。

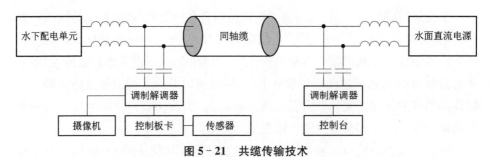

图 5‑21　共缆传输技术

两端的电感可以起到阻挡高频载波信号泄漏以及滤除电源高频干扰的作用,电容将调制解调器的信号耦合到同轴缆上,实现上下位机的通信,在数千米长度的同轴缆上其带宽可达 2～5 M,可传输两路压缩的视频信号及传感器数据。

电力和信号共缆传输时,若电源噪声较大,则通信质量易受影响。另外对于需要传输大数据量的水下设备,如需要传输原始高清视频信号以及需要千兆网络的应用需求来说,光纤脐带缆是最优的选择。目前可供小型 ROV 使用的光纤脐带缆外径约为 1 cm,在几百米的长度上可提供数千瓦的功率以及几乎无限制的数据带宽。

2. 中型和大型 ROV 信息传输系统方案设计

对于中型和大型 ROV 来说,需要传输的信息种类繁多,数据量巨大。以"海马-4500 号"ROV 为例,配置有约 10 台套摄像机,如低照度摄像机、变焦摄像机、高清摄像机等,姿态/运动传感器有罗盘、高度计、深度计、陀螺仪等,搭载的外部作业设备有多波束侧扫声呐、激光拉曼谱仪等。这些配置对信息传输系统设计提出了非常高的要求。

如前所述,当前 ROV 控制系统倾向于将复杂的运算向水面控制单元集中,电子舱内主要是各个数据采集和执行板卡,每个板卡相对独立地与水面控制系统通信、上传数据/接收控制指令并予以执行,这样可以最大限度地减少开舱次数,也便于系统整体联合调试。大型 ROV 本体端除外部带有的设备需要通信接口外,电子舱内大量的绝缘监测板、电流检测板、漏水检测板、继电器板、温度检测板、视频隔离板等多个板卡都需要与上位机直接通信,需要占用大量的通信端口。

目前类似高度计、深度计、罗盘等传感器还是以 RS232/RS485 串行通信接口方式为主,摄像机有网络接口和模拟信号接口,高质量的高清视频(1080P)需要 3 G 带宽的 SDI 接口,而多波束 3D 声呐需要千兆网络接口等。

为满足 ROV 本体和搭载设备通信需求,一般均采用单模光纤作为传输介质,一根光纤就可以满足所有设备通信带宽要求。由于一般情况下光端机按照连接接口不同,分为视频光端机、网络光端机、高清光端机等,对于大型系统,需要将这些光端机组合起来使用。而从成本考虑,脐带缆绞车上的光滑环通道数量有限,不能给每个光端机使用单独的通道,这就需要将多个光端机的光信号复合到一根单模光纤上。另外,大型作业系统一般会利用两根光纤互为备份作为信息传输通道,这样在一根光纤发生故障时,另一根光纤仍可以保证通信正常进行,但其缺点是分为两路传输后,每路光信号强度减半,对传输距离有一定影响。

大型 ROV 系统的传输路径存在较多的接口,每个接口都对信号造成一定衰减。仍以"海马-4500 号"ROV 为例,光信号从光端机出来,要经过尾纤连接到复用器,再依次到光分配器、水密光纤缆(途经 4 个接头)、脐带缆接口箱、脐带缆、绞车光滑环、绞车接口箱,最后到达水面光端机。这些接口都会引入较大的光功率衰减,加上脐带缆本身在使用中会对光纤造成物理损伤,从而造成光纤缆本身损耗逐渐增加,累积到一定程度就可能导致光模块接收到的光信号功率低于最低阈值而无法正常通信,这是 ROV 作业中一个不可忽视的重要问题。

　　水下设备作业中可能存在的绝缘或者漏水故障都可能导致传输通道受损,故每个从舱外进入到光通信系统的数据通道均应该采取隔离措施。RS232/RS485 一类的串行数据通道可以采用光耦或者磁耦合器件实现通信隔离,一般光端机串行板卡本身已经实现了前后端的隔离;网络接口通过隔离变压器实现隔离;模拟视频和高清视频通道可以采用专门的视频隔离器实现前后端信号隔离。以上隔离措施保证在舱外设备发生意外时,不会影响到通信系统的正常工作。

　　图 5-22 和图 5-23 是按照以上原则设计的信息传输系统示意图。图中串行数据子板与视频光端机通过自己的内部总线相连,数据子板所有串行通道均与外部隔离,所有串行通信设备接入数据子板,再经视频光端机送至另一端对应端口。大型 ROV 作业系统一般都有较多的摄像机用来全面观察系统工作状态和工作环境,故采用两块视频光端机,并给可能的外部扩展预留接口。千兆网络光端机可以满足绝大多数应用,若有多个千兆网络设备,则还可以选择使用万兆网络光端机。高清光端机可以提供最高达 3G 的带宽,满足 1080P 高清原始数据传输要求。

图 5-22　下位机光通信系统

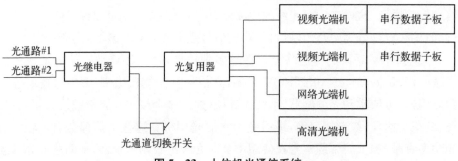

图 5-23　上位机光通信系统

ROV 在作业时与水面系统的通信通过光纤实现。根据作业系统的配置要求，ROV 通过数字通信与视频接口实现 ROV 监控、声呐、ROV 轨迹控制、照相/摄像机、USBL 应答器等数据传输。

3. 信息传输系统组成

信息传输系统由水面和水下两个部分组成，如图 5-24 所示，两者之间通过通信光纤或者通信电缆连接（以下以光纤连接为例），实现水面/水下信息交换。从功能上划分，信息传输系统由光通信、视频传输、网络传输和串行通信 4 个部分共同组成。

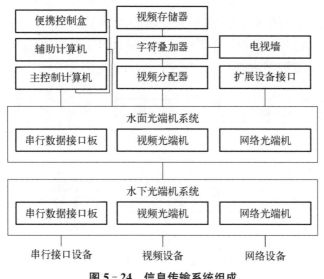

图 5-24　信息传输系统组成

（1）光通信系统由对称分布的水面和水下单元通过互为热备份的 2 根光纤互联而成，每个单元中根据需求配置包含视频光端机、RS232 扩展板、RS485 扩展板、以太网扩展板和波分复用器。

（2）视频传输将包括摄像和照相等视频感知设备实时传输到甲板进行控制与显示。视频传输包括水下和水面单元，前者包括摄像和照相等视频感知设备，后者用于视频的控制与显示，其中视频多路复用切换板可以扩展多路监控视频，极大地满足用户对水下视频监控的需要。

（3）网络通信网是通过网络交换机将布置在控制室内的计算机、ROV 本体上的网络通信设备和计算机互联而形成的局域网通信系统。局域网是通过网络交换机将布置在控制室内的计算机以及母船上的导航计算机互联而形成的以太网通信系统，包括 ROV 的以太网通信模块，可以满足大容量信息传输的需求。

（4）串行通信系统是由计算机与其外围串行设备连接而成的通信系统，这些串行设备包括 RS232 设备、RS485 设备以及 RS422 设备，其中 RS422 设备用于水下母板与甲板计算机的通信，RS485 设备用于 ROV 本体设备监控以及人工输入，而 RS232 设备用于光学观察系统及各种控制和运动传感器。串行通信系统可满足 ROV 的通信控制需要，也可以根据应用性试验和搭载深海仪器设备要求调整优化。

4. 视频监控系统组成

在上述信息传输系统组成里，视频监控系统是极为重要的组成部分，也是 ROV 系统的重要组成部分。如图 5-25 所示，视频监控系统主要由水下摄像机、照相机、云台、照明灯、闪光灯以及光端机、字符叠加器、视频分配器、视频分割器、视频存储器等视频控制单元组成。系统具有字符叠加、视频图像切换、视频记录、多画面分割等功能。

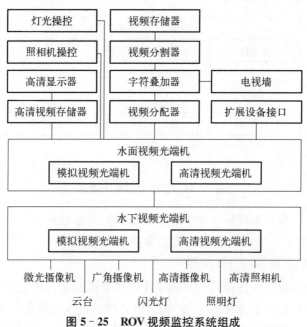

图 5-25 ROV 视频监控系统组成

云台可以提供方位和俯仰二维运动，能够有效地扩展 ROV 的视觉范围；照相机和闪光灯配合，可以获取海底高清晰度的静态照片；多种水下摄像机配置在 ROV 的不同部位，以便有效地开展近海底观察。"海马-4500 号"ROV 视频观察系统主要配置有高清变焦摄像机、前视广角水下摄像机、垂直于底部的普通变焦摄像机。高清摄像机可以对目标物进行细致观察，广角摄像机侧重于搜寻重点目标点,底部变焦摄像机用于对海底目标进行近距离观察和坐底后的细节观察,3 路视频各有所长,能够很好地满足科学家对海底目标的观测。除此之外,ROV 还配置有多路普通视频对 ROV 在水下的状态进行监控。

水下照明系统为 ROV 在海底作业时提供足够的照明,保证摄像视频系统正常工作,是 ROV 在海底安全工作的重要保障。因此在水透明度好的场合,应该尽可能使被照物均匀透明,但是在悬浮物多、透明度差的场合,有必要考虑光源、被照物体及视频的相对位置。水下照明灯一般采用石英卤素白炽灯,但这种灯发光效率低,照射距离近,因此一般会在 ROV 的前端配置 2 个氙气灯,扩大 ROV 的照明范围和视距。因此 ROV 在总体设计和布局时,要综合考虑 ROV 接近观测对象的能力,摄像机的视距、视角、照明灯的亮度和水质情况加以全面考虑,以求得最佳配置。图 5-26 所示为"海马-4500 号"ROV 实际照明效果。

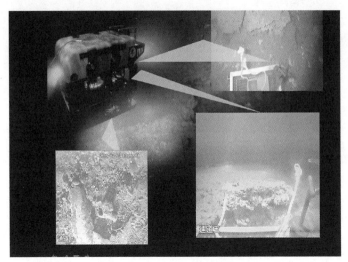

图 5-26 "海马-4500 号"ROV 实际海底作业时的照明效果

6

ROV的吊放回收系统与中继器

ROV 的吊放回收系统与中继器是保障 ROV 吊放回收以及作业安全的重要设备。过去,在 ROV 收放过程中曾经多次发生事故[75],因此吊放回收技术一直以来都是 ROV 的关键技术之一。吊放回收系统与中继器一般是由有资质的专业机构进行设计,用户需要对此提出选型要求。本章主要介绍吊放回收系统,包括脐带绞车和吊放门架的设计选型、升沉补偿装置的技术分析和工作原理,以及中继器等内容。

6.1 ROV 吊放回收系统

ROV 吊放回收系统位于水面母船上,是进行 ROV 吊放与回收作业的专用装备。国外的吊放回收系统已经发展得较成熟,近年来随着升沉补偿技术和吊架刚性止荡技术的发展,ROV 的吊放回收技术日益完善。以"海马-4500 号" ROV 为例,其水面支持母船"海洋六号"上装备的吊放回收系统如图 6-1 所示,其系统组成包括主脐带缆绞车、升沉补偿装置、吊放门架和止荡器等,其中主脐带缆绞车、吊放门架(A 形架)和止荡器均采用液压驱动。

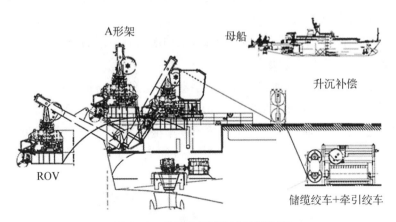

图 6-1 典型的吊放回收系统示意

6.1.1 ROV 脐带绞车

ROV 与水面支持母船通过一条脐带缆相连,从母船获得动力并传输信息,这条缆通常也是 ROV 的起吊承重缆,而脐带绞车则是脐带缆存储、收放的关键设备,是吊放回收系统的重要组成部分,在 ROV 下水和回收,乃至 ROV 的水下作业全过程中都起着至关重要的作用。当 ROV 在水中航行或作业期间,脐带绞车要随时进行脐带缆的收放，既要保证ROV本体不会被收放系统拖拉而影响作业，又不能使收放系统放出过长的脐带缆导致脐带缆与本体发生缠绕，此时脐带缆应处于低张力状态，而在吊放回收ROV本体时脐带缆则处于最大张力状态。

ROV脐带绞车的主要功能如下：

（1）具备脐带缆的存储、收放和提升功能。

（2）通过自动排缆器对脐带缆进行有序、安全的缠绕和施放。

（3）可实现对ROV收放速度和不同模式下的张力控制。

（4）可提供动力和光信号传输。

由此可见，脐带绞车是ROV必不可少的母船支撑设备。

ROV脐带绞车是非常专业的设备，其设计主要依据《GB/T 1955－2008 建筑卷扬机》和《JG/T 5031－1993 建筑卷扬机设计规范》。脐带绞车通常是由用户根据ROV使用需求向专业的绞车制造商定制的，用户一般负责提出选型原则和选型要求。本节主要是以用户的角度来简单介绍绞车设计选型中应该了解的基本知识和内容，故对于绞车的一些基本配件，如液压泵站、绞车控制系统和系统连接结构，只对其要求做简单描述，具体由制造商设计、由用户确认即可。

1. 脐带绞车分类

ROV脐带绞车根据其动力驱动方式、结构形式有不同的分类方式。

1）按动力驱动方式分类

脐带绞车按照动力驱动方式可分为手动、电动、液压脐带绞车，共3类。

（1）手动绞车。手动绞车即以人力为动力，是一种机械用具，常见结构如图6－2所示，其工作原理是通过用手摇动绞车钢丝绳卷筒，该卷筒由齿轮驱动，通过转动绕在它上面的脐带来拉动ROV；绞车带有自动刹车装置，这使得操作时

图6－2 典型的手动绞车

更安全;当绞车钢丝绳拉着ROV,且绞车卷筒保持不动时,刹车就会自动开启。

手动绞车的主要特点有:① 轻便、牢固;② 提升重量比较小,用于小型ROV起吊;③ 带有自动刹车系统,在抓力增加时可以自动锁住;④ 用于提升时,提升力是拖拉力的65%左右。

(2)电动绞车。电动绞车的工作原理是采用电机作为动力,通过各种传动机构驱动滚筒旋转,图6-3所示为一种常见的电动绞车。电动绞车的主要特点有:① 适用于额定载荷低于10吨的情况,用于小型ROV的起吊和回收;② 设备复杂,维修和保养的要求比较高;③ 采用可控硅整流直流调速方式可实现无级变速,采用交流变频调速方式,实现从零到最大速度的无级变速,可以在低速或堵转工况下提供100%额定扭矩,调速平稳;④ 需要独立冷却系统和专用设计。

图6-3 典型电动绞车

图6-4 典型的液压绞车

(3)液压绞车。液压绞车的工作原理是用油泵作为原动力,通过液压发动机或液压油缸作为传递动力的绞车。图6-4所示为一款典型的ROV液压绞车。液压绞车的主要特点有:① 结构紧凑、体积小、重量轻和外形美观;② 换向容易,在不改变电机旋转方向的情况下,可以方便地实现工作机构旋转和直线往复运动转换。③ 安全性好、效率高、起动扭矩大、低速稳定性好、噪声小和操作可靠等特点,主要用于额定载荷大于10 t的情况;④ 液压泵和液压发动机之间采用液压油管链接,在空间布置上比较自由;⑤ 采用油液作为工作介质,元器件相对运动表面自行润滑,磨损小,寿命比较长;⑥ 操控控制简便,自动化程度高。

2)按结构形式分类

根据ROV脐带绞车结构形式的不同,ROV收放通常采用两种方式:

（1）单绞车脐带缆收放系统。单绞车指绞车采用单卷筒形式（见图6－5），牵引和储缆共用一个卷筒，由绞车直接提供张力收放 ROV。单绞车脐带缆绞车的主要特点有：① 单卷筒同时承担提升和存储工作；② 占用空间小，操作简单；③ 成本较低。在 ROV 进行浅海作业时，脐带缆绞车一般采用单卷筒的结构。

图 6－5　Bezemer 80t 单卷筒绞车

（2）双绞车脐带缆收放系统。在深海作业时（一般大于 3 000 m），随着脐带缆长度的加长，在 ROV 的收放过程中会出现下面这些问题。

问题 1：由于 ROV 在水中一般呈中性浮力状态，因此在 ROV 入水后绞车的负载主要是脐带缆和中继器（如果有的话）的水中重量，脐带缆的重量与入水深度成正比，作业水深不大时，主要是中继器的水中重量；随着作业深度的增加，脐带缆的重量也随之不断增加，并将超过中继器的水中重量，逐渐成为脐带缆绞车的主要负荷。

问题 2：由于脐带缆长度的增加，同时受导向轮入角的限制，绞车的长度不可能太大，造成脐带缆在绞车上的缠绕层数增加，绞车卷筒的容纳体积相应增加，使得绞车的半径和转动惯量随之增大，所需驱动力矩也大大增加。

问题 3：脐带缆在绞车上各层之间的张力变化较大，在 ROV 出水前张力最小，而在 ROV 出水后浮力消失重量突然增大，导致绞车最外层脐带缆张力远大于出水前缠绕的张力，这会产生外层缆进入内层，造成脐带缆排列混乱，并容易使脐带缆受到严重的损坏。

为解决单卷筒绞车在收放长缆时出现的问题，大深度 ROV 的脐带缆绞车常采用双绞车结构，将脐带缆的储存和提升功能分离，即由牵引绞车承担提升功能、由储缆绞车承担储存功能，能够使脐带缆在储缆绞车上的缠绕张力变化保持在一个较小的范围内,避免出现上述 3 类问题。储缆绞车不需要提供太大张力,主要靠牵引绞车提供拉力收放 ROV,这种收放方式一般适用于大深度或者张力比较大时的下水作业,其缺点是占用甲板空间较大。

2. 双绞车脐带缆收放系统

1) 系统基本组成

根据前面分类介绍可知,用于 ROV 收放的绞车有两种,一种是单绞车,另一种是双绞车。考虑到通用性和复杂性,本节仅以双绞车为例介绍脐带缆收放系统的构成和大致工作原理。

如图 6-6 所示,双绞车脐带缆收放系统由牵引绞车和储缆绞车组成,牵引绞车布置在 ROV 收放 A 形架的后面,储缆绞车顺序布置在牵引绞车后面。

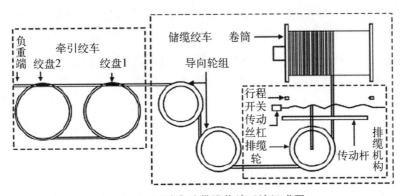

图 6-6 双绞车脐带缆收放系统组成图

牵引绞车由结构相同、顺序排列的两个绞盘构成,每个绞盘上带有多个平行缆槽。连接 ROV(或中继器)的脐带缆通过 A 形架上的导向轮组后进入牵引绞车,在两个绞盘上交替缠绕,再通过导向车的后轮进入储缆绞车。储缆绞车为卷筒结构形式,可容纳全部脐带缆,其轴线沿脐带缆收放方向布置在牵引绞车后方。脐带缆由牵引绞车进入储缆绞车,通过导向轮和排缆机构在卷筒上缠绕。

绞车工作时,脐带缆由负重端进入牵引绞车,依次在牵引绞车的两个绞盘上缠绕多圈(通常有 6 个缆槽),两个绞盘同步驱动,由缆槽与脐带缆之间的摩擦产生提升力。由于脐带缆在牵引绞车缠绕圈数较多,在牵引绞车出缆处的张力相对于入缆处大大减少。储缆绞车只需保持一个较小的张力,就可以满足提升 ROV 的需要。

2) 绞车结构和功能介绍

(1) 储缆绞车。储缆绞车一般由卷筒、排缆机构以及导向轮组成。排缆机构包括排缆丝杠、排缆轮及行程开关。下面分别介绍各自的结构和功能。

卷筒的主要功能为容纳脐带缆,并为牵引绞车提供初始张力。卷筒结构要求包括:

① 卷筒的直径不得小于最小曲率半径(脐带缆正常工作的最小半径);

② 卷筒必须要足够容纳所有的脐带缆;

③ 为了使脐带缆能够整齐排布,必须控制缠绕的层数;

④ 在卷筒上制作螺旋槽,使脐带缆在槽中排布,便于脐带缆在滚筒上均匀排布,也可改善滚筒的受力。

排缆机构包括导向杆、传动丝杠、排缆轮、行程开关等。导向杆和传动丝杠平行于卷筒轴线安装,且与卷筒位置固定;排缆轮安装在导向杆上,由丝杠带动在卷筒长度范围内移动,排缆轮的半径不小于脐带缆的最小曲率半径;绞车进行收放时,储缆绞车每转动一圈,排缆轮移动一个导程的距离,保证脐带缆在卷筒的出入缆方向始终与卷筒的轴线垂直,使缆在卷筒上紧密排列;行程开关安装在丝杠的两端,当收放到每一层的最后一圈时,排缆轮触动行程开关,控制丝杠转动换向,储缆绞车进入下一层脐带缆的收放。

导向轮的作用是将脐带缆从牵引绞车引导至储缆绞车的排缆轮,其数量和位置应根据脐带缆转向过渡需要确定;导向轮的半径不得小于脐带缆的最小曲率半径。

(2) 牵引绞车。牵引绞车由结构相同、前后排列的两个绞盘组成,如图 6-7 所示。右边为绞盘1,左边为绞盘2,每个绞盘有多个环形缆槽(通常 6 个即可满足需要)。ROV 收放时,脐带缆由绞盘 2 上的第 1 道缆槽水平入缆,第 1 道缆槽起引导作用但不受力,随后进入绞盘 1,在绞盘 1 上的第 1 道缆槽缠绕 180°,缆从上端进入(实线表示)下端出(虚线表示),再进入绞盘 2 缠绕 180°,缆从下端进(虚线表示)上端出(实线表示),依次缠绕两个绞盘的各缆槽,最后缆从绞盘 1 上的最后一道缆槽水平出缆,这最后一道缆槽只起引导作用不受力。由于绞盘缆槽和缆的摩擦力作用,牵引绞车入缆的张力远小于出缆的张力。这样牵引绞车

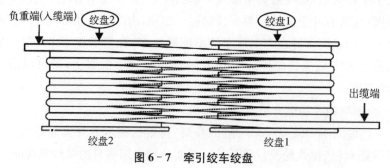

图 6-7 牵引绞车绞盘

与脐带缆的摩擦力提供了 ROV 收放时主要的拉力。

3. 脐带绞车的主要配件

脐带绞车的配件需要用户向制造商提出使用要求,这里以液压绞车为例,一般包括以下主要配件。

1) 绞车控制器

绞车控制器的工作模式分为手动和自动两种。以较复杂的双绞车系统为例,手动模式可独立控制牵引绞车和储缆绞车,自动模式则是牵引绞车和储缆绞车的联动运行模式。绞车控制器一般有固定和遥控两种模式可选,控制器面板上设有控制杆、高/低速模式转换按钮、手动/自动模式转换按钮、张力显示、速度显示、油压显示和缆长计数器,具体功能可以根据用户需求增加或减少。图 6-8 所示是一款用于绞车和 A 形架吊放的遥控式控制器。

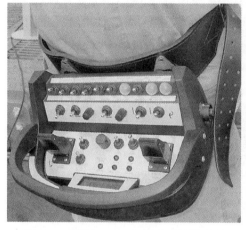 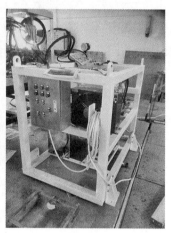

图 6-8　辉固 ATEX 便携式遥控控制器　　图 6-9　常见小型液压泵站

2) 液压泵站

液压泵站主要是为绞车和排缆器提供液压动力,有直流电机和交流电机两种,常见的液压泵站如图 6-9 所示。它包括液压泵、液压油舱,液压管,还有一些诸如缆长、温度等传感器,可以根据用户需求设置。

除了以上介绍的绞车配件之外,在选型时,还需要考虑其他指标,如液压绞车的尺度,液压泵站的功率和尺度等。

4. 脐带绞车的设计选型

这里以"海象-1500 号"ROV 液压绞车为实例进行设计选型示范。

1) 脐带绞车结构形式和驱动方式

考虑到"海象-1500 号"ROV 系统是一套工作水深为 1 500 m、功率为

150 hp[①] 的大型 ROV,起吊总重量超过 4 t,且需要灵活配置在不同的作业母船上,故选择采用移动式单滚筒脐带绞车,驱动方式为液压驱动。

2) 储缆绞车安全工作拉力和最大工作拉力计算

要进行拉力计算,需确定脐带缆的型号和参数,"海象-1500 号"ROV 的脐带缆的机械物理特性参数包括以下几项。

电缆外径:35.2 mm。

空气中重量:4.4 t/km。

水中重量(估算):3.4 t/km。

最小动态弯曲直径:1 100 mm。

铠装断裂强度:650 kN。

安全工作载荷:200 kN。

由于"海象-1500 号"ROV 系统不配备中继器系统,因此在计算绞车拉力时只需考虑 ROV 本体重量。在进行脐带绞车选型时,通常 ROV 本体尚未完成制造,故在选型时往往参照同等级 ROV 重量,这里假设本体重量 $M_R = 4$ t。

绞车安全工作拉力可按绞车满载和绞车空载两种情况计算。

(1) 绞车满载。当 ROV 未下水时,脐带缆上要承受的力主要是 ROV 本体水面重量。

当 ROV 本体重量 $M_R = 4$ t,脐带缆所受拉力为 $F = 40$ kN。按照一般绞车设计,安全系数取 $n = 1.5$,故绞车安全工作拉力为

$$F_1 = nF = 1.5 \times 40 = 60 \text{ kN}$$

在安全工作拉力基础上,再取安全系数 $n_1 = 1.25$,则绞车最大工作拉力为

$$F_2 = n_1 F_1 = 1.25 \times 60 = 75 \text{ kN}$$

(2) 绞车空载。绞车空载时 ROV 已经到达最大工作深度,脐带缆在水下长度约为 1 500 m。此时 ROV 在水里,要考虑水流对脐带缆产生的作用力,所以取安全系数 $n = 1.5$。

当脐带缆水下重量为 $M_q = 3.4 \times 1.5 = 5.1$ t(注:脐带缆水下重量不大于 3.5 t/km,这里不妨取最大值,结论可偏安全)时,脐带缆所受拉力为 $F = 52.5$ kN,安全系数取法同上,由此可计算出此时绞车安全工作拉力为 $F_3 = nF = 1.5 \times 52.5 = 78.75$ kN;最大工作拉力 $F_4 = n_1 F_3 = 1.25 \times 78.75 = 98.44$ kN。

计算结论:绞车安全工作拉力和最大工作拉力取两种工作模式下的较大

---

① hp:英制马力,一种衡量功率大小的单位,1 hp=745.7 W。

值,取整后储缆绞车安全工作拉力为 80 kN,最大工作拉力为 100 kN。

3) 脐带绞车系统固定方式

脐带绞车需固定到 ROV 水面支持母船上,一般由制造商提供一套绞车基座。

4) 脐带绞车储缆能力

考虑到"海象-1500 号"ROV 的工作水深是 1 500 m,同时在甲板上必须留有一定长度的甲板缆,加上一定长度的裕度,绞车必须可以具备 2 000 m 左右的脐带缆。根据脐带缆参数可知,储缆绞车的储缆能力应为存储 2 000 m、直径为 35.2 mm 的脐带缆。

5) 最大脐带缆存储重量

根据所选择脐带缆参数可知,脐带缆空气中重量为 4.4 t/km,绞车上配备 2 000 m 脐带缆,其空气中总重量为

$$T = 4.4 \times 2 = 8.8 \text{ t}$$

故绞车上可存储的脐带缆最大重量应为 8.8 t,选型时考虑最大重量为 9 t。

6) 液压泵站选型

液压泵站一般由船用防雨电动发动机、液压泵、液压油舱和一些传感器组成,分别为储缆绞车和排缆器提供液压动力。液压泵站的所有管路和连接件都采用可拆卸装置,具体型号选择、功率及安装方式等需要和绞车制造商讨论确定。

液压泵站性能应满足以下要求:

(1) 泵站要求基于水面母船,电源选择为 380 V AC,50 Hz 或者 440 V AC, 60 Hz。

(2) 泵站流量应与 A 形架匹配。

(3) 泵站表盘上应有直读指针式压力指示表。

(4) 泵站的液压油柜内必须配有加热器,油柜内的液压油的油温不得超过 60℃,在液压油回油管路上需加装海水冷却器,海水冷却管线应采用耐腐蚀不锈钢 316 材料。

(5) 泵站配套相应的附件,包括油柜、风冷却系统、液压管路及阀门,电缆需采用防水密封接头。

(6) 泵站要求维护方便,有一定的维护空间。

7) 绞车控制器选择

对单卷筒绞车系统而言,绞车的控制器分手动和自动工作模式,又有固定和遥控两种模式可选;控制器面板上设有控制杆、高/低速模式转换按钮、手动/自动模式转换按钮、张力显示、速度显示、油压显示和缆长计数器等功能。这里根

据使用方便性,选择自动遥控的一款绞车控制器,并且与 A 形架的控制器通用。

8) 光电滑环选型

脐带绞车上必须配备有光电滑环,以满足 ROV 的动力控制和通信要求,选型时必须考虑动力线的电压、数量,地线的粗细以及光纤的规格和数量。光电滑环的选型一般是在脐带缆设计选型后进行。

9) 绞车尺寸限制

考虑在无须办理超限证的情况下,绞车可以利用普通货车在公路上运输,对绞车尺寸提出设计要求:高度不超过 3.4 m(公路运输高度上限 4.5 m,除去运输平板车高度 1.1 m);宽度不超过 2.5 m。

10) 脐带绞车的选型结果

基于以上设计计算以及产品分析比较,确定"海象-1500 号"ROV 的液压绞车主要技术指标如下。

储缆能力:2 000 m 长、直径为 32~36 mm 的脐带缆;

储缆绞车安全工作拉力:储缆绞车安全工作拉力为 80 kN;

储缆绞车最大拉力:最大工作拉力为 100 kN;

绞车尺寸:高 3.4 m,宽 2.5 m;

电源选择:380 V AC,50 Hz,440 V AC,60 Hz;

控制器:自动遥控式;

光电滑环参数:详见表 6-1;

脐带缆最大重量:小于 9 t;

最低工作环境温度:-10℃。

表 6-1　光电滑环参数

名　称	线规@数量	电　压	备　注
ROV 液压电机动力线	12 mm² @3	3 300 VAC	
ROV 设备动力线	4 mm² @2	3 300 VAC	
ROV 地线	6 mm²		
SM 光纤	SM Fiber@3		(9/125 μm/1 310/1 550 nm)

在完成上述选型设计后,就可以撰写技术规格书进行市场招标,找到合适的、有资质的绞车建造商,在对方设计完成由用户确定后,即可进行加工制造。

5. 脐带绞车的应用实例

目前,我国用于大型、大深度 ROV 液压动力驱动的吊放回收系统仍需进口。国外著名的 ROV 吊放回收系统制造商,如 Dynacon、Markey Machinery (绞车为主)、Perry Slingsby、RAPP Hydema AS,以及 SMD(Soil Machine Dynamics Ltd)等公司,已经拥有较完善的设计理论和丰富的实际工程应用经验,具备不同使用要求和不同等级的安全工作载荷的液压绞车设计、分析、制造以及检测能力,在各种等级的 ROV 吊放回收系统设计上都积累了很多经验,其中 Dynacon、SMD、RAPP 以及 Perry Slingsby 公司都具备比较系统和成熟的 ROV 吊放回收系统设计能力,包括绞车、A 形架和止荡器的设计和制造。广州海洋地质调查局的"海狮- 4000m 号"ROV 系统,用的是 Dynacon 公司设计制造的 ROV 吊放回收系统;深圳海工分公司 SMD 150hp ROV 配套的是 SMD 公司的吊放系统;而"海龙 2 号- 3500m"ROV 以及 Triton_XLS 150hp ROV 均配置 Perry Slingsby 公司设计制造的吊放回收系统。下面列举国际上几大著名的吊放回收系统制造商生产的液压绞车及其相关产品参数,供选型参考和对比。

1) SMD 150hp ROV(3 000 m 作业级)的脐带绞车

SMD 是世界上唯一一家具有设计脐带绞车、A 形架,并能同时进行 ROV 设计和制造的公司,其所设计的绞车和 A 形架安全工作载荷范围为 50～150 kN,其液压发动机一般采用瑞典公司 Hagglunds Drives 产品。Hagglunds Drives 是全球液压驱动系统领域佼佼者,专注于低速大扭矩应用。SMD 所设计和制造的典型脐带绞车如图 6-10 所示。

该脐带绞车参数如下。

安全工作载荷:120 kN;

容量:3 500 m 长、直径为 35 mm 的脐带缆;

图 6- 10　SMD 脐带绞车

总重量(满载)：14.8 t；

总尺度(长×宽×高)：3 400 mm×2 900 mm×3 160 mm；

轮毂直径：1 600 mm；

轮毂长度：2 255 mm；

最大液压压力：250 bar；

电源选择：380 V AC/440 V AC,60 Hz；

主驱动液压发动机：Hagglund。

图 6‑11   辉固 150hp ROV 脐带绞车

2) 辉固 150 hp ROV 脐带绞车

图 6‑11 为辉固公司生产的用于 150 hp 作业级 ROV 的脐带绞车。该脐带绞车参数如下。

总重量(满载)：30 t；

总尺度（长 × 宽 × 高）：3 200 mm × 2 900 mm×3 500 mm；

脐带装载能力：2 400 m 长、直径为 37 mm 的脐带缆；

满载时：在空气中,安全工作载荷 80 kN,最大工作载荷 100 kN；

空载时(最大工作深度)：安全工作载荷 160.5 kN,最大工作载荷 200.63 kN；

绞缆机刹车能力：240 kN(空载时)；

中载时：线速度 47 m/min(0.78 m/s)；

主驱动液压发动机：Hagglund。

6. 用于"海狮‑4000m 号"ROV 的 Dynacon 脐带绞车

Hysub 4000m 作业级 ROV 的脐带绞车由 DYNACON 公司生产,如图 6‑12 所示,其主要技术参数如下。

安全工作载荷：200 kN；

最大工作拉力：250 kN(安全工作负荷的 1.25 倍)；

高张力低速(安全负荷)模式：线速度为 0.5 m/s (30 m/s)；

低张力(不超过 100 kN)高速模式：线速度为 1 m/s (60 m/min)；

储缆能力：5 500 直径为 32.79 mm 的脐带缆；

电源选择：690 V AC,3 相,50 Hz；

液压泵站：两台 104 hp(≈78 kw)防雨船用发动机；

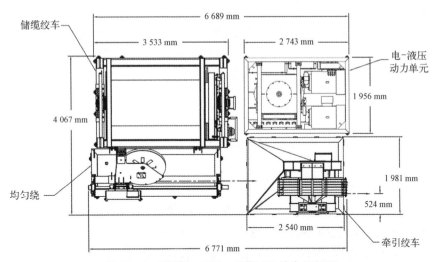

图 6‑12　"海狮‑4000m 号"ROV 绞车顶视图

最大脐带缆重量：23 t。

6.1.2　吊放门架

　　吊放门架种类很多，可以用于起吊众多的设备，甚至可以起吊潜水员[76]。本节主要介绍的是用于 ROV 起吊的吊放门架。吊放门架一般安装在母船侧部或尾部，与 ROV 脐带缆绞车配合作业，用于吊放和回收 ROV 系统。按照吊放的 ROV 重量，一般分为吊臂（起吊重量比较小）和 A 形架。图 6‑13 所示是一种典型的吊放门架，其母船是我国"科学号"科考船。

图 6‑13　安装在母船"科学号"科考船上的 A 形架

我国 ROV 吊放门架系统研制处于比较早期的阶段,在材料、升沉补偿性能、负载量、作业深度等指标方面与国际水平差距较大[2],目前大多数应用在 ROV 领域的门架均从国外采购或者租赁,主要生产厂商有 Dynacon 和 SMD。本节主要基于定制的要求讨论吊放门架的分类、结构形式和选型设计要求。

1. 吊放门架的分类

除用于浅水的观察级 ROV(重量一般不超过 50 kg)可以采用手动收放而不需要吊放门架外,用于 ROV 起吊的吊放门架按结构形式一般分为吊臂式和 A 形架。

1) 吊臂式门架

吊臂式门架包含固定臂和折臂吊,适用于小型 ROV 的吊放回收,图 6-14 所示为一种典型的固定臂式门架,这种吊臂式门架通常是可移动的,一般由 ROV 系统自带,安置在舷侧,最大起重量一般从几十公斤到几百公斤。此外,还有一种是母船自带的单臂吊放门架,一般起重重量可以达到 5 t,甚至更高。

图 6-14　一种典型的固定臂式门架

这种吊臂式门架一般的特点包括:① 尺寸小、安装和运输方便;② 一般起重重量不高,并且伸出船舷距离比较小;③ 一般安装在母船的舷侧;④ 控制简单,成本低廉。

2) A 形架

A 形架因其竖立时形似字母"A"而得名。A 形架分为固定式和移动式。

(1) 固定式 A 形架。固定式 A 形架一般与母船结构采用一体化设计,负载载荷很大,一般在 10 t 以上。图 6-15 所示是一种典型的固定式 A 形架,安装于母船"向阳红 9 号"科考船,图 6-16 所示为安装在母船"海洋 6 号"科考船上的 A 形架。

图 6-15 "向阳红 9 号"科考船固定式 A 形架　　图 6-16 "海洋 6 号"科考船固定式 A 形架

图 6-17 一种典型的移动式 A 形架

固定式 A 形架的主要特点包括:① 一般位于船尾,与母船一体化建造;② 负载较大,一般在 10 t 以上,最高甚至达百吨以上;③ 尺寸较大,可以伸出船舷距离较大;④ 用于大型 ROV 的起吊,成本较高,每次使用需要多人协同操作。

(2)移动式 A 形架。移动式 A 形架一般安装在基架上,典型结构如图 6-17 和图 6-18 所示。这种 A 形架结构紧凑,可起吊重量比吊臂式门架大、比固定式 A 形架小,加上其结构简单便于运输和组装,目前大部分 ROV 吊放系统都采用移动式 A 形架。

移动式 A 形架的主要特点包括:① 具备可移动性,对母船要求较低,即不要求母船具备吊放系统;② 负载较大,安全工作载荷一般 5~15 t;③ 用于大、中型 ROV 的起吊,需要多人协同操作;④ 一般尺寸较小,占地面积较小,结构紧凑,可以陆运。

2. 典型吊放门架的组成部分及其功能

从门架分类和特点介绍可以看出,吊放门架最常用的是移动式 A 形架,下面主要针对这种门架进行简单介绍,以便为后面的选型设计提供参考。

图 6‑18 "海象‑1500m 号"ROV 移动式 A 形架

移动式 A 形架一般由机械部分、液压部分和操作控制台组成。图 6‑19 所示为一款一体式吊放系统,其 A 形架和绞车安装在同一个基架上,其液压泵站和操作控制台未在图中显示。

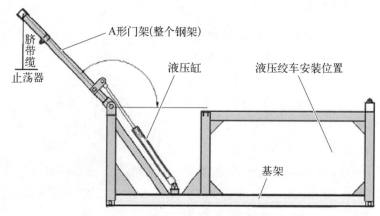

图 6‑19 移动式 A 形架的组成

1) 机械部分

机械部分包括钢架结构、可伸缩液压缸以及止荡器。

钢架结构:A 形架钢架结构主要包括门架(部分可伸出船舷)和基架,即为确保 A 形架平台系统强度和刚性而搭建的钢架平台,设计时要考虑液压脐带绞车的安装位置(一体化设计)。这种结构一般是有资质的 A 形架制造商根据用户提供的相关参数而设计制造的,包括 ROV 和绞车参数、起吊高度、立柱间距以及 A 形架伸出船舷外距离等。

可伸缩液压缸:可伸缩液压缸提供门架的直线和前后摆动运动,需要根据 ROV 在吊放时需要的行程范围和工作压力来确定和选型,用户一般提供行程范围,制作方负责根据用户需求进行设计。

止荡器：常见的止荡器如图 6 - 20 所示。止荡器的作用是当 ROV 收放时利用其锁紧装置将 ROV 锁紧，防止 ROV 晃动，保证 ROV 作业安全。止荡器制造商根据用户提供的相关参数设计制造止荡器，如 A 形架的重要设计参数以及 ROV 尺寸、重量等参数。

图 6 - 20　一种常见的止荡器

2）液压部分

液压部分主要是指液压泵站和液压管线等。移动式 A 形架一般都与液压绞车共用一个液压泵站，液压泵站一般由电动机驱动，需要与作业母船供电匹配。液压管线则一般遵从紧凑、可拆卸的布置原则。常见的液压泵站如图 6 - 21 所示。

图 6 - 21　一种典型的 A 形架液压泵站

3）操作控制台

A 形架操作控制台一般分为固定式和遥控式,控制器面板上一般设有控制杆、高/低速模式转换按钮、手动/自动模式转换按钮、张力显示、速度显示、油压显示和缆长计数器等功能,可移动式 A 形架的操作控制台一般与脐带绞车共用。

3. 典型 A 形架的设计选型

这里以"海象-1500m 号"ROV 移动式 A 形架为实例进行设计选型示范。

1）安全工作载荷

该参数与绞车安全工作载荷大小一样,可参照第 6.1.1 节中脐带绞车的设计选型,A 形架安全工作载荷取为 80 kN。

2）最大工作载荷

与绞车最大工作拉力相同,安全系数也取为 1.25,即为 A 形架安全工作载荷的 1.25 倍,这里取 A 形架最大工作载荷为 100 kN。

3）起吊高度 H

"海象-1500 号"ROV 高度为 2.5 m,决定其起吊高度需考虑以下因素:

（1）起吊到最高点后,ROV 下方有足够的工作高度,这里取为 2.5 m。

（2）考虑未来作业工具底盘的安装,预留高度为 1.0 m。

综合上述分析,起吊高度 $H=2.5\ m+2.5\ m+1.0\ m=6.0\ m$,即 A 形架起吊高度至少为 6.0 m。

4）A 形架两立柱间距 L

A 形架两立柱间距需满足 ROV 的收放作业需求,故应至少大于 ROV 的宽度,并且留出行走空间,具体数值通常参考相关产品参数,一般与 ROV 尺寸和安全工作载荷有关,这里取 L 为 2.8~3.0 m。

5）伸出船舷外距离

参考国外相同功率 ROV 配备的移动式 A 形架产品相关参数,这里取 4~5 m。

6）回收至船体内距离

参考现有相似产品相关参数,这里取 4.0~6.0 m。

7）液压泵站

对于移动式 A 形架,液压泵站通常为水面绞车系统和 A 形架提供动力油源和控制油源。液压泵站具体型号选择、功率和安装方式等需要制造商设计后由用户确定。

液压泵站性能应满足以下要求（与液压绞车要求相同）:

（1）电源选择为 380 V AC,50 Hz 或者 440 V AC,60 Hz。

（2）流量应与液压绞车匹配。

（3）表盘上应有直读指针式压力指示表。

（4）液压油柜内必须配有加热器、必须在液压油回油管路上加装海水冷却器，且海水冷却管线必须采用耐腐蚀不锈钢 316 材料，油柜内的液压油的油温不得超过 60℃。

（5）配套相应的附件为油柜、风冷却系统、液压管路及阀门，电缆需采用防水密封接头。

（6）维护方便，有一定的维护空间。

8）一体化操作控制台

与绞车共用控制器，选择自动遥控方式。

9）止荡器的选型

A 形架制造商根据需求方提供的 A 形架参数、ROV 本体尺寸和重量进行设计制造。

10）A 形架选型结果

综上所述，"海象-1500" ROV A 形架的选型参数范围如下。

安全工作载荷：80 kN；

最大工作载荷：100 kN；

两立柱间距离：2.8～3.0 m；

最大可起吊高度：6.0 m；

伸出船舷距离：4.0～5.0 m；

回收至船体内距离：4.0～6.0 m；

A 形架控制器：自动遥控式，与绞车共用控制器。

在完成上述选型设计后，就可以撰写技术规格书进行市场招标。

4. A 形架应用实例

这里重点介绍一些市场上比较常见和主流的 ROV 系统采用的 A 形架参数和特点。

1）SMD 公司 A 形架

SDM 公司生产的多为分体式吊放系统，即 A 形架和绞车不为一体，需要单独放置和单独运输，不过一般共用一个液压泵站和一个控制器。几款常见的 SMD 公司生产的 A 形架如图 6-22 所示，大部分都是移动式 A 形架。这里仅介绍 SMD 公司生产的一款 150hp ROV 所使用的 12 t 级 A 形架，如图 6-23 所示，采用可移动式结构。12 t 级 A 形架的主要参数如下。

安全工作载荷：120 kN；

重量：25 t；

图 6-22   SMD 公司生产的 A 形架

图 6-23   12 t 级 A 形架

尺度(长×宽×高):7 000 mm×4 036 mm×10 797 mm;

最大起吊高度:8.5 m;

外伸距离：5 413 mm；

两立柱间距离：2 900 mm。

2）Dynacon 公司 A 形架

Dynacon 公司主要设计和制造固定式 A 形架吊放系统，其设计的 ROV 吊放系统如图 6 - 24 所示。

图 6 - 24　Dynacon ROV A 形架

图 6-25 "海洋 6 号"科考船 A 形架

下面介绍一款用于母船"海洋 6 号"科考船上的固定式 A 形架(见图 6-25)。该 A 形架的主要参数如下。

摆动安全工作负荷：156.9 kN；

最大摆动负荷：200 kN；

完全向外位置安全工作负荷：294 kN；

两立柱间距离：5 800 mm；

A 形架直立时的内高(从导接头底面到甲板面)：6 500 mm；

A 形架完全向外位置高度(从导接头底面到水面)：5 000～5 500 mm；

总高：10 546 mm；外伸距离：5 000 mm；

摆动速度：0.03 r/s；

内延距离(从立柱转动轴心到导接头中心线)：4 379 mm；

估计重量：27.2 t；

控制器：机旁控制器与露天甲板绞车控制室遥控器；

液压动力源：3×112 kW (3×150 hp) 电动液压动力单元。

6.2 ROV 升沉补偿系统

由于母船在波浪作用下会产生横摇、纵摇和升沉运动,这些运动,特别是升沉运动会通过主脐带缆传递到 ROV 上,如果传递的运动超过允许范围,ROV 就无法正常工作；如果 ROV 水下质量足够大,运动加速度产生的动力会对连接的缆索或脐带系统造成破坏,这种破坏造成 ROV 丢失的事故在国内外 ROV 系统吊放作业时都有发生,如 2004 年"海龙 1 号"ROV 在海试时因脐带缆断裂而丢失；2008 年"海龙 2 号"ROV 在海试时因母船升沉运动使得脐带缆松弛,多次反复的拉紧-松弛后造成了脐带缆扭转破坏；2003 年,日本"Kaiko"万米级 ROV 在作业时因脐带缆断裂而丢失。经理论分析和试验验证,这些破坏都与母船的升沉运动和动力有关。由此,升沉补偿基数应运而生,其主要功能和作用包括：

(1) 减小升沉耦合运动的传导,改善 ROV 运动控制条件。

（2）吸收母船升沉运动加速度所产生的动力，提高系统吊放安全性。

（3）弥补大深度承重缆安全系数低的缺陷，平滑动张力峰值。

（4）减少脐带缆松弛，防止扭转破坏。

6.2.1 对现有升沉补偿技术的分析比较

对于升沉运动和动力补偿技术，目前国际上主要采取的方法有主动升沉补偿技术、动力被动释放技术和被动升沉补偿技术，下面分别进行介绍。

1. 主动升沉补偿技术

该技术是通过传感吊放点的升沉运动，控制绞车正反转动，从而收放吊索进行升沉运动补偿，原理如图 6－26 所示。英国 PSSL 公司的电动主动升沉补偿绞车（见图 6－27）采用了主动跟踪补偿技术。这种技术的主要特点包括：

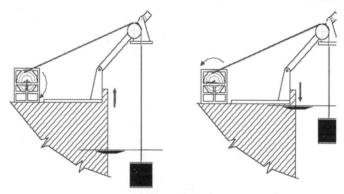

图 6－26 主动升沉补偿原理示意图

图 6－27 电动主动升沉补偿绞车

（1）通过传感吊放点的升沉运动，控制绞车正反转以收放吊索进行升沉运动补偿。

（2）系统集成度高。

（3）需要准确的运动传感和实时的绞车转动控制。

（4）大型绞车转动惯量大，控制系统要求高。

（5）有反相位控制风险。

（6）无法进行低频潮差补偿。

（7）需专用绞车，通用性差，故较少使用。

2. 动力被动释放技术

动力被动释放技术的工作原理是在液压绞车上通过溢流阀设定发动机最大刹车力矩来控制吊索中的张力，当张力达到设定值时刹车打滑释放张力，故也称为液压限张力绞车（见图 6-28）。但当加速度较大时，由于系统惯性会产生过大张力，造成在设定张力范围内无法进行往复运动补偿，且只能在特定的绞车上使用，通用性差。

图 6-28 液压限张力绞车

这种技术的主要特点包括：

（1）通过设定发动机或刹车系统最大制动力矩释放吊索中过大张力。

（2）辅助系统相对简单。

（3）升沉加速度过大时，由于系统惯性和阻尼也会产生过大张力，从而无法进行往复运动补偿，弹性差。

（4）在专用绞车上使用，通用性差，故使用较少。

3. 被动升沉补偿技术

被动升沉补偿技术是在吊放系统中串联了类似弹簧的升沉补偿装置，通过实时被动感应吊索或脐带的张力以补偿运动和吸收动力，这是目前国际上应用较多的升沉补偿技术。

根据不同的补偿强度和布置需要，这种技术有多种形式，图 6‑29、图 6‑30 与图 6‑31 所示分别为 3 种不同形式的被动升沉补偿技术的工作原理，图 6‑32 所示为被动升沉补偿系统的实物照片。

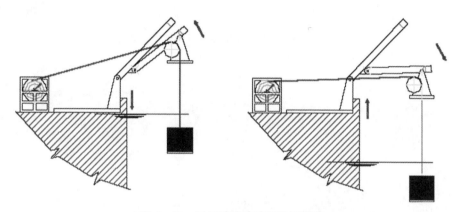

图 6‑29　子母臂被动升沉补偿原理

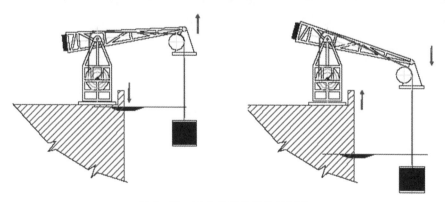

图 6‑30　重力被动升沉补偿原理

被动升沉补偿技术的主要特点包括：

（1）吊放系统中串联补偿器，通过被动感应吊索张力来收放吊索。

（2）运动和动力均可实时补偿，无相位相反作用。

（3）补偿器为独立单元，参数可调，通用性、可靠性好。

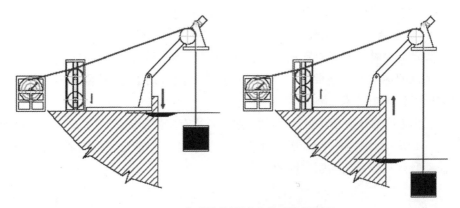

图 6 - 31　串联补偿器被动升沉补偿原理

图 6 - 32　被动升沉补偿绞车

（4）升沉补偿幅度大。

（5）独立设备占用甲板空间。

6.2.2　"海马 - 4500 号"ROV 升沉补偿系统

"海马 - 4500 号"升沉补偿系统由"海马号"研发团队自主研制,采用的是被动升沉补偿技术,其系统主要组成如图 6 - 33 所示。被动升沉补偿系统一般包括气-液弹性储能系统、参数控制调节系统、升沉补偿作动机构和脐带卷扬系统等。

1. 工作原理

"海马 - 4500 号"ROV 升沉补偿系统为非线性弹性系统,具有初始张力和系统变形弹性可调的特性,其工作原理如图 6 - 34 所示。在静止状态下,调节气-液弹性储能系统空气压力,使升沉补偿机构活塞处于油缸行程中点、油缸推力与水下系统重量或拉力平衡;当母船向上运动时,水下系统质量动力或拉力增加,

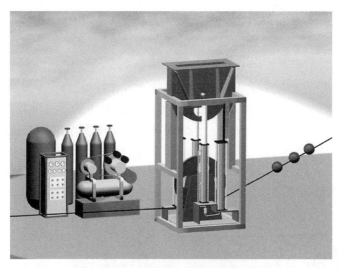

图 6 - 33　被动升沉补偿系统组成图

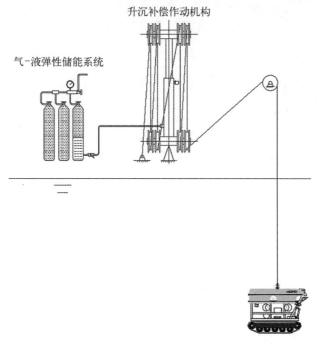

图 6 - 34　升沉补偿系统工作原理图

吊索张力使升沉补偿作动机构活塞杆压缩,推动油缸液压油返回气-液弹性储能系统,作动器收缩放出吊索;反之,当母船向下运动时,水下系统质量动力或拉力减小,气-液弹性储能系统推出液压油和升沉补偿作动机构活塞杆,收紧吊索。

这样,就可达到补偿母船升沉运动并吸收动力的效果,若在图 6-34 中采用多组动滑轮,则可达到放大升沉运动补偿的幅度等效果。

2. 实际补偿效果

"海马-4500 号"ROV 的升沉补偿系统安装在母船"海洋 6 号"科考船上,作业现场如图 6-35 所示。该系统在海上实际应用时得到了充分验证,取得了非常好的补偿效果,图 6-36 和图 6-37 是理论状态下的系统稳态运动和稳态动力响应曲线。

图 6-35 "海马-4500 号"ROV 升沉补偿系统

图 6-38 为"海马-4500 号"ROV 在某次海试时的升沉补偿系统张力值曲线。在整个海试过程中,升沉补偿系统随着 ROV 下潜深度增加能实时显示出脐带张力变化和脐带张力检测结果,工作正常稳定。试验结果显示了升沉补偿系统在有海浪起伏的情况下,对吊放 ROV 的缆线上的张力和母船升沉影响起到了很好的缓冲和补偿作用。海试结果表明:

(1) 该系统通过油缸的伸缩实现补偿功能,系统反应灵敏。

(2) 在整个海试过程中,升沉补偿系统负载随着 ROV 下潜深度的增加而增大,使用增压调压设备对补偿器进行气压调节,实现压力可调变化,具有便捷的操作性和可调性,实现了升沉补偿系统变负载功能,负载变化明显清晰。

(3) 在整个海试过程中,升沉补偿系统随着母船的升沉运动,油缸反方向运动,实现了补偿功能。

(4) 海试过程中海况较好,补偿量为 ±2.5 m,而在前期海试中升沉补偿系

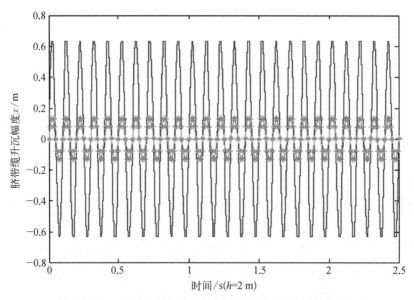

图 6-36　系统稳态运动响应(小振幅波形为加补偿效果)

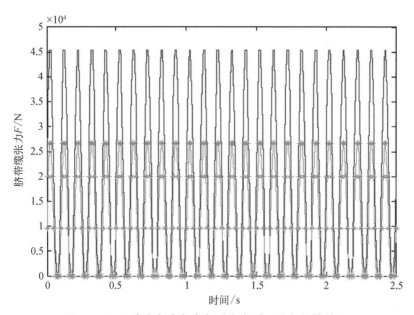

图 6-37　系统稳态动力响应(小振幅波形为加补偿效果)

统最大幅度达±5.0 m。

经实际应用证明,"海马-4500 号"ROV 升沉补偿系统具有以下特点:

(1)气-液弹性升沉补偿系统可有效地补偿母船与水下连接系统间的耦合

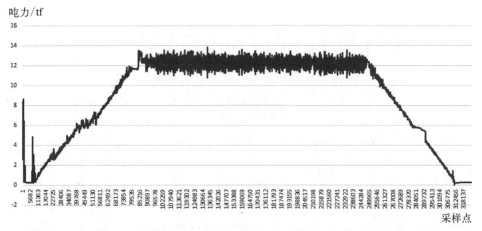

图 6‑38 "海马‑4500 号"ROV 某次海试时的升沉补偿系统张力值时间历程曲线

运动和动力,基本达到恒张力效果。

(2) 通过改变系统多元参数,可以设计不同的系统刚度、补偿幅度、初始力(静吊力)、过程力、终端力(最大张力)等,以满足不同的应用需求。

(3) 系统实用物理参数(尺度、压力、结构、布置等)选择范围宽,可设计成适应不同要求的升沉补偿系统。

6.3 ROV 中继器

中继器主要是用于储存和收放中性浮力缆的装置,目的是消除或减小水面母船运动对 ROV 的影响,并增大 ROV 的作业半径,它对于保证 ROV 的安全及作业具有重要的作用。大深度重载作业级 ROV,尤其是应用于深海油气开发的 ROV,通常采用中继器吊放模式。但是,中继器吊放模式也有风险,常常因中性浮力缆的破断而造成 ROV 本体丢失,如"Kaiko‑11000 号""海龙 1 号"ROV 的丢失均源于此,这也是"海马‑4500 号"ROV 的系统设计未采用该模式的一个重要原因。因此,目前对于是否采用中继器吊放模式仍存在两种截然不同的观点。本节对中继器的功能与分类、中继器绞车系统进行简单介绍。

6.3.1 中继器的主要功能

中继器(tether management system,TMS),即脐带管理系统,它集 ROV 水下投放、回收、非工作状态下的本体锁定、信号与能源动力的中转传输等功能于一身,又包含自身的水下中性缆绞车系统、张力控制系统,以及动力系统螺旋桨等。

中继器的主要功能包括[76]:

(1)中继器是水面母船支持系统与水下 ROV 之间能源动力和通信的中转。

(2)ROV 本体首先通过中性浮力缆连接到中继器,再通过铠装缆连接到母船支持系统,由铠装缆向中继器以及 ROV 传输能源、视频监控和通信信号,ROV 通过中继器向母船传递和反馈海底的状况。

(3)在 ROV 不工作时,中继器起到对 ROV 本体锁紧和存放的作用;在 ROV 吊放下潜时,由母船甲板上的吊放系统利用铠装缆吊放;中继器依靠自身的重力可保证 ROV 的下潜速度,因而节省了能源;回收 ROV 本体时,先由中继器引导,再由母船的吊放回收系统利用铠装缆将存放 ROV 的中继器一起回收。

(4)中继器可以隔离由风浪引起的母船运动对 ROV 本体的影响,从而减少本体推进系统所需功率,提高 ROV 的抗流能力,显著减少 ROV 中电器与液压元器件的重量,缩小 ROV 的排水体积,从而有效地提高 ROV 在水下的机动性,增加其作业能力。

(5)中继器的水下绞车储缆系统里最多可存储上千米的中性缆,极大地增加了 ROV 的作业半径。

6.3.2　中继器的分类

由于 ROV 的种类繁多,其结构、负载和大小各不相同,因此需要针对不同的 ROV 设计不同的中继器。ROV 的中继器按照其设计和工作原理,大概可以分为两种,即车库式中继器和置顶式中继器。通常情况下,对于大型深海重载作业级 ROV,由于其体积大、对作业范围的需求比较大,故一般采用输出功率大、储缆长度大的置顶式中继器;对于工作在相对较浅水域的 ROV,由于其体积小、功率密度低、工作半径小,故一般采用车库式的中继器[75, 76]。

车库式中继器好比停放 ROV 的车库(见图 6-39)。主体结构分为上下两层。上层部分设计为安装和存储中继器水下绞车系统、张力系统以及控制与动力系统。当 ROV 作业时,中继器的水下绞车系统能够有序地对中性缆进行收放,并进行信号传输。中继器的上层还通过蘑菇头与铠装缆连接,起到承重和负载的作用。下层为类似于车库的 ROV 存放空间,通过底板和锁紧装置对 ROV 固定和存放。

置顶式中继器,指在回收和布放 ROV 时中继器始终位于 ROV 的顶部,其结构庞大,承载能力大,储缆能力强,功率密度高。

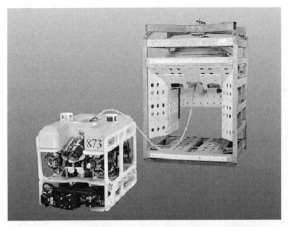

图 6-39　英国 SAAB 公司"Seaeye Tiger 号" ROV 及其配套的车库式中继器

图 6-40　美国 Schilling 公司 "Canyon 号" ROV 及其配套的置顶式中继器

图 6-40 所示为美国 Schilling 公司"Canyon 号" ROV 及其配套中继器,从图中可以看出,整个置顶式中继器位于 ROV 本体上方,中继器中性缆绞车收放系统、动力和控制系统、缆绳锁紧系统以及推进系统均位于一个近似圆柱形的结构框架中。与车库式中继器相比,置顶式中继器拥有更加复杂的中性缆绞车排缆和释放装置、传动与锁紧装置,且其储缆系统的储缆能力更强,可以存储上千米的中性缆,极大地扩大了 ROV 的作业范围。一些带置顶式中继器的 ROV 作业系统的作业范围甚至可达几平方千米,有些中继器甚至安装了螺旋桨推进系统,使得中继器在回收 ROV 时通过推进器来改变中继器的方向,从而避免缆线缠绕,方便中继器对 ROV 的回收,日本"Kaiko 号"ROV 就是采用了这样的系统。

6.3.3　中继器绞车

ROV 中继器绞车系统包括电气系统、机械系统,以及水下防腐、绝缘、密封及压力补偿系统。下面将其系统组成和设计时的注意事项进行介绍。

1. 电气系统

中继器绞车电气系统包括变电/强电/弱电/汇线系统、布线、电机、传感器、逻辑控制等。另外,电气系统必须包含一些主要的报警内容,诸如紧停、补偿罐液位、补偿油压力异常、仪器舱渗漏水、仪器舱过温、余缆保护(20 m)等。电气系统包含的一些主要的传感器有外部水压传感器、补偿罐压力传感器、补偿罐液位传感器、卷筒转速转向传感器、牵引轮转速转向传感器、仪器舱漏水传感器、电机转速传感器、光电信号转换模块。此外,电气系统还需具备绞车数据记录功能。

2. 机械系统

中继器绞车的机械系统包括主框架、部件安装座、卷筒、排缆器、脐带缆滑槽、牵引轮、检测点等。主框架需要设计成框架式结构,起吊方便、外形美观。紧固件需选用不锈钢材料。

3. 水下防腐、绝缘、密封及压力补偿系统

中继器绞车水下防腐、绝缘、密封及压力补偿系统需要包含变电/强电/弱电/汇线舱、舱内外绝缘耐压信号/动力连接、传感器密封、汇线舱压力补偿、驱动传动件连接腔。安装时需要保证结构紧凑、外形美观、安装连接方便,便于检测维修,适于吊运。可选用不锈钢和铝合金材料。

7

ROV的控制系统设计

　　控制系统是 ROV 的大脑,决定了 ROV 系统性能和功能是否能够得以实现,也是整个 ROV 作业系统的核心技术之一。本章以"海马 - 4500 号"ROV 为例,介绍 ROV 控制系统设计的主要内容,包括控制集装箱的布局、结构和安全方面的考虑和优化,水面监测/控制系统设计以及水下控制系统设计,并给出一些常见的功能电路和水下控制系统简化结构框图。

7.1　ROV 的控制集装箱布局

　　ROV 的水面控制系统是集监视、控制、供配电检测等设备于一体的系统。小型潜水器水面控制系统相对简单,一般只需一台包含控制计算机、显示器、通信单元、配电单元的控制柜便可满足需求;大、中型的 ROV 水面控制系统相对复杂,包含配电、通信、视频分配叠加存贮、控制台面、备用不间断电源和多套控制计算机。此外,有专用支持母船的潜水器作业系统会设置专门的控制室,而在不同母船之间可以移动使用的ROV会配备控制集装箱,将整个水面控制系统都置于集装箱内,便于整体搬移。专用控制室与控制集装箱在布置和功能上类似,集装箱空间较小,布置更紧凑。这里以大、中型 ROV 控制集装箱为例进行介绍。

7.1.1　控制集装箱的功能与区域划分

　　控制集装箱内包含配电单元、升压单元、显示器墙、主副驾驶操控台面、仪器设备机架等基本功能单元,另外为方便 ROV 的维护保养,且能为操作人员提供良好的工作环境,集装箱内也配有备件和工具储物柜、空调、换气扇等部件。

　　集装箱内根据功能分区,配电单元和升压单元与操控区域相对隔离(见图 7 - 1),操控区域与配电升压区域中间有设备机柜相隔,既保护工作安全,又避免意外触碰配电柜操作按钮。

　　操控区域是操作人员对 ROV 进行监视与控制的区域,该区域配备有监视显示器、控制操作台、信息处理设备(如电脑主机、视频叠加器、视频分配器)等主要设备;同时配有座椅和储物柜等辅助设施。配电升压区域布置有变压器和配电柜等设备。

　　1. 控制集装箱操控区

　　控制集装箱的监视器数量根据要求进行配置,例如普通小型观察级 ROV 携带 2 台摄像机,并配置 1~2 台监视器;大型作业级 ROV 安装多台摄像机,相应的监视器数量也较多。当 ROV 携带的摄像机数量多于监视器数量时,将采

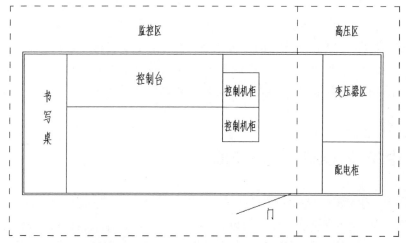

图 7 - 1 "海马 - 4500 号"ROV 控制集装箱区域划分俯视图

用视频切换的方法,将监视器的显示画面在各个摄像头之间进行切换。若有高清视频显示要求,还需要配置高清显示器。同时还需要一个显示器显示 ROV 的状态,包括所处深度、离水底高度、航行方向等信息。当需要多个显示器时,通常布置成电视墙,这样的布置简洁且有规律,便于观察。

操作控制台是操作人员向 ROV 发送指令的终端,控制台上主要有控制 ROV 速度与方向的操作杆、控制水下照明系统的开关、控制摄像机的按钮等,ROV 大部分功能的控制都能在操作控制台上完成。按键和操作杆的布置需要符合人体工程学设计要求,满足人们操作的舒适性和便利性。操作杆和操作按钮也可以集成安装在座椅扶手上,这样能够提高操作的舒适性和便利性。操作控制台上还有鼠标、键盘等输入设备,便于进行其他操作。图 7 - 2 所示为"海马 - 4500 号"ROV 的监视器与控制台。

ROV 控制显示的信息量非常庞大,需要计算机等各种设备进行处理,这些设备可安装在通用的机柜上,且应安装牢固,便于操作和运输安全。

2. 控制集装箱高压区

控制集装箱的配电与升压区是为 ROV 提供动力并进行动力配置的区域,主要配备变压器和配电柜(见图 7 - 3)。由于该区域有高压电,需要进行高压防护,防止对人员造成伤害;应粘贴高压标志,提醒无关人员远离;同时还需要配备高压电压电流检测设备和报警设备,对电压与电流实时监控,便于工作人员了解供电是否正常。变压器需要根据 ROV 的供配电要求配置,有的 ROV 对电压有需求,普通供电电压范围有限(通常为 220 V、380 V),故需要通过变压器把电压

图 7‑2 "海马‑4500 号"ROV 的监视器与控制台

变压为 ROV 需要的电压,才能使 ROV 正常工作。

　　配电柜的作用是对 ROV 的供配电进行控制与监视,对系统进行供配电保护,防止过载,确保供配电安全。配电柜上有供电总开关、急停开关、功能指示灯、报警器等,便于了解配电柜的运行状态并进行操作。

7.1.2　控制集装箱的辅助系统

　　控制集装箱是操作人员对 ROV 系统进行操控的工作区,需要人性化设计,应配备其他辅助设施,例如照明与电源系统、空调系统、安全设施等。

　　照明系统主要指照明灯,应采用耐

图 7‑3　变压器与配电柜

用、防震的产品,以确保不影响正常工作。电源主要指电脑等设备的电源,一般根据工作和设备要求,配置若干个 220 V 电源插座,可以采用从集装箱外直接供电的方式,或者需配备一个可将船电变压为 220 V 的变压器。

　　为了向 ROV 操作人员提供舒适的工作环境,控制集装箱内需要配备空调系统,具体如何配置需根据控制集装箱的大小和布局而决定,通常有两种方案,

图 7-4 干粉灭火器

一种是一台空调室外机加一台室内机,另一种是一台空调室外机加两台室内机。对于两台室内机的布置方案,通常在监视控制区和高压区各布置一台,这样可以分别控制两个区域的温度。监视控制区的温度要适于操作人员工作,高压区因变压器工作容易产生热量,故该区的温度应适当降低。

安全设施是控制集装箱的必备设施,包括灭火器(图 7-4 所示为干粉灭火器)、烟雾报警器、应急照明灯,同时,控制集装箱内部装修材料必须选择阻燃材料。

控制集装箱的辅助设备应根据实际需求进行配置,最大限度地满足便利性、舒适性、安全性要求。

此外,由于集装箱是可移动平台,经常会移动、运输,且其所处作业环境常伴有风浪,因此控制集装箱内的所有设施和设备均必须固定,且安装牢固,防止出现滑动、碰撞、翻倒等危险情况而导致整个系统无法工作。

7.1.3 控制集装箱

控制集装箱的尺寸根据潜水器水面控制设备的大小与数量、操作人员的空间要求来确定,如图 7-5 所示一般采用标准集装箱(尺寸:长 6.058 m×宽 2.438 m×高 2.591 m),这样便于采购,也便于与运输货车、通用起吊设备等对接。若由于条件限制,可根据实际需求定制集装箱。

图 7-5 标准集装箱

控制集装箱的优点是便于移动、运输和存放。在运输过程中,集装箱可以起到防止水面控制系统设备遗失,保护设备安全以及防水、防潮和防晒的作用;在海上作业时，集装箱可以有效地隔绝潮气、盐雾、紫外线。

7.2 ROV 的水面监测/控制系统设计

甲板操作控制室是操作人员进行 ROV 系统操作的场所（见图 7-6），主要包含以下几种水面操作设备：

（1）ROV 水面监控计算机和操纵面板。

（2）水下搭载设备的水面控制器（视频、声呐、七功能机械手等）。

（3）水面吊放回收系统设备的控制器。

（4）ROV 和中继器的水面配电设备（PDU）。

（5）运动预测辅助吊放系统：实时预测未来短期内的船尾升沉和重缆张力，辅助驾驶员进行吊放回收作业。

图 7-6 典型的 ROV 甲板操作控制室

7.2.1 ROV 水面控制计算机

ROV 水面控制计算机实现 ROV 的状态显示、指令操作、算法实现以及与控制台交互等功能。这里以中国"海马-4500 号"ROV 为例，介绍控制计算机功能设置和界面布局。"海马-4500 号"ROV 控制计算机包含主控制计算机和主驾驶计算机。主控制计算机完成的功能包括：

（1）ROV 传感器数据接收、解析、告警检测、存储。

（2）将接收到的数据发送至主驾驶计算机。

（3）自动控制算法实现。

（4）接收主驾驶计算机、操纵面板和便携控制盒的控制指令，实现 ROV 运动控制以及设备控制。

（5）接收母船的导航信息和船首向信息。

（6）PDU 监控数据接收，解析，存储。

（7）水面视频字符叠加器数据生成。

主驾驶计算机完成的功能包括：

（1）接收主控制计算机发送的传感器信息、告警和日志数据并显示。

（2）通过触摸屏接收人机交互命令，并发送至主控计算机。

对 ROV 部分设备的控制和本体端状态监测通过主驾驶计算机的触摸屏显示器来完成。显示区域主要分为主界面区域和子窗口区域，可以通过按钮实现子窗口的切换，也可以通过操纵面板窗口切换按钮实现子窗口切换，以实现在有限区域内设置尽可能多的信息显示和功能操作。以下将对"海马－4500 号" ROV 控制界面和部分的主要功能区域分别进行介绍。

1. 控制主界面

主界面包含的内容囊括了 ROV 本体端所实现的大部分功能（为操作方便，一部分控制功能由控制台面实现），主要包括以下 3 种类型的信息：

（1）操作类信息，如各个传感器的电源开关、照明和摄像的电源开关、各推进器阀箱的电源开关等功能。

（2）配置类信息，如控制模式的切换、ROV 推进器输出比例、脐带缆扭转圈数复位以及下潜次数修改等。

（3）显示类信息，如各舱体漏水监测，各电源模块的电压、电流、绝缘检测，各液压位置的油温、油位监测，各电源、电子舱内多个位置的温度检测，各个检测位置的故障报警等。

图 7-7 是"海马－4500 号"ROV 的控制主界面，在主驾驶计算机显示。按功能和内容划分，主界面分为以下几个主要区域：

（1）#1 区域在几种自动控制模式之间切换控制模式。

（2）#2 区域选择当前操作云台。

（3）#3 区域显示深度、高度、航向等状态信息。

（4）#4 区域设置当前推进器输出最大值占可输出最大值的比例。

（5）#5 区域显示 ROV 船首方向、主控制计算机与主驾驶计算机通信状

图 7-7 "海马-4500 号"ROV 主驾驶计算机操控界面

态、上位机与下位机通信状态。

（6）#6 区域对脐带缆扭转圈数进行清零。

（7）#7 区域设置 ROV 下潜次数。

（8）#8 区域以图形方式显示照明灯开关情况，以及几个推进器推进方向和推力大小。

（9）#9 区域给推进器驱动板卡通电从而可以控制推进器输出。

（10）#10 区域以图形方式显示 ROV 当前离海底高度和所处深度信息。

（11）#11 区域可以选择由位于控制室的人员操控 ROV 还是由位于后甲板作业的人员控制 ROV，便携控制盒操作模式在吊放/回收时使用。

（12）#12 区域控制升沉操作时推进器的输出比例。

（13）#13 区域点击不同按钮，在#14 区域切换显示对应操作和显示界面。

（14）#15 区域在发生各种异常时显示对应的异常信息，并给出声光报警。

操作按钮根据反馈数据设定不同底色以提示当前所处状态。操作结果正常，按钮底色以绿色显示；操作无反馈或者反馈错误，按钮没有变化；若发生报警事件(如绝缘值偏低),报警提示部分的按钮底色以黄色显示,若发生故障事件(如对地绝缘数值低于设定门限)则对应按钮底色以红色警告,并由控制台面的蜂鸣器给出声光提示。上述界面内容包含了ROV系统控制内容的方方面面。

2. 自动控制模式切换

主界面#1区域中显示ROV当前的自动控制模式。若按钮显示为绿色,说明ROV处于对应的自动控制模式。

在操纵面板控制模式下,操作者可以通过操纵面板上的自动定向、自动定深、自动定高按钮实现ROV自动控制模式设定;在便携控制模式下,操作者可以通过便携控制盒的自动定向按钮实现ROV自动定向模式设定。

当控制状态发生改变时,主控计算机在表7-1所列情况下将自动取消设定。

表7-1 主控计算机取消自动控制模式的条件

自动控制模式	取消自动控制模式的条件
自动定向	罗盘电源关闭 罗盘电源打开,主控计算机没有收到罗盘数据 操纵面板和便携控制盒之间的切换 设定巡航控制模式
自动定深	深度计电源关闭 深度计电源打开,主控计算机没有收到深度计数据 操纵面板和便携控制盒之间的切换 设定自动定高模式
自动定高	高度计电源关闭 高度计电源打开,主控计算机没有收到深度计数据 操纵面板和便携控制盒之间的切换 设定自动定深模式

自动控制模式之间的共存关系如表7-2所示,√表示可以同时存在,×表示不能同时存在,当设定对应模式后,控制系统会自动清除互斥的控制模式。

表7-2 自动控制模式之间的共存关系

自动控制模式	自动定向	自动定深	自动定高	巡航控制
自动定向	N/A	√	√	×
自动定深	√	N/A	×	×
自动定高	√	×	N/A	×
巡航控制	×	×	×	N/A

3. ROV 姿态信息

＃3 区域为 ROV 姿态信息显示区域,包含母船首向、自动定向值、深度值、自动定深值、高度值、自动定高值、纵倾值、横倾值、水平仪显示纵倾和横倾。此处可以设定 3 种自动控制方式的相关参数,分别如下所述。

1) 自动定深数值的设定

(1) 确定当自动控制模式处于自动定深模式。

(2) 通过键盘和鼠标输入定深值,回车后生效。

(3) 通过操纵面板手柄数值增减按钮设定,每次点击增加或者减少设定数值。

2) 自动定高数值的设定

(1) 确定当自动控制模式处于自动定高模式。

(2) 方法一,通过键盘和鼠标输入定高值,回车后生效;方法二,通过操纵面板手柄数值增减按钮设定,每次点击增加或者减少设定的数值。

3) 自动定向数值的设定

(1) 确定当自动控制模式处于自动定向模式。

(2) 方法一,通过键盘和鼠标输入定向值,回车后生效;方法二,若 ROV 处于操纵面板控制模式,旋转操纵面板手柄可实现新的定向值设定:旋转角度大于 30°且小于 60°,定向值每秒增加或者减少 0.1°,旋转角度大于 60°,定向值每秒增加或者减少 1°。

＃5 区域是 ROV 首向和母船首向信息显示区域,显示内容如下:

(1) 主控制计算机通信状态,显示主控制计算机与主驾驶计算机网络连接状态,绿色为正常,红色为断开连接。

(2) 水下通信状态,显示 ROV 水下设备与主控制计算机通信状态,绿色为通信正常,红色为无水设备通信。

(3) 母船首向图标,指示母船首向,显示为白色菱形图标。

(4) ROV 首向图标,指示 ROV 首向,显示为绿色菱形图标。

(5) ROV 首向值,显示为绿色字体。

(6) ROV 自动定向值,显示为黄色字体,在 ROV 首向值下方,在自动定向模式设定后显示。

(7) ROV 自动定向图标,指示 ROV 自动定向值,显示为黄色圆点,在自动定向模式设定后显示。

(8) 缆转数,显示为白色字体。

(9) ROV 首向轨迹极坐标显示,外侧为最近 ROV 首向值,中心为 120 s 前

ROV 首向值。

在吊放回收 ROV 时,脐带缆有时会发生扭转,若不加以处理,可能对脐带缆造成永久损害。对脐带缆扭转圈数的检测和恢复是一项重要保障工作。系统通过传感器获知 ROV 本体旋转圈数,通过推进器控制,可以使得脐带缆扭转圈数回归初始状态。＃6 区域的按钮是脐带缆扭转圈数复位按钮,可以通过该按钮将脐带缆转数圈数复位为 0。

＃8 区域给出推进器推力方向和大小指示,柱状图为水平矢量布置推进器推力方向及大小指示,圆圈为垂直推进器推力方向及大小指示,圆圈中心为点表示上浮,圆圈中心为叉表示下潜,圆圈内部圆形大小表示当前推力大小。

图形相对于数字能给人一段时间内变化过程的直观显示,＃10 区域上部显示 10 min 内的 ROV 深度曲线,刻度范围为 100 m,首尾刻度可变;下部显示 10 min 内的 ROV 高度曲线,刻度范围为 50 m,固定刻度。

4. 其他操作及显示信息

ROV 吊放回收时为避免受浪涌影响与船体发生碰撞,通常交由甲板作业人员操控 ROV。＃11 区域的便携式控制器按钮可以实现控制室/作业甲板对 ROV 控制权的切换。在某些状况下,不需要推进器全力输出,此时通过＃4、＃12 区域可以设定推进器输出比例,绿色按钮上的数字表示当前设定最大输出为推进器满负荷输出的比例值。

根据功能划分和可显示区域大小限定,对一些设备开关和反馈状态进行分类排放和显示,操作人员可通过＃11 区域功能按钮实现子窗口切换,也可以通过操纵面板上的窗口切换开关在各个子窗口之间循环切换。

液压动力状态子窗口显示液压源电机、油箱、补偿器油位等信息;仪器仪表子窗口控制高度计、深度计、罗盘等设备的电源开关;摄像照明子窗口内可以控制各个摄像机和照明灯的开关;工具阀箱子窗口可以操作几组电磁阀实现云台动作和外接液压工具的操作;绝缘检测子窗口显示 40 个电源模块的电压电流和对地绝缘数值以及舱内 220 V AC 电源的对地绝缘;漏水检测子窗口显示电子舱、接口箱、油箱等位置共 15 路漏水检测结果,这里同时也显示配电柜送来的船电和升压后的电源状态数据;日志子窗口记录 ROV 本体端反馈的各种传感器和状态检测结果数值(共计 307 项),同时记录整个操作过程;校准设置子窗口用来对一些参数做出设置,如操纵杆作用数值范围、自动控制 PID 参数设置等。操纵手柄长时间使用,其中位电压会发生变化,通过设定新的作用范围,可以使潜水器保持精准操作;ROV 自动控制调试中,通过设定 PID 参数高效实现 ROV 自动控制算法调试;海水密度设置项使得在不同海域深度计的测量结果更准确。

＃5 告警列表窗口中显示收到的最新前 10 条告警信息。告警信息的显示状态有两种：① 红底白字告警：该告警已经发生并且持续存在；② 黑底白字告警：该告警曾经发生过，但是当前该告警不存在。

每当有新告警信息提示时，操纵面板蜂鸣器会鸣叫，通过操作面板的告警消音按钮关闭当前蜂鸣器声音提示；若消除故障来源，点击确认告警，即清除告警信息内容；若未清除故障来源，则再次给出告警提示信息并发出声光报警。主控计算机针对 ROV 本体可监测的告警信息来源共有 105 个。

7.2.2 "海马‒4500 号"ROV 操纵面板

"海马‒4500 号"ROV 的操纵面板主要分左右两个（见图 7‒8）。操纵面板左面板上部分功能与主控制界重复，可同时进行操作。照明设备等按钮通电成功后按钮指示灯点亮；摄像机采用自归位开关对焦距光圈等进行调节；自动控制按钮可在几种自动控制模式之间切换，当前选中的按钮指示灯点亮；操作手柄用来实现 ROV 水平方向的运动和旋转，手柄上有多个按钮和小型操作杆用来实现云台和部分控制参数的设定。

图 7‒8 "海马‒4500 号"ROV 控制台操纵面板

操纵面板右面板上有 3 路高压电流数码显示表，分别显示 ROV 控制用电电流和两路高压液压源的电流值。在此面板上可以控制 ROV 本体端供电，并可以通过右上的急停开关在紧急情况下切断 ROV 所有的供电电源。

对于长缆大功率供电，液压源电机的启动电流数倍于满负荷运行，对供配电和绞车滑环都存在冲击。为降低启动电流，液压设计为可以在高低压之间切换，启动时，电机负载很轻，此时启动电流相对较小；液压电机完全启动后再切换为高压模式，此时可以正常工作。关闭泵站时，应先将高压切换为低压，然后再切断液压源电机电源。控制面板提供液压源高低压切换操作按钮。

油箱油位低于设定门限会引起液压源电机断电，但某些情况下，仍需要启动电机执行一些操作，可通过面板上的强制启动按钮进行启动，但此操作存在一定风险,需确认后再执行。

7.2.3 "海马‑4500 号"ROV 水面视频系统

"海马‑4500"号 ROV 安装有大量的低照度摄像机、变焦摄像机和高清摄像机,水面视频系统如图 7‑9 所示,具体工作过程包括水面光端机输出 1 路高清视频和 8 路普通视频。1 路高清视频经过高清字符叠加器将 ROV 的航向角、深度值、高度值、作业时间、作业工区经纬度等信息叠加于视频上,然后分为两路视频,一路高清视频输出到大屏幕高清视频监视器上供操作人员查看,另一路输入到高清 DVR 中进行高清视频数据存储,实时记录下 ROV 的工作情况。

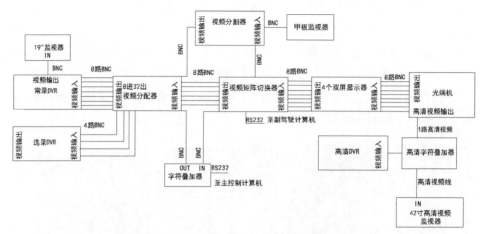

图 7‑9 "海马‑4500 号"ROV 水面视频系统总图

8 路模拟视频先输入到 4 个双屏显示器上进行显示,这些信号经过显示器的环出通道输出到视频矩阵切换器中。视频矩阵切换器由副驾驶计算机上的视频切换软件控制,可以按照操作人员的需要切换某路输入信号到需要的通道输出,经过视频矩阵切换器切换后的 8 路普通视频,其中一路视频输入到字符叠加器中叠加相关信息后输出到视频分配器中,另一路视频和甲板监视器视频一起输入到视频分割器中,然后输出到视频分配器中,剩余的 6 路视频直接输出到视频分配器中,再根据需要予以显示。

7.2.4 "海马‑4500 号"ROV 水面配电设备

"海马‑4500 号"ROV 水面配电设备(PDU)实现船电输入和检测,升压后经脐带缆送至 ROV 本体端,供 ROV 水下控制单元和液压单元使用,如图 7‑10 所示。

船电供应 PDU 3 路电源：2 路三相 690 V，1 路单相 380 V。船电输入后，经隔离保护开关依次进入接触器、热保护开关、升压变压器再进入脐带缆。PDU对 3 路电源进行电压电流检测，确保输入电源符合 ROV 工作要求；对经变压器升压后的 3 路电源进行电流检测和绝缘监测，便于操作人员掌握负载工作情况，并保护设备和人员安全工作。具体配电系统设计详见前述相关内容。图 7-10 为 ROV 工作时的电压电流和绝缘监测指示。

图 7-10　ROV 工作时的水面配电设备面板

7.3　ROV 的水下控制系统

ROV 的水下控制系统必须确保正确执行操控指令，同时准确反馈 ROV 工作状态和环境参数，以便水面操控人员或者自动控制算法及时做出反应。

ROV 水下作业的环境复杂恶劣，设备面临漏水、绝缘、个别部件损坏等风险，针对这些可能的故障，可以对潜水器运动控制规律的影响进行研究，并给出仿真结果[77, 78]，也可以对潜水器故障进行完整的分析讨论，推导新的推理分配矩阵，并给出特定算法下的仿真分析结果[79]。另外，也可以对具有冗余推进器的 ROV 故障诊断和自修复容错控制进行研究。这些研究得到的控制技术表明，设计良好的控制算法在 ROV 发生局部故障时仍具有一定程度的继续作业能力[80]。

从功能分析来说,水下控制系统要采集高度计、深度计、IMU(运动参考单元)等传感器数据,需要检测各个充油舱、耐压舱、补偿器、油箱等位置是否有漏油、漏水发生,各电源输出电压、电流是否在正常范围,各个电源是否有绝缘故障,电源、电机、油箱等位置温度是否在正常范围,并控制外部设备电源开关,提供传输视频、数据、指令的通道,驱动电机、云台、推进器等按照指令运动。

早期的水下设备使用的铠装缆内部多为双绞线或者同轴缆,受制于技术手段和舱体空间、通信设备体积等因素限制,数据带宽有限,多以传输模拟视频(基带或者调制后)和较低速的串行数据为主。这类设备耐压舱内一般包含采集、处理模块,对设备的运动控制算法一般也设计在水下功能板卡上。这样处理的弊端是舱内板卡故障可能会引起整个设备的瘫痪,算法调试非常不方便,功能上的细微调整都要打开密封舱体进行,耗时费力,效率比较低;另外频繁开舱也会对舱体密封性能造成不利影响。当前新的脐带缆大都包含多根单模光纤,带宽可达到数 10 G 以上,这为高清摄像机、高清照相机、3D声呐等对带宽要求较高的设备提供了实时传输通道。高速大带宽的通信线路也使得潜水器控制系统的水下部分趋向于仅包含采集和驱动功能板卡,处理功能向水面集中。由于水下控制只包含采集和执行电路,功能相对单一,稳定性、可靠性也都得到提升,系统功能的优化和改变只需要在水面控制计算机修改即可,这也大大提高了调试效率和作业效率。

以下将针对电子舱内部板卡给出部分功能电路,最后从系统的角度对水下控制系统进行设计。

7.3.1   漏水检测系统

对于水下设备来说,对各个密封舱体或者充油舱体进行漏水检测[81],是保证设备正常运转的必须功能之一。图 7 - 11 是一个典型的漏水检测电路,探测位置的两个探头一般放置在待探测舱体的底部位置,如果正常工作,则三极管的基极被拉低,三极管不导通,发光二极管不亮,继电器没有动作;如果发生漏水,则两个探头之间相当于引入一个电阻(海水是导体),此时三极管基极被拉高,三极管导通,二极管点亮,继电器吸合,输出端给出漏水提示。注意探测端的电源和后级电源最好隔离,这样即使前端发生少量漏水导致检测端电源短路,对后端的电源也不会产生影响。

上面的电路检测结果输出的是数字量,可以给出"有"或"无"漏水的结果。如果需要对不同漏水程度进行检测,则需要能够连续输出的检测结果。

图 7 - 12 所示是可以连续输出(模拟量输出)的漏水检测电路[82]。

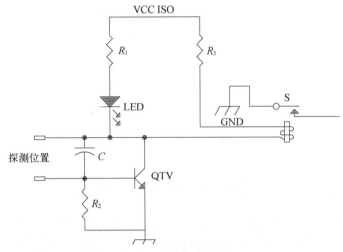

图 7－11　典型漏水检测电路

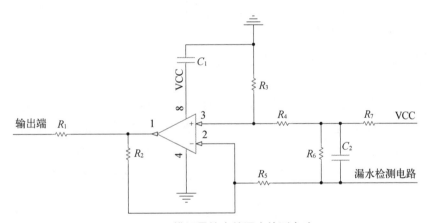

图 7－12　模拟量输出的漏水检测电路

检测端与地线之间有不同电阻时,输出端表现不同电压,通过对输出电压采集处理,可以计算出检测端与地之间阻值,从而给出相对更具体的漏水信息。同样,检测电路应该与后级处理电路电源隔离。

7.3.2　绝缘检测电路

电源对地的绝缘问题也是水下设备面临的一个要解决的主要问题。一种基本的绝缘检测原理电路如图 7－13 所示,检测端与待检测电源线短接,然后在电阻网络上施加一个不同于待测电源的电压,如果有漏电流产生,则输出端电压会发生变化。根据待测电源电压的高低,选择不同阻值的电阻网络,输出端检测结

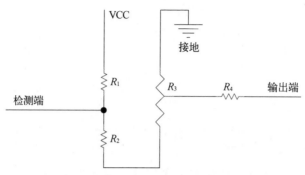

图 7‑13　绝缘检测原理电路

果电压也可以通过调节可调电阻实现输出范围的调节。同样,检测电源应该与后端处理电路电源隔离,因为是测量对地绝缘情况,所以检测电阻网络的地线是系统中的大地,即设备本体与外界直接相连的导体框架。

7.3.3　继电器控制电路

ROV本体端舱内舱外需要控制的设备繁多,一些声学设备不能在空气中长时间通电,照明灯在空气中点亮后发热量较大,此时下水可能会发生爆裂,种种原因使得设备需要通过继电器对其通电时间进行控制;另外,当某个设备通电时发生短路或者继电器触点粘连等异常情况,此时需要电源自身即刻切断,图 7‑14 中的保险丝 F_1、F_2 即被设计为能在此种情况下通过熔断线路将供电端与外部导线物理性断开,从而避免故障扩大化,保护设备其他位置正常工作。

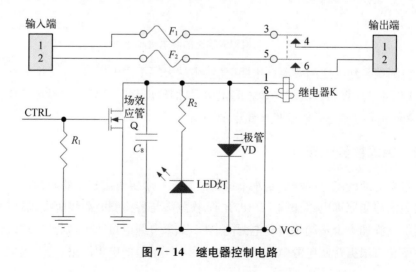

图 7‑14　继电器控制电路

在此电路中,当控制信号较弱时,场效应管 Q 截止,发光二极管熄灭;控制端信号有效时,Q 导通,继电器 K 吸合,电源导通,此时 LED 灯点亮;当切断继电器时,继电器线圈的电流需要有一个回路泄放,此时二极管 VD 导通,使得继电器线圈电流消耗在二极管和线圈中,避免对控制电路产生干扰。

7.3.4 温度检测电路

在 ROV 设计中,对设备温度的监控,特别是对电子舱外部设备的温度监控,常选用 PT100 铂热电阻,其测量范围广,可以预埋在设备内部,如电机的绕组中,以获得准确的测试结果。PT100 测量可以远传信号(3 线制/4 线制),灵敏度高,稳定性强。图 7 - 15 是使用运算放大器 MAX4236 实现的 PT100 测量电路,可以获得高精度的非线性补偿[83]。

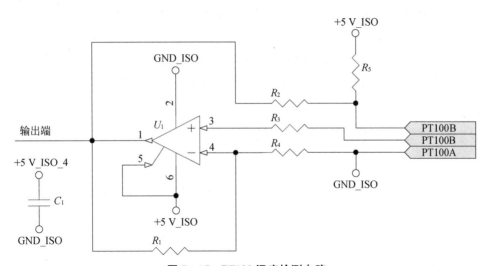

图 7 - 15　PT100 温度检测电路

另一种测量方法是使用带恒流源的高精度 ADC,如 MAX1402,可以利用其内部的 $200\,\mu A$ 恒流源连接为 3 线制或者 4 线制进行测量,然后通过微处理器读取转换结果即可[84]。这种方式电路设计简单,结果可靠,详细过程请参考器件数据手册。

7.3.5 电源分配

在第 3.5.6 节中,给出了一种水下电源分配方案,其使用多个隔离电源为不同板卡和外设供电,能保证在部分非关键位置发生故障的情况下,ROV 仍可以具备一定的控制和作业能力。

在初始通电时,系统中的某几个模块设计为通电即有输出,以提供系统内负责通信和电子舱内部功能板卡的电源,所有外设电源均装有受控开关。

每个电源模块均配备具有电压、电流和绝缘检测功能的板卡,可根据指令控制电源模块的开关并反馈执行结果。采用隔离电源时电源模块数量多,检测板卡数量对应较多,这些板卡通信接口设计为可以组网的 RS485 接口,多个板卡挂接在一条总线上,每个板卡只接收和执行对应地址的指令。同样地,某个电源模块为多个外设通过继电器供电时,这些继电器板卡也可以挂接在此总线上。一般电源开关频率非常低,电源检测的状态数据量也不会太大,一条总线上可以挂接足够多的此类"低速"板卡。在总线数量足够情况下,也可以将这些板卡分组,以达到更快的执行和反馈速度。

若某路电源模块通过继电器所接几个外设中某一路发生绝缘故障,可以通过逐路切换继电器的方式,找出对应故障设备并关闭其电源,而其他设备仍可正常工作。

前述继电器设计中,每个电源导线上都设置有保险丝,此设计可以保证此路电源对应外设故障情况下,即使继电器不能受控断开,也可以通过熔断保险丝实现电源与故障外设的物理性隔离。

7.3.6 信号隔离与视频隔离和切换

由于工作环境恶劣,水下设备的电子舱外部设备的电源和信号接口电路一般需采用隔离方式,以保护采集处理电路,并减小环境干扰对电路的影响。

对于一般的数字信号隔离,如 RS232/RS485,可以使用光耦或者磁耦合器件实现,典型的光耦合器件如 6N137、TLP521 等,磁耦合器件如 ADuM12XX 系列、ADuM13XX 系列等,既能实现信号前后端隔离,也能实现信号的电平转换。

对于模拟信号,可选用的隔离器件有线性光耦如 HCNR200/201、A7840 等,隔离运算放大器如 ISO122 等。这些器件的使用相对比较简单,可以参考其数据手册。

现在一些系统应用中,在前端直接采集模拟信号,然后将处理后的数字信号通过隔离器件发送给后端的处理器。这样处理的优点是前端直接采集,避免了转换过程中可能引入的信号畸变,采集结果更准确;数字隔离处理也较模拟信号隔离更方便些。

像 ROV 这类潜水器,一般配备有多台摄像机对工作环境和潜水器本体不同位置的设备或者连接装置进行观测,同时传输所有视频需要提供足够多的视频通道。但事实上因为一方面不是所有视频要同时查看，另一方面提供过多的视频通道会增加舱内板卡体积和数量。针对这个问题，采用视频切换板，将一些观测本体状态的摄像机信号引入视频切换板卡，操作人员可以通过轮询的方式查看所有关心位置的视频信息。

系统对于从外部进入电子舱的视频信号也需要进行隔离。对于高清视频，可使用 LMP 等公司的高清视频隔离器实现前后端信号隔离；对于普通模拟视频，可采用电容＋运放的方式实现前后级的隔离。这里前后级电源也都采用隔离电源分别供电。

网络信号因为 RJ45 接口大多自带隔离变压器，一般不需要特殊处理。

7.3.7　水下控制系统设计

随着通信技术的发展，高速大带宽的光纤通信可以将包括高清视频在内的数据直接传输至水面设备处理显示，水下控制系统的功能板卡主要执行一些电源开关、采集、转换的任务，每个板卡任务相对单一，相关软件的开发也得到简化，水下控制系统的稳定性、可靠性都得到了提升，并且控制软件功能的改变也不需要通过开舱就可以在上位机得到实现，这对于提升海上作业效率、降低开舱次数相当有帮助。

本章对 ROV 控制系统所需功能做了描述，并给出部分功能电路的具体实现实例。在实现了具体功能板卡后，根据系统对各个功能数量的需求，搭配不同数量的各种板卡，就可以实现系统下位机的软硬件功能。

根据前述硬件功能板卡和 ROV 常规搭载设备，按照水下设备电控系统内外信号、电源均隔离的原则，设计出如图 7-16 所示的水下控制系统图。

图中 V_1 表示供应通过继电器给外设的电源，V_2 表示直接到外设的电源，V_3 表示供应内部板卡的电源。其中 3 个电源检测板和继电器板接在一个 RS485 总线上，漏水检测板、温度检测板、视频隔离板接在一条 RS485 总线上，高度计、深度计这样的外设数据通过通信板直接传送给上位控制计算机。

通电时，当 AC/DC 稳定后，通过 Enable 信号使得电源检测板＃3 通电，其输出供应给电子舱内部各个功能板卡，这些板卡通过通信板与上位控制计算机建立通信，接收上位机指令并执行。当接收到打开高度计/深度计指令时，电源检测板＃2 才会打开其所控制的 DC/DC 输出；当操作摄像机电源时，电源检测板＃1 才会输出电源至继电器板。

此处假设通信板通道已经实现了隔离功能，高度计等外设的通信线直接连接至通信板，并占据单独通信通道。视频数据通过视频隔离/切换板后送至视频

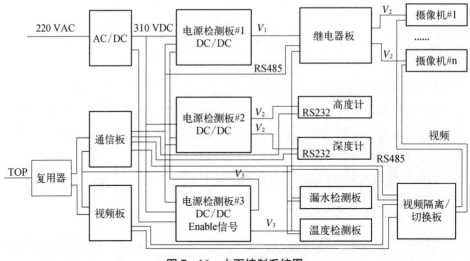

图 7 - 16　水下控制系统图

板上传；视频隔离/切换板接收上位机指令可以选择不同视频源信息输出至视频板。

　　图 7 - 16 示意性地给出了电源分配、通信总线连接、信号隔离等功能，实际的系统实现起来一般都要更复杂一些，除电控技术问题外，还需要考虑数百根导线的连接、电源部分的散热、安装维修的简易化等工艺问题。

8

ROV的传感器与作业工具

如果没有传感器,ROV 就没有"五官";如果没有作业工具,ROV 就没有作业能力。由此可见,传感器与作业工具对 ROV 来说至关重要。本章将对 ROV 通常搭载的传感器以及作业工具进行介绍。

8.1　ROV 的传感器

8.1.1　概述

传感器是由敏感元件和转换元件组成的器件或装置,利用物理、化学、生物等方法,以各种观测方式来测量海洋的各种参量或物体在海洋环境下的变化参量。无论是遥感卫星、岸基雷达、还是水面船只、潜水器,乃至海底观测网都是集各种传感器于一体的。它们遍布认知海洋的最底端和经略海洋的最顶端,直接影响着人们对海洋认知的结果,如用于监听和识别水面和水下目标,跟踪声、磁、重力等方面的传感器直接涉及国家海洋安全保障;用于测量海洋环境参数如溶解氧、叶绿素、重金属等方面的传感器决定了海洋生态环境的监测水平;用于海洋水文观测的海流计、温盐深等方面的传感器影响着海洋灾害预报的能力。因此,传感器对于促进海洋环境保护、海洋防灾减灾、海洋资源开发、保障国家海洋信息安全甚至国家安全都具有重要的基础支撑作用。

作为探索、开发与利用海洋的一个重要装备,ROV 可以通过搭载不同的传感器完成不同的探查作业任务。世界各国众多的海洋机构均以 ROV 作为作业平台搭载传感器来开展科学考察,表 8-1 列出了部分 ROV 所搭载的传感器[85]。

表 8-1　ROV 通常搭载的传感器

科考 ROV	主　要　配　置
"Rosub 6000 号"	① 多波束系统 RESON 7125/7128;② Aandera 氧气光电器件 3180;③ 电导率传感器;④ Capsum 甲烷传感器(KMETS); ⑤ Niskin 取水器;⑥ 40 cm 长的短柱状样
"Victor 6000 号"	① 多波束系统 RESON 7125;② OTUS 广角摄像机(带闪光灯);③ SeabirdSBE 25 CTD;④ 磁力计;⑤ A EK60 SIMRAD 垂直四声探测仪;⑥ 浅层剖面仪
"Heminre/Henuvy 号"	① SEB49 CTD;② DVL RDI WHN;③ Profiling Sonar Mesotech 974-2105;④ 多波束声呐 Mesotech SM2000;⑤ Hydrophone ITC 8014C;⑥ 照相机 Kongsberg QE14-121

科考 ROV	主　要　配　置
"Kaiko 号"	① 浅层剖面仪；② 侧扫声呐；③ 高清彩色摄像机
"海马号"	① INSITE 高清摄像机；② ADCP 和 CTD 传感器；③ 多波束图像声呐；④ 甲烷、二氧化碳、溶解氧传感器；⑤ 高精度侧扫声呐

ROV 主要搭载声学、光学、电磁等传感器，可通过对调查区进行全覆盖的密集巡航，对选定区域进行精细的地形、地貌探测，并在此过程中同步开展地质、生物、典型标志物的观测、识别和定点取样。观测与识别的地形地质和典型标志物包括海底冷泉、热液烟囱、火山岩、富钴结壳以及典型生物等，并将观测结果与取样结果相对比和匹配制成数据图形。在制作数据图形过程中，需要水下和水面的实时数据交换、测量和取样作业的相互配合以及地质生物学家的现场参与。这是其他潜水器都不具备的特点。

8.1.2　传感器的搭载

1. ROV 与传感器的接口类型

随着技术的发展，自动化程度越来越高，传感器的输出信号、安装方式和外形等接口类型也越来越多样化。

（1）电源。根据传感器的大小、类别和工作原理，需要不同功率和电压的电源，一般小功率的传感器采用 5 V、12 V、24 V 和 48 V 直流电，大功率的传感器采用 110 V 和 220 V 的交流电。

（2）通信。传感器的输出信号接口一般采用串行通信和网络通信，少量数据传输采用 RS232 和 RS485 串口通信。图像声呐和侧扫声呐等传感器采用百兆网和千兆网进行数据传输。

（3）动力。ROV 可以为传感器提供液压和电力动力接口以满足传感器的工作需要。在设计时通常会为 ROV 液压系统在工具阀箱预留多路液压接口，通过快速接头外接扩展功能的执行器，满足设备扩展功能。ROV 水下动力分配系统也为设备和传感器的扩展预留有电源动力接口，必要的时候可提供功能扩展。

2. 传感器的搭载类型

（1）独立传感器。此类传感器一般为自容式探测仪器，无任何关联电气和液压接口，只需提供安装空间，考虑安装位置，优化 ROV 本体布置，根据仪器的结构尺寸和具体安装要求，提供多功能安装支架。

（2）借助 ROV 作业能力进行探测的传感器。此类传感器一般需要借助

ROV 的浮游运动模式、机械手操作功能和远程监控观察功能,在特定的地点和环境下开展环境探测,完成试验后再由 ROV 进行回收。因此既要考虑安装和存放的地方,也要考虑 ROV 的配合作业。

(3) 多接口传感器。此类传感器作为 ROV 系统的一部分,不仅需考虑安装位置,还需 ROV 提供电源、通信,甚至液压动力,因此若采用此类传感器时需要对 ROV 的总体设计进行优化,调整安装位置,优化总体布置,保障系统稳定,提高工作效率。此外,还需要兼顾 ROV 的作业能力和系统扩展能力,相互配合。一般为了开展某种科学试验,对 ROV 的操作和系统安全性要求均极高。

3. ROV 搭载传感器的应用实例

(1) 甲烷传感器。2015 年,"海马-4500 号"ROV 在地质勘察应用中首战告捷,首次在南海北部陆坡西部发现活动性"海马冷泉",通过机械手触探,发现有大量甲烷气体(气泡)渗出,ROV 携带的甲烷传感器数据表明该冷泉区存在近海底超高甲烷含量异常(见图 8-1),是冷泉下特有的天然气水合物赋存的有力证据[60]。

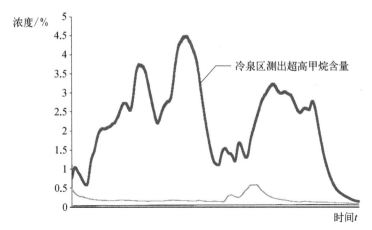

冷泉区测出超高甲烷含量

图 8-1 "海马-4500 号"ROV 获得的海底甲烷含量图

(2) 侧扫声呐传感器。基于调查区的勘探需求,需要在调查区通过声学设备寻找典型地貌和特征,"海马-4500 号" ROV 通过搭载侧扫声呐,成功搜索并在图像上清晰地显示出钻探区的钻孔(见图 8-2),并在钻孔周围进行了综合探查[85]。

(3) 声学多普勒流速剖面仪(ADCP)和温盐深仪(CTD)水文传感器。ROV 搭载 ADCP 和 CTD 水文传感器。可以获取作业站位的海洋物理环境参数。在ROV 下潜和上浮的过程中,搭载的传感器以一定速度从海面下降到近底层,再从近底层升到海面,得到每个测站由表及底的整个水柱的海流剖面和温盐深(见图 8-3)等环境资料。

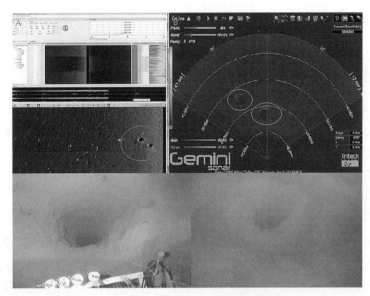

图 8 - 2 "海马 - 4500 号"ROV 探测到的钻孔

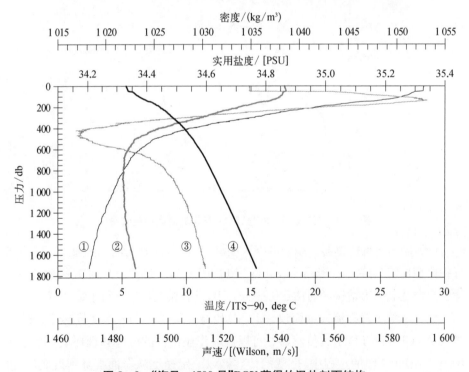

图 8 - 3 "海马 - 4500 号"ROV 获得的温盐剖面结构

CTD 数据曲线(①为水深-温度曲线,②为声速剖面曲线,③为水深-盐度曲线,④为水深-密度曲线)

（4）摄像拼图调查。蒙特利海洋生物研究所（MBARI）"Tiburon 号"ROV 在蒙特利海湾进行海底调查时，通过 ROV 本体的精确测量和控制，利用高清视频摄像系统在距离海底高度 2 m 和 4 m 之间获取高清视频和图片，做到了区域完全覆盖、图像之间有重叠。通过拼接获得鲸鱼在海底的残骸拼图，如图 8-4 所示，该拼图覆盖区域大约 7 m×11 m，包含 120 幅图片。

图 8-4 鲸鱼残骸拼图

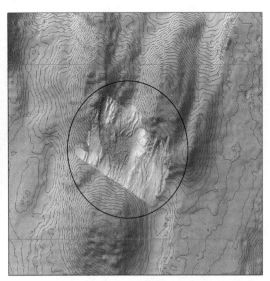

图 8-5 海底火山湖

（5）多波束地貌调查。法国"Victor 6000 号"ROV 系统搭载 RESON 高精度 7 125 多波束系统，在 1 000 m×500 m 范围内的覆盖区域中测量精度达到 1 m，如图 8-5 所示，图中圆圈圈出的部分为可见的火山湖，周围分布着几个活动的热液喷口。通过对比，我们可以清楚地看到，背景图是之前通过船载多波束系统测量的地形，覆盖范围为 4 000 m×4 000 m，精度只有 50 m。

8.2 ROV 液压作业机械手

世界上几乎所有的作业级载人潜水器和 ROV 都搭载了液压作业机械手，如表 8-2 所示。机械手为人类开发、勘探和利用海洋资源提供了重要的作业工具，极大地扩展了人类在海洋资源开发、海洋科学研究等方面的范围和能力。

表 8-2 世界主要海洋调查机构拥有的 ROV 及其机械手配置[86,87]

机 构 名 称	ROV 名称	最大下潜深度/m	机 械 手
日本 JAMSTEC	"Kaiko 号"	11 000	2 只七功能机械手,均为主从式
法国 Ifremer	"Victor 6000 号"	6 000	1 只主从式七功能机械手 Maestro,1 只开关式五功能机械手 Sherpa
美国 WHOI	"Jason II 号"	6 000	2 只七功能机械手:Schilling Orion,Kraft Predator II
加拿大海洋科学研究所	"Ropos 号"	5 000	1 只七功能机械手,Kodiak (Magnum);1 只五功能机械手
美国 WHOI	"Alvin 号"	4 500	2 只七功能机械手,Kraft (Predator)
美国 MBARI	"Tiburon 号"	4 000	2 只力反馈型七功能机械手,Schilling Conan,Kraft Raptor
日本 JAMSTEC	"Dolphin 3K 号"	3 300	1 只主从式七功能机械手,1 只开关式五功能机械手
日本 JAMSTEC	"Hyper - Dolphin 号"	3 000	2 只七功能机械手,均为主从式
中国广州海洋地质调查局	"海狮号"	4 500	1 只七功能机械手和 1 只五功能机械手:ISE Magnum
中国广州海洋地质调查局	"海马 - 4500 号"	4 500	1 只七功能主从式机械手和 1 只五功能机械手,浙江大学研制

根据潜水器的工作环境和工作要求,机械手应满足以下基本要求:

(1) 能承受高压,可在高压环境作业。

(2) 耐海水腐蚀。

(3) 重量轻,体积小。

(4) 安全可靠,作业灵活。

在实际的工程应用中,需要根据潜水器的特点和需要完成的作业任务,选择合适的自由度和作业能力的机械手。

8.2.1　ROV 机械手的分类

从驱动方式来分,机械手可分为液压驱动和电动机械手,目前作业级载人潜水器配置的机械手一般都以液压驱动为主[11, 54, 59]。按照机械手抓取能力的不同可分为轻载、中载和重载机械手。轻载机械手一般搭载在观察级 ROV 或者 AUV 上,机械手的抓取重量一般不会大于 20 kg,功能数也相对较少,一般为 3+1 功能,用于一些简单的作业,比如抓取微小的样品等;中载机械手搭载在作业级载人潜水器和 ROV 上,能够抓取的重量一般小于 150 kg,这种机械手能够满足大部分的水下作业需求,如水下布缆、水下挖沟及剪切作业等;重载机机械手抓举能力超过 300 kg,这种机械手可以搭载在重载 ROV 上,可以执行诸如水下油气田生产系统撬块的安装固定、移动等工作任务,在水下油气管道的焊接、水下油气田的维护中比较常用。按照灵活性来分类,机械手主要是按照功能数即自由度数量来进行区分的[88-90],目前比较常见的机械手有 3+1 功能、4+1 功能和 6+1 功能,其中的数字"1"代表 1 个功能为其末端执行器的执行动作功能,末端执行器可以是手爪或者其他作业工具等。

机械手的主要作用是对机械手末端的执行器进行定位和定姿态[91-95]。机械手操作的能力在某种程度上就是机械对末端执行器在空间定位和定姿态的能力及其抓举能力。而机械手操作灵活性和可控能力强的前提条件就是机械手的关节布置合理。机械手的灵活性和操作性不仅指对末端执行器进行定位和定姿的 6 个自由度,还关系到这 6 个自由度关节配置的区别,这 6 个自由度的配置集中体现了机械手的能力。机械手的基本分类通常是以机械手前 3 个关节的运动学关系进行的,机械手的前 3 个关节就像人类的手臂一样是由 3 个旋转关节组成的。这种机械手相对于其他配置的机械手具有较多的运动自由度。这 3 个关节分别对应机械手从手的肩关节、大臂关节和小臂关节,提供了对机械手末端执行器在笛卡尔坐标系中的定位功能。它们可以非常容易地进行配置和设计以达到机械手末端器执行器的定位功能。末端执行器的姿态由后面的 3 个关节决定,即肘关节、手腕摆动关节和手腕旋转关节。

8.2.2 ROV 液压作业机械手的系统组成

ROV 液压作业机械手系统主要包括机械手从手、液压和补偿系统、电气通信系统和控制系统以及主手操纵系统[54, 88, 89]等,其系统组成如图 8-6 所示,ROV 安装液压作业机械手不同视角的照片如图 8-7 所示。

典型的七功能液压作业机械手的参数见表 8-3,表 8-4 为典型的七功能液压作业机械手从手关节角运动范围及其驱动方式。

表 8-3 液压机械手系统指标

参　　数	说　　明
最大伸距	根据最佳的作业空间进行设计和布置
全伸距最大持重	应满足水下作业的载重要求

（续表）

参　　数	说　　明
本体总重量	可搭载在大多数的 ROV 上
工作水深	满足 ROV 作业水深要求
本体材料	充分考虑防腐蚀的要求，可极大程度地减轻重量，满足深海装备的特殊要求
功能数	满足绝大多数定位和定姿要求
角度传感器	采用充油油压传感器，满足大深度深海作业要求
压力传感器	能够提供相对水深的工作压力
控制方式	适合于非结构性未知海底环境
水面主控计算机系统	性能可靠，编程相对简单的实时控制系统，以及方便开发的交互界面等优点
下位机系统	充油抗压 ECU 减少水下电缆数量，增加可靠性，降低成本
液压系统	选用满足机械手运动控制性能要求的伺服系统

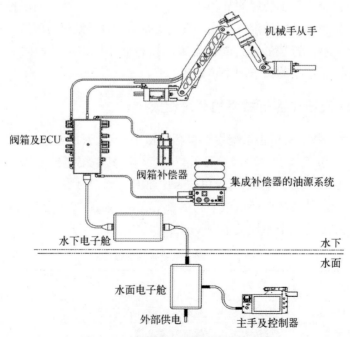

图 8 - 6　液压作业机械手的系统组成

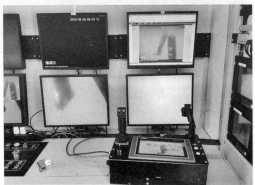

图 8-7　液压作业机械手不同视角照片

表 8-4　七功能液压作业机械手从手关节角运动范围及其驱动方式

关　　节	驱 动 方 式
肩关节	油缸驱动
大臂关节	油缸驱动
小臂关节	油缸驱动
肘关节	摆动油缸驱动
手腕摆动关节	油缸驱动
手腕旋转关节	摆线发动机驱动

1. 液压作业机械手从手

典型的七功能液压作业机械手从手共有 6+1 个自由度,共具有 7 个功能,其中的 1 个自由度为末端执行器即手爪开合的自由度，其余 6 个自由度作为机械手末端执行器的定位和定姿态使用。6 个自由度可实现机械手在关节角摆动范围内的空间运动功能，以及实现末端执行器的定姿和定位功能。关节自由度的布置方式[65]如图 8-8 所示。图 8-9 为七功能液压作业机械手末端执行器在空间上的运动范围。

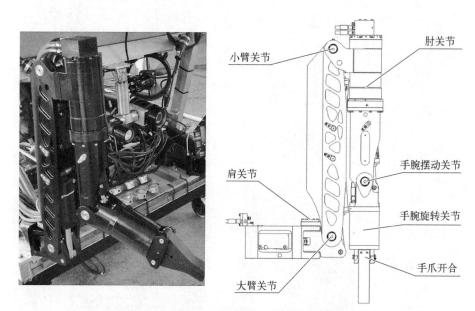

图 8-8 液压作业机械手从手关节自由度布置方式

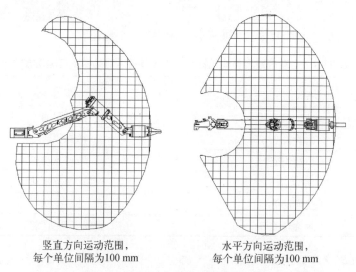

竖直方向运动范围，
每个单位间隔为100 mm

水平方向运动范围，
每个单位间隔为100 mm

图 8-9 液压作业机械手末端执行器在空间上的运动范围

　　机械手从手的各关节还配置了角度传感器(见图 8 - 10),用于机械手运动控制的反馈和关节角度监控等。角度传感器类型包括磁致伸缩直线位移传感器以及磁敏角度传感器等。磁致伸缩传感器内嵌于油缸内部,检测油缸的位移换算成关节角;磁敏角度传感器内嵌于机械手从手的各个关节上,直接测量机械手的关节角度,没有中间的变化环节,可提高系统关节角度检测的精度;典型的磁敏角度传感器采用充油的方式,可缩小关节部位的尺寸,如图 8 - 11～图 8 - 13 所示。

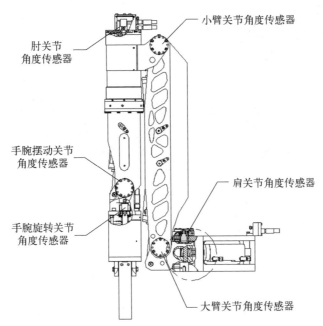

图 8 - 10　机械手从手关节内置式角度传感器示意

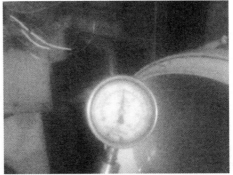

图 8 - 11　传感器充油外压测试实验装置(1)

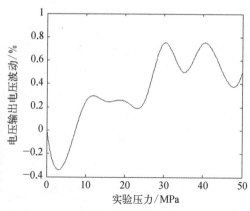

图 8-12　传感器充油外压测试实验装置(2)　　**图 8-13　传感器充油外压测试及压力变化曲线**

2. 水下油源液压系统及其补偿系统

作为液压驱动的机械手,油源和控制阀是液压作业机械手中不可或缺的部分,水下液压系统与常规的液压系统具有共性也有不同[96]。

水下液压系统与常压下的液压系统具有显著的不同点。

(1) 水下液压系统的执行器始终受到深海海水压力的作用,目前通用的解决方法是采用压力补偿器,在液压油源的油箱上引入海水压力,使泵吸口的压力提高到与海水相同的压力,这样使系统的绝对压力均得到提高,而相对压力与在空气中的相对压力相同;采用这样的方法之后,深海工作的液压系统设计即可按照常规液压系统设计方式进行,其中,七功能液压作业机械手的液压系统原理如图 8-14 所示。

(2) 深海液压系统是使用充油抗压的元器件,如充油抗压的 ECU、充油型相对压力传感器等。

(3) 使用了低密度和抗海水腐蚀的材料,如油缸和阀块材料均使用了6061T6 铝合金并对其表面进行了阳极氧化,其他主要承力零部件则采用了高强度沉淀硬化不锈钢。

下面分别对液压系统中的相关元件进行简要介绍。

(1) 控制阀块及 ECU。控制阀块上集成了液压系统中的大部分控制阀,如溢流阀、比例电磁阀或者伺服阀、换向阀、液压锁等,阀块上同时也集成了从手水下控制 ECU 和驱动放大板,如图 8-15 所示。ECU 通过 RS485 或者RS232 总线接收上位机的控制指令信号,返回从手机械手各关节执行器和压力传感器的信号,并将接收到的指令信号转换为放大板的电压控制输入信号。

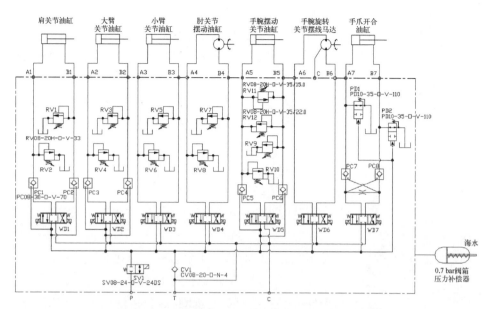

图 8-14 七功能液压作业机械手的液压系统原理图

图 8-15 机械手控制阀块及 ECU

（2）补偿器。补偿器用来将海水压力引入到充油阀块内，通过使用补偿器可以使得阀块变成压力适应型系统，这样就可以应用在深海环境了。补偿器结构及其补偿压力位移特性曲线分别如图 8-16 和图 8-17 所示。

（3）压差传感器。通过在液压系统内引入外界海水压力后，液压系统的绝对压力相应提高，但是作为实际控制来说，系统的控制是在相对压力下的控制，因此对于各执行器压力的检测是对相对压力的检测，图 8-18 为压差型压力传

图 8-16 补偿器结构

感器。

（4）电气通信系统和控制系统。ROV 液压作业机械手控制系统的硬件组成如图 8-19 所示，主手的控制信号通过主控盒上的控制器经 R485 或者 R232 总线发送到水下 ECU，通过水下 ECU 控制比例电磁阀或者伺服阀的放大器来控制执行器的动作，从而控制液压作业机械手从手末端执行的位置和状态。触摸显示屏用于监控控制系统的各个变量状态和告警信息。

（5）主手操纵系统。在未知的深海环境中，液压机械手的控制方式与传统机械手的控制方式不同。首先是环境的多变性，在不同的环境下，机械手从手抓取作业的方式是不同的，而且作业目标也不同。其次是作业环境的复杂性，工作环境可能很恶劣、低照度，而且障碍物多，这些条件限制了传统轨迹规划、示教再现或者视觉定位的机械手控制方式。而对于具有闭环控制的机械手采用主从控制的方式是比较实用的，也是非常普遍的（见表 8-2）。主从式机械手的主要特点是具有主手和从手，其主控制盒以及内部结构如图 8-20 所示。主手给机械手从手发送相应的关节控制信号，而从手则跟踪主手的关节控制信号。由于主从控制方式的指令发送者是操作人员，因此当出现错误操作时，操作人员就可以随时通过改变主手的关节位置来修正错误，及时避免事故发生。同时操作人员也可以很容易通过主手

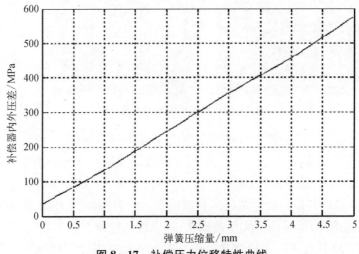

图 8-17 补偿压力位移特性曲线

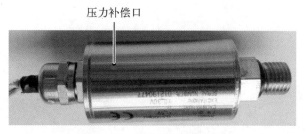

压力补偿口

图 8‑18　压差型压力传感器

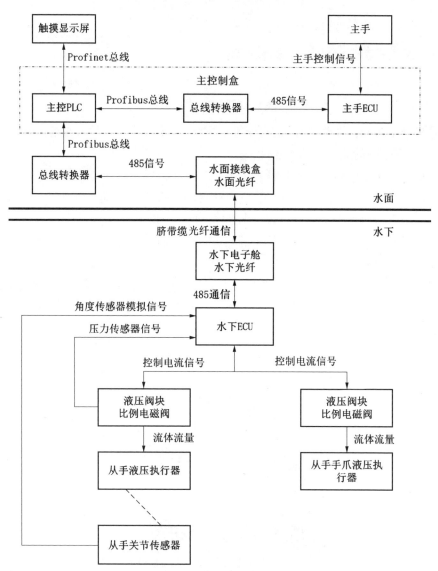

图 8‑19　液压作业机械手控制系统的硬件组成

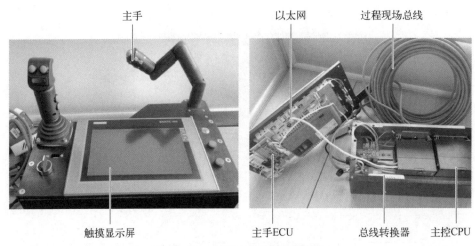

图 8 - 20 主控制盒以及内部结构

引导机械手避开作业障碍物,这对于不规则结构、未知水下环境及位置操作任务来说,具有很好的适应性和优越性。

机械手主手应具有以下特征:

(1) 所有的关节都需要与从手一一对应(见图 8 - 21),这样就可以非常方便地用一个主手对整个从手进行操作控制(见图 8 - 22);操作人员也可以方便地根据主手的位置来感知机械手从手的当前位置;通过主手,也可以很方便地对双机械手从手进行协同控制。

(2) 主手结构紧凑、可靠性高且美观,所有主手的布线均从主手内部通过,主手手腕内部还配置有电滑环,使得主手的手腕关节可以与机械手从手手腕旋转关节一样进行 360°连续旋转,如图 8 - 22 所示。

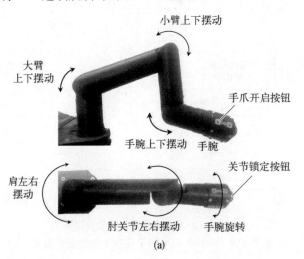

(a)

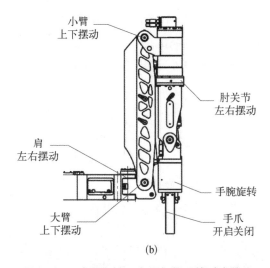

（b）

图 8 – 21 液压机械手主手与从手的对应关系

（a）液压机械手主手关节及其关节摆动示意图 （b）液压机械手从手关节及其关节摆动示意图

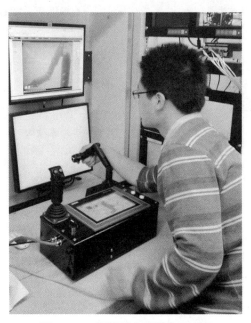

图 8 – 22 机械手主手操作示意图

（3）具有自锁功能，主手可以在操作人员脱离后仍能够保持当前位置，这对于需要操作者暂时离开，并回到操作时的闭环控制是非常重要的。主要通过两种方法实现锁定功能，一是主手本体采用密度低、硬度较高的 POM 材料，降低主手本体各关节的重量及由关节重量产生的力矩；二是采用微型角度传感器，使得关节具有足够大的空间,以便采用可调节预紧力的关节结构,如图 8 - 23 所示。

(4) 采用重复精度和线性度高的微型关节角度传感器,关节角度传感器精度为 10%,线性度为 1%,分辨率小于 0.1%,重复精度小于 0.07%。

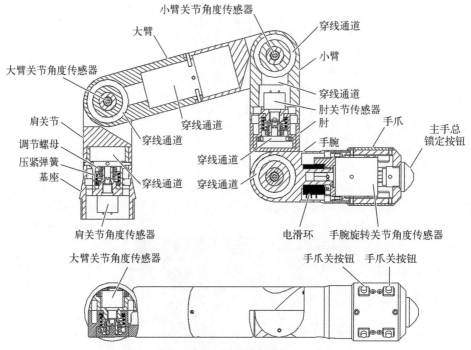

图 8 - 23　液压作业机械手主手总体结构

8.2.3　ROV 液压机械手控制

机械手末端执行器的位置和状态控制有许多种方法,常规的有 PID 控制方法[65, 97, 98]、前馈力矩补偿控制＋PD 控制[99-101]、计算力矩控制[102-106]。更加复杂的控制方法有变结构滑模控制[107-111]、自适应和 Backstepping 控制方法[112-118],以及基于状态观测器的输出反馈控制方法[119-125]等。

为了获得对机械手的精确控制,必须对机械手本体及执行器进行建模,在此模型的基础上利用各种控制方法设计出合适的控制器。下面将对液压作业机械手从手的运动学和动力学建模进行详细介绍。

1. 液压作业机械手从手运动学建模

液压作业机械手从手运动学建模时首先必须对各个关节的连杆方式进行简化,然后再建立相应的坐标系。

（1）关节坐标系及奇次变换矩阵。在对液压作业机械手从手进行运动学建模时，可利用 Denavit - Hartenberg(D - H)[91, 126, 127] 运动学建模方法，对机械手的每个组成关节按照连杆连接方式简化，并按照 Denavit - Hartenberg 的运动学建模原则建立各个连杆的机体坐标系，在建立连杆机体坐标系前，需按照图 8 - 24 对连杆参数和连杆连接参数进行定义。

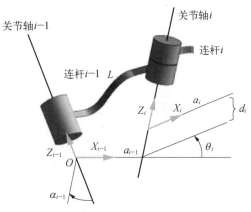

图 8 - 24　Denavit - Hartenberg 方法的连杆参数

① 连杆长度 a_{i-1}。它是相邻两个关节转轴轴线之间的最短距离，即两轴线之间公共垂线的长度，当两轴线相交于一点时，$a_i = 0$；两轴线平行时，有无穷多相等的公共垂线长度。对于机座及末端杆件，为了简化坐标运算的复杂性，可以选择将基座或者末端连杆的坐标系建立在关节参数尽量为 0 的地方，即连杆长度 $a_0 = a_n = 0$。

② 连杆扭角 α_{i-1}。它是由同一杆件的两旋转轴线沿着它们的公垂线移动使之相交。沿公垂线方向按照右手定则形成的两轴线夹角，称为连杆的扭转角。两旋转轴线决定一个与杆件长度 α_i 垂直的平面，定义这些两轴线的平面交角就是该杆件的扭角。

③ 关节变量 θ_i。它是连杆之间的关系量，是将 α_{i-1} 沿关节旋转轴线 i 的方向移动并与 α_i 相交，沿着关节旋转轴线 i 方向按照右手定则形成的关节夹角。

④ 偏置量 d_i。它是连杆之间的关系量，是将 a_{i-1} 沿关节旋转轴线 i 的方向移动并与 a_i 共面时所移动的位移。

按照 Denavit - Hartenberg 方法建立连杆坐标系时，沿着关节 i 的方向建立笛卡尔坐标系的 $\hat{Z}_i$ 方向，$\hat{x}_i$ 方向是沿着公垂线方向指向 $\hat{Z}_{i+1}$，坐标系 $\{i\}$ 的原点位于 $\hat{Z}_i$ 上。利用 Denavit - Hartenberg 运动学建模方法，对机械手的每个组成部分按照连杆方式简化，简化图如图 8 - 25 所示。

如图 8 - 25 所示，$\hat{Z}_i$，$i = 0，1，\cdots，7$ 分别为基座、肩、大臂、小臂、肘、手腕摆动、手腕旋转以及手爪的 $\hat{Z}$，并按照 Denavit - Hartenberg 原则建立相应关节的坐标系。其中手腕旋转与手爪是一个固定的坐标变换关系。从图 8 - 25 可以看到，机械手从手的后 3 个关节轴 $i_4，i_5，i_6$ 相交于一点，即 $O_4，O_5$ 和 O_6 重合

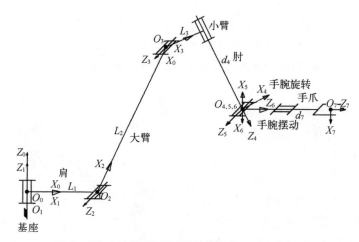

图 8 - 25　机械手从手简化结构及其 D - H 坐标系

于一点,这种配置具有很大的优势。

液压作业机械手从手连杆参数如表 8 - 5 所示,其中带"*"的变量表示是随时间变化的。

表 8 - 5　液压作业机械手从手连杆参数表

i	α_{i-1}	a_{i-1}	d_i	θ_i
1	0°	0	0	q_1^*
2	90°	$L_1 = 0.087$	0	q_2^*
3	0°	$L_2 = 0.73$	0	q_3^*
4	90°	$L_3 = 0.13$	$d_4 = 0.515$	q_4^*
5	−90°	0	0	q_5^*
6	90°	0	0	q_6^*
7	0°	0	$d_7 = 0.38$	0°

按照关节坐标的变换矩阵,建立相应的坐标变化矩阵,表示为

$$_i^{i-1}\boldsymbol{T} = \begin{bmatrix} cq_i & -sq_i & 0 & a_{i-1} \\ sq_i c\alpha_{i-1} & cq_i c\alpha_{i-1} & -s\alpha_{i-1} & -s\alpha_{i-1}d_i \\ sq_i s\alpha_{i-1} & cq_i s\alpha_{i-1} & c\alpha_{i-1} & c\alpha_{i-1}d_i \\ 0 & 0 & 0 & 1 \end{bmatrix} \tag{8-1}$$

式中,c_i,s_i 分别是 $\cos q_i$,$\sin q_i$ 的简写。因此两相邻坐标系的齐次变换为

$$
{}_1^0\boldsymbol{T}=\begin{bmatrix} c_1 & -s_1 & 0 & 0 \\ s_1 & c_1 & 0 & 0 \\ 0 & 0 & 1 & 0 \\ 0 & 0 & 0 & 1 \end{bmatrix} \quad {}_2^1\boldsymbol{T}=\begin{bmatrix} c_2 & -s_2 & 0 & 0.087 \\ 0 & 0 & -1 & 0 \\ s_2 & c_2 & 0 & 0 \\ 0 & 0 & 0 & 1 \end{bmatrix}
$$

$$
{}_3^2\boldsymbol{T}=\begin{bmatrix} c_3 & -s_3 & 0 & 0.73 \\ s_3 & c_3 & 0 & 0 \\ 0 & 0 & 1 & 0 \\ 0 & 0 & 0 & 1 \end{bmatrix} \quad {}_4^3\boldsymbol{T}=\begin{bmatrix} c_4 & -s_4 & 0 & 0.13 \\ 0 & 0 & -1 & -0.515 \\ s_4 & c_4 & 0 & 0 \\ 0 & 0 & 0 & 1 \end{bmatrix}
$$

$$
{}_5^4\boldsymbol{T}=\begin{bmatrix} c_5 & -s_5 & 0 & 0 \\ 0 & 0 & 1 & 0 \\ -s_5 & -c_5 & 0 & 0 \\ 0 & 0 & 0 & 1 \end{bmatrix} \quad {}_6^5\boldsymbol{T}=\begin{bmatrix} c_6 & -s_6 & 0 & 0 \\ 0 & 0 & -1 & 0 \\ s_6 & c_6 & 0 & 0 \\ 0 & 0 & 0 & 1 \end{bmatrix}
$$

$$
{}_7^6\boldsymbol{T}=\begin{bmatrix} 1 & 8 & 0 & 0 \\ 8 & 1 & 0 & 0 \\ 0 & 0 & 1 & 0.38 \\ 0 & 0 & 0 & 1 \end{bmatrix}
$$

$$(8-2)$$

将各坐标系表述在 $\{0\}$ 基坐标系上，表示为

$$
{}_2^0\boldsymbol{T}=\begin{bmatrix} c_1c_2 & -c_1s_2 & s_1 & 0.087c_1 \\ s_1c_2 & -s_1s_2 & -c_1 & 0.087s_1 \\ s_2 & c_2 & 0 & 0 \\ 0 & 0 & 0 & 1 \end{bmatrix} \tag{8-3}
$$

坐标系 $\{2\}$ 在坐标系 $\{0\}$ 中的表达式为

$$
{}_2^0\boldsymbol{T}=\begin{bmatrix} c_1c_2 & -c_1s_2 & s_1 & 0.087c_1 \\ s_1c_2 & -s_1s_2 & -c_1 & 0.087s_1 \\ s_2 & c_2 & 0 & 0 \\ 0 & 0 & 0 & 1 \end{bmatrix} \tag{8-4}
$$

坐标系 $\{3\}$ 在坐标系 $\{0\}$ 中的表示为

$$
{}_{3}^{0}\boldsymbol{T} = \begin{bmatrix} c_1 c_2 c_3 - c_1 s_2 s_3 & -c_1 c_2 s_3 - c_1 c_3 s_2 & s_1 & 0.087c_1 + 0.73c_1 c_2 \\ c_2 c_3 s_1 - s_1 s_2 s_3 & -c_2 s_1 s_3 - c_3 s_1 s_2 & -c_1 & 0.087s_1 + 0.73c_2 s_2 \\ c_2 s_3 + c_3 s_2 & c_2 c_3 - s_2 s_3 & 0 & 0.73s_2 \\ 0 & 0 & 0 & 1 \end{bmatrix}
$$

$$(8-5)$$

坐标系{4}在坐标系{0}中的表示为

$$
{}_{4}^{0}\boldsymbol{T} = \begin{bmatrix} s_1 s_4 + c_4 \sigma_2 & c_4 s_1 - s_4 \sigma_2 & c_1 c_2 s_3 + c_1 c_3 s_2 & T_{14} \\ -c_1 s_4 - c_4 \sigma_1 & s_4 \sigma_1 - c_1 c_4 & c_2 s_1 s_3 + c_3 s_1 s_2 & T_{24} \\ c_4 \sigma_3 & -s_4 \sigma_3 & s_2 s_3 - c_2 c_3 & T_{34} \\ 0 & 0 & 0 & 1 \end{bmatrix} \quad (8-6)
$$

式中,$\sigma_1 = s_1 s_2 s_3 - c_2 c_3 s_1$;$\sigma_2 = c_1 c_2 c_3 - c_1 s_2 s_3$;$\sigma_3 = c_2 s_3 + c_3 s_2$;

$T_{14} = 0.087c_1 + 0.73c_1 c_2 + 0.13c_1 c_2 c + 0.515(c_1 c_2 s_3 + c_1 c_3 s_2) -$
$0.13c_1 s_2 s_3$;

$T_{24} = 0.087s_1 + 0.73c_2 s_1 - 0.13s_1 s_2 s_3 + 0.13c_2 c_3 s_1 + 0.515c_2 s_1 s_3 +$
$0.515c_3 s_1 s_2$;

$T_{34} = 0.73s_2 - 0.515c_2 c_3 + 0.13c_2 s_3 + 0.13c_3 s_2 + 0.515s_2 s_3$。

坐标系{5}在坐标系{0}中的表示为

$$
{}_{5}^{0}\boldsymbol{T} = \begin{bmatrix} c_5 \sigma_6 - s_5 \sigma_3 & -s_5 \sigma_6 - c_5 \sigma_3 & c_4 s_1 - s_4 \sigma_8 & T_{14} \\ -c_5 \sigma_5 - s_5 \sigma_2 & s_5 \sigma_5 - c_5 \sigma_2 & s_4 \sigma_7 - c_1 c_4 & T_{24} \\ s_5 \sigma_4 + c_4 c_5 \sigma_1 & c_5 \sigma_4 - c_4 s_5 \sigma_1 & -s_4 \sigma_1 & T_{34} \\ 0 & 0 & 0 & 1 \end{bmatrix} \quad (8-7)
$$

式中,$\sigma_1 = c_2 s_3 + c_3 s_2$;$\sigma_2 = c_2 s_1 s_3 + c_3 s_1 s_2$;$\sigma_3 = c_1 c_2 s_3 + c_1 c_3 s_2$;$\sigma_4 = c_2 c_3 - s_2 s_3$;
$\sigma_5 = c_1 s_4 + c_4 \sigma_7$;$\sigma_6 = s_1 s_4 + c_4 \sigma_8$;$\sigma_7 = s_1 s_2 s_3 - c_2 c_3 s_1$;$\sigma_8 = c_1 c_2 c_3 - c_1 s_2 s_3$;
$T_{14} = 0.087c_1 + 0.73c_1 c_2 + 0.13c_1 c_2 c_3 + 0.515(c_1 c_2 s_3 + c_1 c_3 s_2) -$
$0.13c_1 s_2 s_3$;

$T_{24} = 0.087s_1 + 0.73c_2 s_1 - 0.13s_1 s_2 s_3 + 0.13c_2 c_3 s_1 + 0.515c_2 s_1 s_3 +$
$0.515c_3 s_1 s_2$;

$T_{34} = 0.73s_2 - 0.515c_2 c_3 + 0.13c_2 s_3 + 0.13c_3 s_2 + 0.515s_2 s_3$。

坐标系{6}在坐标系{0}中的表示为

$$
{}_{6}^{0}\boldsymbol{T} = \begin{bmatrix} s_6\sigma_3 + c_6\sigma_2 & c_6\sigma_5 - s_6\sigma_2 & s_5\sigma_8 + c_5\sigma_9 & T_{14} \\ -s_6\sigma_4 - c_6\sigma_1 & s_6\sigma_1 - c_6\sigma_4 & c_5\sigma_7 - s_5\sigma_6 & T_{24} \\ c_6\sigma_3 - s_4s_6\sigma_{10} & -s_6\sigma_3 - c_6s_4\sigma_{10} & c_4s_5\sigma_{10} - c_5\sigma_{10} & T_{34} \\ 0 & 0 & 0 & 1 \end{bmatrix} \tag{8-8}
$$

式中，$\sigma_1 = s_5\sigma_6 + s_5\sigma_7$；$\sigma_2 = c_5\sigma_8 - s_5\sigma_9$；$\sigma_3 = s_5\sigma_{11} + c_4c_5\sigma_{10}$；$\sigma_4 = c_1c_4 - s_4\sigma_{12}$；
$\sigma_5 = c_4s_1 - s_4\sigma_{13}$；$\sigma_6 = c_1s_4 + c_4\sigma_{12}$；$\sigma_7 = c_2s_1s_3 + c_3s_1s_2$；$\sigma_8 = s_1s_4 + c_4\sigma_{13}$；
$\sigma_9 = c_1c_2s_3 + c_1c_3s_2$；$\sigma_{10} = c_1s_3 + c_3s_2$；$\sigma_{11} = c_2c_3 - s_1s_3$；$\sigma_{12} = s_1s_2s_3 -$
$c_2c_3s_1$；$\sigma_{13} = c_1c_2c_3 - c_1s_2s_3$；

$T_{14} = 0.087c_1 + 0.73c_1c + 0.13c_1c_2c_3 + 0.515(c_1c_2s_3 + c_1c_3s_2) -$
$\quad 0.13c_1s_2s_3$；

$T_{24} = 0.087s_1 + 0.73c_2s_1 - 0.13s_1s_2s_3 + 0.13c_2c_3s_1 + 0.515c_2s_1s_3 +$
$\quad 0.515c_3s_1s_2$；

$T_{34} = 0.73s_2 - 0.515c_2c_3 + 0.13c_2s_3 + 0.13c_3s_2 + 0.515s_2s_2$。

坐标系{7}在坐标系{0}中的表达式为

$$
{}_{7}^{0}\boldsymbol{T} = \begin{bmatrix} s_6\sigma_5 + c_6\sigma_2 & c_6\sigma_5 - s_6\sigma_2 & s_5\sigma_8 + c_5\sigma_9 & T_{14} \\ -s_6\sigma_4 - c_6\sigma_1 & s_6\sigma_1 - c_6\sigma_4 & c_5\sigma_7 - s_5\sigma_6 & T_{24} \\ c_6\sigma_3 - s_4s_6\sigma_{10} & -s_6\sigma_3 - c_6s_4\sigma_{10} & c_4s_5\sigma_{10} - c_5\sigma_{10} & T_{34} \\ 0 & 0 & 0 & 1 \end{bmatrix} \tag{8-9}
$$

式中，$\sigma_1 = s_5\sigma_6 + s_5\sigma_7$；$\sigma_2 = c_5\sigma_8 - s_5\sigma_9$；$\sigma_3 = s_5\sigma_{11} + c_4c_5\sigma_{10}$；$\sigma_4 = c_1c_4 - s_4\sigma_{12}$；
$\sigma_5 = c_4s_1 - s_4\sigma_{13}$；$\sigma_6 = c_1s_4 + c_4\sigma_{12}$；$\sigma_7 = c_2s_1s_3 + c_3s_1s_2$；$\sigma_8 = s_1s_4 + c_4\sigma_{13}$；
$\sigma_9 = c_1c_2s_3 + c_1c_3s_2$；$\sigma_{10} = c_1s_3 + c_3s_2$；$\sigma_{11} = -c_2c_3 - s_1s_3$；$\sigma_{12} = s_1s_2s_3 -$
$c_2c_3s_1$；$\sigma_{13} = c_1c_2c_3 - c_2s_2s_3$；

$T_{14} = 0.087c_1 + 0.73c_1c_2 + 0.13c_1c_2c_3 + 0.515(c_1c_2s_3 + c_1c_3s_2) -$
$\quad 0.13c_1s_2s_3 + 0.38(s_4\sigma_8 + c_5\sigma_9)$；

$T_{24} = 0.087s_1 + 0.73c_2s_1 - 0.13s_1s_2s_3 + 0.13c_2c_3s_1 + 0.515c_2s_1s_3 +$
$\quad 0.515c_3s_1s_2 + 0.38(-s_5\sigma_6 + c_5\sigma_7)$；

$T_{34} = 0.73s_2 - 0.515c_2c_3 + 0.13c_2s_3 + 0.13c_3s_2 + 0.515s_2s_3 +$
$\quad 0.38(-c_5\sigma_{11} + c_4\sigma_{10})$。

（2）机械手从手各连杆质心坐标及其惯性张量。机械手从手由于其形状不是规则的集合体，因此利用直接计算的方法很难获得从手各连杆的质心位置及其惯性张量矩阵，可利用 3D 软件精确建模或通过试验方法获得各个关节的质量属性参数。

（3）关节角速度雅克比矩阵和质心速度雅克比矩阵。角速度雅克比矩阵是计算各关节动能的关键，可以直接从机械手从手的配置及其坐标变化矩阵上得到。由于我们所关注的机械手关节类型均是旋转关节连接，因此其各关节角速度雅克比矩阵为

$$\boldsymbol{J}_{w_i} = [\hat{Z}_1, \cdots, \hat{Z}_i, 0, \cdots] \in \mathbf{R}^{3 \times 6}, \ i = 1, \cdots, 6 \quad (8-10)$$

式中，$\hat{Z}_i$ 可以从奇次坐标变换矩阵中得到，即矩阵 ${}^0_i\boldsymbol{T}$ 第三列中的前三个元素。

质心的线速度雅克比矩阵表示为

$$\boldsymbol{J}_{v_i} = \left[\frac{\partial Pc_i}{\partial q_i}, \cdots, \frac{\partial Pc_i}{\partial q_i}, 0, \cdots\right] \in \mathbf{R}^{3 \times 6}, \ i = 1, \cdots, 6 \quad (8-11)$$

2. 液压作业机械手从手动力学建模

液压作业机械手从手动力学建模需要考虑其各系统的总动能、重力势能力、动力学模型[128, 129]，以及油缸的力学模型等问题。

（1）机械手从手系统的总动能

液压作业机械手从手系统的总动能是各个关节动能的总和为

$$K = \sum_{i=1}^{6} \frac{1}{2}(m_i {}^0vc_i^{\mathrm{T}0}v_i + {}^cw_i {}^cI_i {}^cw_i) \quad (8-12)$$

利用线速度和角速度与关节的广义坐标关系，可以将线速度转换为用广义坐标的速度表述

$$^0v_i = {}^0\boldsymbol{J}_{v_i}\dot{q} \quad (8-13)$$

$$^0w_i = {}^0\boldsymbol{J}_{w_i}\dot{q} \quad (8-14)$$

角速度应该在手臂连杆的质心坐标系中描述，表示为

$$^cw_i = ({}^0_i\boldsymbol{R})^{\mathrm{T}0}w_i = ({}^0_iR)^{\mathrm{T}0}\boldsymbol{J}_{w_i}\dot{q} \quad (8-15)$$

因此机械手从手各系统的总动能可表示为

$$K = \frac{1}{2}\dot{q}^{\mathrm{T}}\left(\sum_{i=1}^{6}(m_i {}^0\boldsymbol{J}_{v_i}{}^{\mathrm{T}0}\boldsymbol{J}_{v_i} + {}^0\boldsymbol{J}_i^{\mathrm{T}0}R^cI_i({}^0_iR)^{\mathrm{T}0}\boldsymbol{J}_{w_i})\dot{q}\right) = \frac{1}{2}\dot{q}^{\mathrm{T}}\boldsymbol{M}(q)\dot{q}$$

$$(8-16)$$

式中，$\boldsymbol{M}(q) \in \mathbf{R}^{6\times6}$ 为质量矩阵，其具体表达式为

$$\boldsymbol{M}(q) = \sum_{i=1}^{6} (m_i {}^0\boldsymbol{J}_{v_i}{}^{\mathrm{T}0}\boldsymbol{J}_{v_i} + {}^0\boldsymbol{J}_i^{\mathrm{T}0}R^c I_i ({}_i^0 R)^{\mathrm{T}0}\boldsymbol{J}_{w_i}) \tag{8-17}$$

（2）重力势能力及其修正[128]

机械手从手的重力势能为所有手臂连杆的总势能之和，可表示为

$$U = -\sum_{i=1}^{6} m_i {}^0\boldsymbol{g}^{\mathrm{T}0}Pc_i \tag{8-18}$$

与其等效的重力势能力，可表示为

$$\boldsymbol{G} = \frac{\partial U}{\partial q} = -\sum_{i=1}^{6} m {}^0\boldsymbol{g}^{\mathrm{T}} \frac{\partial {}^0 Pc_i}{\partial q} = -\sum_{i=1}^{6} m_i \boldsymbol{J}_{v_i} {}^0 g$$

$$= -\begin{bmatrix} \boldsymbol{J}_{v_1}^{\mathrm{T}} & \boldsymbol{J}_{v_2}^{\mathrm{T}} & \boldsymbol{J}_{v_3}^{\mathrm{T}} & \boldsymbol{J}_{v_4}^{\mathrm{T}} & \boldsymbol{J}_{v_5}^{\mathrm{T}} & \boldsymbol{J}_{v_6}^{\mathrm{T}} \end{bmatrix} \begin{bmatrix} m_1 & {}^0 g \\ m_2 & {}^0 g \\ m_3 & {}^0 g \\ m_4 & {}^0 g \\ m_5 & {}^0 g \\ m_6 & {}^0 g \end{bmatrix} \tag{8-19}$$

式中，按照基座坐标系的定义，${}^0\boldsymbol{g} = |\boldsymbol{g}| \begin{bmatrix} 0 \\ 0 \\ -1 \end{bmatrix}$。

液压作业机械手从手的工作环境为海水，一般情况下机械手从手在作业时它的载体是基本保持水平状态的，因此机械手本体所受到的浮力方向保持不变，基本上可以近似为重力加速度的反方向。而机械手从手的结构可以认为是材质均匀的，这样其各个臂的重心和浮心位于相同位置，因此可以对机械手从手的势能力进行补偿，如下公式（8-20）所示。

$$ {}^0\boldsymbol{g}_c = |g - \rho| \begin{bmatrix} 0 \\ 0 \\ -1 \end{bmatrix} \tag{8-20}$$

式中，ρ 为海水的密度。

（3）机械手从手的动力学方程

按照拉格朗日动力学方程[127]建立机械手的动力方程为

$$\frac{\mathrm{d}}{\mathrm{d}t}\left(\frac{\partial K}{\partial \dot{q}}\right) - \frac{\partial K}{\partial q} = \tau - \boldsymbol{G} \tag{8-21}$$

式中，

$$\frac{\partial K}{\partial \dot{q}} = \frac{\partial}{\partial \dot{q}}\left[\frac{1}{2}\dot{\boldsymbol{q}}^{\mathrm{T}}\boldsymbol{M}(\boldsymbol{q})\dot{\boldsymbol{q}}\right] = \boldsymbol{M}(\boldsymbol{q})\dot{\boldsymbol{q}} \tag{8-22}$$

$$\frac{\mathrm{d}}{\mathrm{d}t}\left(\frac{\partial K}{\partial \dot{q}}\right) = \frac{\mathrm{d}}{\mathrm{d}t}(\boldsymbol{M}\dot{\boldsymbol{q}}) = \boldsymbol{M}\ddot{\boldsymbol{q}} + \dot{\boldsymbol{M}}\dot{\boldsymbol{q}} \tag{8-23}$$

因此，可得到

$$\frac{\mathrm{d}}{\mathrm{d}t}\left(\frac{\partial K}{\partial \dot{q}}\right) - \frac{\partial K}{\partial q} = \boldsymbol{M}\ddot{\boldsymbol{q}} + \dot{\boldsymbol{M}}\dot{\boldsymbol{q}} - \frac{1}{2}\begin{bmatrix} \dot{\boldsymbol{q}}^{\mathrm{T}}\dfrac{\partial \boldsymbol{M}}{\partial q_1}\dot{\boldsymbol{q}} \\ \cdots \\ \cdots \\ \dot{\boldsymbol{q}}^{\mathrm{T}}\dfrac{\partial \boldsymbol{M}}{\partial q_n}\dot{\boldsymbol{q}} \end{bmatrix} = \boldsymbol{M}\ddot{\boldsymbol{q}} + \boldsymbol{V}(\boldsymbol{q}, \dot{\boldsymbol{q}})$$

$$= \boldsymbol{M}\ddot{\boldsymbol{q}} + \boldsymbol{C}(\boldsymbol{q}, \dot{\boldsymbol{q}})\dot{\boldsymbol{q}} \tag{8-24}$$

式中，$\boldsymbol{V}(\boldsymbol{q}, \dot{\boldsymbol{q}})$ 和 $\boldsymbol{C}(\boldsymbol{q}, \dot{\boldsymbol{q}})\dot{\boldsymbol{q}}$ 为 6×1 的离心力和科里奥科力（简称科氏力或哥氏力）氏力矢量。

可利用 Christoffel 符号描述来进行定义[127]，表示为

$$b_{ijk} = \frac{1}{2}(m_{ijk} + m_{ikj} - m_{jki}) \tag{8-25}$$

式中，$m_{ijk} = \dfrac{\partial m_{ij}}{\partial q_k}$，则有，

$$\boldsymbol{V}(\boldsymbol{q}, \dot{\boldsymbol{q}}) = \boldsymbol{D}(\boldsymbol{q})[\dot{\boldsymbol{q}}^2] + \boldsymbol{B}(\boldsymbol{q})[\dot{\boldsymbol{q}}\dot{\boldsymbol{q}}] \tag{8-26}$$

式中，

$$D(q)[\dot{q}^2] = \begin{bmatrix} b_{1,11} & b_{1,22} & \cdots & b_{1,nn} \\ b_{2,11} & b_{2,22} & \cdots & b_{2,nn} \\ \cdots & \cdots & \cdots & \cdots \\ b_{n,11} & b_{n,22} & \cdots & b_{n,nn} \end{bmatrix} \begin{bmatrix} \dot{q}_1^2 \\ \dot{q}_2^2 \\ \cdots \\ \dot{q}_n^2 \end{bmatrix}, \quad n = 1, \cdots, 6 \quad (8-27)$$

$$B(q)[\dot{q}\dot{q}] = \begin{bmatrix} 2b_{1,12} & 2b_{1,13} & \cdots & 2b_{1,(n-1)n} \\ 2b_{2,12} & 2b_{2,13} & \cdots & 2b_{2,(n-1)n} \\ \cdots & \cdots & \cdots & \cdots \\ 2b_{n,12} & 2b_{n,12} & \cdots & 2b_{n,(n-1)n} \end{bmatrix} \begin{bmatrix} \dot{q}_1\dot{q}_2 \\ \dot{q}_1\dot{q}_3 \\ \cdots \\ \dot{q}_{(n-1)n} \end{bmatrix}, \quad n = 1, \cdots, 6$$

$$(8-28)$$

（4）液压缸的力学模型

假设不考虑液压缸的内漏和外漏，油缸压力腔和回油腔的动态方程[130-134]可用下面式(8-29)和式(8-30)来表示

$$\frac{V_1(x)}{\beta_e}\dot{P}_1 = -A_1\dot{x} + Q_1 = -A_1\frac{\partial x}{\partial q}\dot{q} + Q_1 \quad (8-29)$$

$$\frac{V_2(x)}{\beta_e}\dot{P}_2 = A_2\dot{x} - Q_2 = A_2\frac{\partial x}{\partial q}\dot{q} - Q_2 \quad (8-30)$$

式中，$x \in \mathbf{R}^{6\times1}$ 为油缸活塞位移；油缸活塞的位移与关节角度关系为 $x(q) = [x_i(q_i)] \in \mathbf{R}^{6\times1}$，$i = 1, \cdots, 6$；且 $\frac{\partial x}{\partial q} = \mathrm{diag}\left[\frac{\partial x_i}{\partial q_i}\right] \in \mathbf{R}^{6\times6}$；$V_1(x)$ 和 $V_2(x) \in \mathbf{R}^{6\times6}$ 为伺服阀到液压缸活塞两侧容腔的有效容积，分别为 $V_1(x) = V_{h1} + A_1\mathrm{diag}[x_i]$，$V_2(x) = V_{h2} + A_2\mathrm{diag}[x_i]$，其中 $V_{h1} = \mathrm{diag}[V_{h1i}] \in \mathbf{R}^{6\times6}$，$V_{h2} = \mathrm{diag}[V_{h2i}] \in \mathbf{R}^{6\times6}$，$i = 1, \cdots, 6$，分别为油缸的压力腔和回油腔的初始容积；$Q_1$，$Q_2 \in \mathbf{R}^{6\times1}$，分别为流入和流出油缸腔体的流量。另外，$V_1(x)$ 和 $V_2(x)$ 具有以下性质：

$\exists V_M > 0$，$V_m > 0$ 使得 $V_m \leqslant V_j(x) \leqslant V_M$，$j = 1, \cdots, 2$，$\forall x \in \{$机械手关节操作的空间$\}$。

（5）伺服阀的数学模型

在不考虑伺服阀死区时，伺服阀的模型[130]可表示为

$$Q_1 = K_{q1}g_1(P_1, \mathrm{sgn}(x_v))x_v \quad (8-31)$$

$$Q_2 = K_{q2} g_2(P_2, \operatorname{sgn}(x_v)) x_v \tag{8-32}$$

式中，$x_v \in \mathbf{R}^{6 \times 1}$ 为阀芯的位移；K_{q1} 和 $K_{q2} \in \mathbf{R}^{6 \times 6}$，$K_{q1} = \operatorname{diag}[K_{q1i}]$，$K_{q2} = \operatorname{diag}[K_{q2i}]$，$g_1(P_1, \operatorname{sgn}(x_v))$，$g_2(P_2, \operatorname{sgn}(x_v)) \in \mathbf{R}^{6 \times 6}$，$g_1(P_1, \operatorname{sgn}(x_v)) = \operatorname{diag}[g_{1i}(P_{1i}, \operatorname{sgn}(x_{vi}))]$；$g_2(P_2, \operatorname{sgn}(x_v)) = \operatorname{diag}[g_{2i}(P_{2i}, \operatorname{sgn}(x_{vi}))]$，$i = 1, \cdots, 6$。

$$g_{1i}(P_{1i}, \operatorname{sgn}(x_{vi})) = \begin{cases} \sqrt{P_s - P_{1i}}, & x_{vi} \geqslant 0, \\ \sqrt{P_{1i} - P_r}, & x_{vi} < 0, \end{cases} \quad i = 1, \cdots, 6 \tag{8-33}$$

$$g_{2i}(P_{2i}, \operatorname{sgn}(x_{vi})) = \begin{cases} \sqrt{P_{2i} - P_r}, & x_{vi} \geqslant 0, \\ \sqrt{P_s - P_{2i}}, & x_{vi} < 0, \end{cases} \quad i = 1, \cdots, 6 \tag{8-34}$$

式中，P_s 为液压系统的供油压力；P_r 为液压系统的回油压力。

阀芯位移与输入电压之间的关系可表示为

$$\boldsymbol{x}_v = \boldsymbol{K}_u \boldsymbol{u} \tag{8-35}$$

式中，$\boldsymbol{K}_u = \operatorname{diag}[K_{ui}] \in \mathbf{R}^{6 \times 6}$，$\boldsymbol{K}_u$ 为正定对称的对角矩阵，$\boldsymbol{u} \in \mathbf{R}^{6 \times 1}$ 的控制电压输入矢量。

3. 液压作业机械手 PD 控制仿真

在前面建立的机械手从手动力学模型的基础上，可以建立机械系统动力学方程的 Matlab 仿真模型，如图 8-26 所示。为验证该模型的有效性，可对机械手从手施加带重力补偿的比例微分（proportional-derivative，PD）控制，并观察其跟踪性能以验证所建立模型的准确性。

4. 液压作业机械手 SimMechanics 仿真模型

液压作业机械手从手的数学模型非常复杂和烦琐。对于一些算法设计，如机械手的 PD 控制加重力力矩补偿，可以不需要对机械手进行控制器的设计，仅需要知道等效势能力即可。在进行算法设计仿真时可以借助 Matlab 的 SimMechanics 模块[135]，利用该模块接口可直接将在 Pro/Engineer 建立的运动模型导入到 Matlab/Simulink 中，然后在 Simulink 中生成多刚体模型仿真模型。图 8-27 是导入到 Simulink 环境中的三维模型，可以很直观地验证系统的控制效果，图 8-28 是机械手从手的多刚体 Matlab 仿真模型。

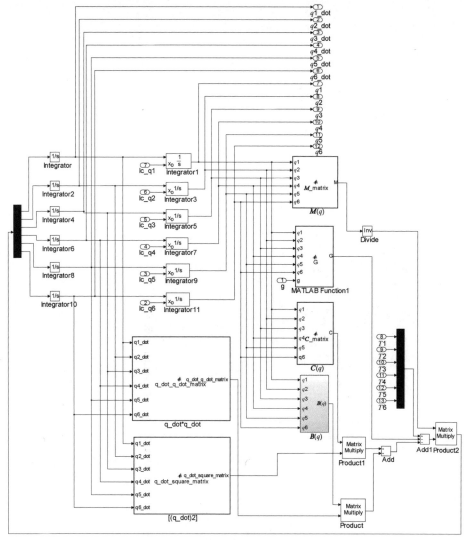

图 8 - 26   机械手机械系统动力学方程 Matlab 仿真模型

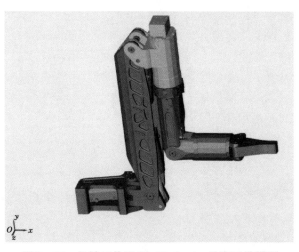

图 8 - 27   机械手从手 SimMechanics 仿真三维模型

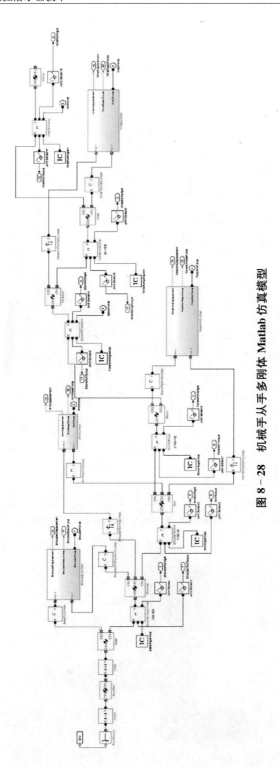

图 8－28 机械手从手多刚体 Matlab 仿真模型

8.3　ROV 的作业工具

8.3.1　概述

在人类不断探索和利用海洋的过程中,涉及海洋石油开发、深海资源开采、海洋生物探索和救助打捞等任务日益增多,对于能够胜任这些高难度、高精度要求的水下作业系统也有了更高、更多的需求。同时,随着探索开发海洋的进程不断推进,作业水深在不断增大,任务难度也在不断升高,能够适应各种水深环境的潜水器作业系统发挥着越来越重要的作用。其中,ROV 作业系统因其负载作业能力强、能源和通信不受限制、无人员生命安全风险等优势在水下作业中有着不可替代的作用。

为执行不同的作业任务,ROV 除机械手外还需配置或搭载的水下作业工具有多种类型,第 1 类是取样类,如液体取样、固体取样、沉积物取样、岩芯取样等取样器;第 2 类是辅助作业类,如剪切、清洗、带缆挂钩、夹持、扭力、吸附、凿掘、钻孔、打磨、旋扳和接插等工具;第 3 类是特种作业类,如海底光电缆布放、管线检测与维修等。

上述水下作业工具配置/搭载于 ROV,形成完整的 ROV 作业系统,可以完成更多、更复杂、精度要求更高的水下作业任务,可以说是 ROV 进行水下作业最重要的附加设备,往往决定了 ROV 作业的成败。在进行设计或选型时,需要根据 ROV 本身的技术指标、搭载能力以及作业环境、作业需求对水下作业工具进行充分的论证,设计或选配最合适的作业工具。

"海马-4500 号"ROV 在 2017 年深海调查航次中搭载了水下钻机、沉积物取样器等水下作业工具,如图 8-29 所示。

8.3.2　常用的水下作业工具

1. 辅助作业类水下作业工具

针对特定的水下作业任务,ROV 需配置/搭载辅助作业类的水下作业工具,如水下剪切工具、清洗工具、带缆挂钩器、夹持器、扭力工具、吸附器、钻机等。

1) 水下剪切工具

水下剪切工具多为液压驱动,有多种类型,常见的有直线运动型和砂轮锯型。前者看起来更像传统意义上的剪刀,可以用于水下脐带、电缆或钢索的快速剪切;后者带有可高速旋转的砂轮,既可以切割金属链、金属棒,也可以切割混凝土、橡胶、塑料等非金属物体,同时还能够对水下构件表面进行打磨。水下剪切

图 8‑29 "海马‑4500 号"ROV 在 2017 年航次中搭载水下作业工具

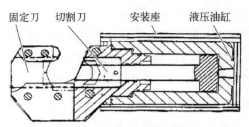

图 8‑30 典型的直线运动型剪切器结构示意

工具通常由 ROV 机械手握持,也可安装在 ROV 主框架上,通过 ROV 本体的液压源和备用阀箱直接驱动,经水面控制系统开环控制。在设计或选型中需充分考虑水下剪切工具结构类型、机械手握持机构、剪切器具类型、ROV 液压工具备用阀箱的标准接口及其与 ROV 本体之间的配合。

　　典型的直线运动型液压剪切器结构和实物分别如图 8‑30 和图 8‑31 所示,其工作原理是借助液压动力驱动产生足够推力,推动平行移动的剪切刀剪断各种缆线。剪切器的切断能力与剪切器刃口尺寸、剪切器材料和液压油缸缸径以及液压源压力的限制有关。

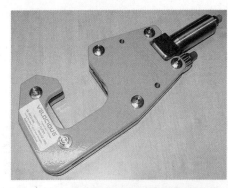

图 8‑31 典型的直线运动型剪切器实物

图 8‑32 "海象‑1500 号"ROV 液压剪切器

"海象-1500号"重载作业级 ROV 配置了这种直线运动型液压剪切器,如图 8-32 所示。该产品由上海交通大学自行研制,其技术参数如表 8-6 所示。

表 8-6　ROV 液压剪切器技术参数

最大工作深度/m	1 500
水下重量/kg	5~10
输入压力/MPa	15~20
最大金属缆索剪切直径/mm	50
最大金属圆棒剪切直径/mm	15~30

水下砂轮锯是另一种常用的剪切工具,结构类型和种类繁多,如图 8-33 所示,其原理是由高速电机或柱塞式液压发动机带动砂轮快速旋转,从而实现切割和打磨功能。图 8-34 为"海马-4500号"ROV 搭载水下砂轮锯在进行海底作业。国内外常用的 ROV 剪切工具及控制原件如图 8-35 所示。

图 8-33　不同形式的水下砂轮锯

图 8-34　搭载于"海马-4500号"ROV 上的水下砂轮锯

| TA19液压
电缆切割机 | GR-29研磨机 | 38 mm切割机 | 75 mm电缆
切割机 | 115 mm电缆
切割机 |

| 4″旋切机 | 机械手安装锯 | 7″蟹形剪 | 10″旋切机 | 增强控制总管 |

图 8-35 常用的 ROV 水下剪切工具的控制原件

2) 水下清洗工具

水下清洗工具一般由潜水员操作或安装于 ROV 上,利用钢丝刷或喷射高压水流,对附着在船体、海底设施或钻井平台上的海洋生物或锈蚀污物进行清洗。水下清洗工具一般包括液压清刷器和海水冲洗枪两种。

水下液压清刷器用于水下结构物、岩石、矿物、仪器设备观察窗口等表面的清刷工作。清刷器采用 ROV 机械手握持手柄,由 ROV 液压系统提供液压动力,由水下工具阀箱直接驱动,水面开环进行控制。针对不同型号 ROV 和不同清刷表面要求,清刷器的结构类型、机械手握持手柄以及液压工具阀箱标准接口都有所不同,需要根据需求进行设计或选型。为"海象-1500 号"ROV 设计制造的水下液压清刷器(见图 8-36)的技术参数见表 8-7。

表 8-7 "海象-1500 号"ROV 液压清刷器技术参数

最大工作深度/m	1 500
水下重量/kg	<10
输入压力/MPa	15~20
液压流量/(L/min)	15~20
最大转速/(r/min)	5 000

图 8-36 "海象-1500 号"ROV 水下液压清刷器

另一种 ROV 水下清洗工具为海水冲洗枪,这是一种水力喷射式清洗作业工具。它一般安装在 ROV 主框架前端部分,主要用于水下设备表面覆盖泥浆的清除工作。喷射枪通过液压油缸活塞的往复运动将海水增压,然后将增压后的海水经喷嘴喷射到需要清理的物体表面,以达到清洗的目的。与清刷器相比,海水冲洗枪具有清洗效率较高、无须 ROV 机械手握持、操作要求更低的优点,因此国际市场中上可选择的型号较多,图 8 - 37 为一些海水冲洗枪产品。

| Merlin 泵冲洗枪 | Super Zip 射流冲洗枪 | 低压射流冲洗枪 | 液压吸泥泵冲洗枪 | 0~520 巴射流冲洗系统 |

| 150 L/min 空化射流系统冲洗枪 | 开凿系统冲洗枪 | 0~200 巴射流冲洗系统 | 双射流系统冲洗枪 |

图 8 - 37 海水冲洗枪产品

3) 带缆挂钩器

水下带缆挂钩器主要用于水下仪器设备、取样样品、打捞施救对象的打捞、回收和拾取等。带缆挂钩器无须动力源,由 ROV 机械手握持,可通过 ROV 视野进行可视化操作控制,快速完成对回收对象的带缆挂钩。为"海象-1500 号" ROV 设计制造的带缆挂钩器技术参数见表 8 - 8,结构如图 8 - 38 所示。

表 8 - 8 "海象-1500 号"ROV 带缆挂钩器技术参数

最大工作深度/m	1 500
水下重量/kg	<5
T 形手柄尺寸	配合五功能机械手夹持面积
防脱结构	专用自锁式挂钩
最大承重/t	1.5

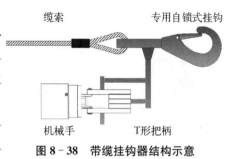

图 8 - 38 带缆挂钩器结构示意

4) 扭力工具

ROV 专用扭力工具主要为水下仪器设备的安装提供设定值扭矩,例如螺栓、阀杆等安装件的扭转力矩等。水下扭力工具一般由 ROV 机械手握持,待 ROV 稳定于水下结构物后,通过扭力工具为水下仪器设备提供诸如支座安装、设备拆卸等高精度作业的扭转操作支持。现在国际市场上 ROV 专用的扭力工具多带有扭矩数值传感器和扭转圈数计,为水下精确作业提供更为实时和全面的反馈信息,避免因扭力过大导致仪器设备损坏和安装失败。同时前端扭力输出插孔还可以根据实际工程作业需求进行更换,适应不同作业对象和任务要求。为"海象-1500 号"ROV 选型的扭力工具技术参数见表 8-9,常用的扭力工具如图 8-39 所示。

表 8-9 "海象-1500 号"ROV 扭力工具技术参数

最大工作深度/m	1 500
水下重量/kg	<20
工作扭矩范围/N·m	30~160
圈数计	配备
扭矩传感器	配备
插孔更换	可更换 (尺寸 1-1/16″,1-1/4″,1-3/8″,1-5/16″,1-7/16″ A/F hex)

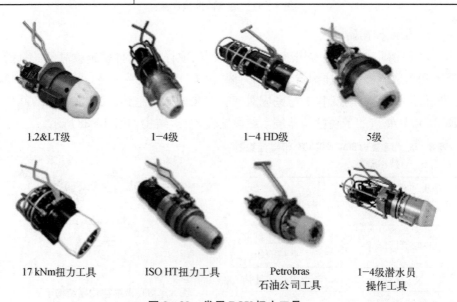

1.2&LT级	1-4级	1-4 HD级	5级
17 kNm扭力工具	ISO HT扭力工具	Petrobras 石油公司工具	1-4级潜水员 操作工具

图 8-39 常用 ROV 扭力工具

5) 水下吸附器

水下专用排水吸附器一般用于 ROV 本体的支撑和固定。吸附器可以通过泵吸排水方式吸附于水下结构物表面,便于 ROV 稳定于水下,执行取样、剪切、清刷和挂钩等工程作业。吸附器在 ROV 入水前由机械手握持,由 ROV 液压系统提供泵吸排水的液压动力,并与液压工具阀箱标准接口连接进行驱动,水面开环控制。为"海象-1500 号"ROV 选型的扭力工具技术参数见表 8-10,实物如图 8-40 所示。

表 8-10　"海象-1500 号"ROV 水下吸附器技术参数

最大工作深度/m	1 500
水下重量/kg	15
工作吸附压力/bar	180～210
最大吸附力/kg	60～100(与吸附盘吸附面积相关)
最大液压流量/(L/min)	10
最大吸水量/(L/min)	70

图 8-40　吸附器、吸附器泵和吸附盘

2. 水下取样工具

根据取样对象的不同,ROV 专用的水下取样工具也有不同的种类,包括固体取样、液体取样、海底沉积物/生物取样和钻芯取样等工具。

1) 固体取样工具

固体取样可以使用 ROV 机械手完成,并且主要由主从式七功能机械手完成采集,图 8-41 为"海马-4500 号"ROV 用七功能机械手抓取深海海底金属结壳的画面。

图 8-41 "海马-4500 号"ROV 七功能水下机械手抓取海底金属结壳

2) 液体取样工具

ROV 上安装的液体取样器可以针对多种海底水质样本进行采样,例如包含特定深海生物的水质样本、海底火山口的热液样品等。液体取样器一般可采用压缩空气或者液压油缸作为动力源,通过制造真空完成水质样本的吸取采集。图 8-42 和图 8-43 为多用途海底热液保压取样器,适用于不同类型的潜水器,如载人潜水器和 ROV,图 8-44 为"Jason Ⅱ号"ROV 机械手手握取样器在温度高达 410℃的热液硫化物喷口取样。

近年来国内在保真取样技术方面有较大的进展,浙江大学研制的热液保真取样器,在采样器结构及双向零泄漏密封控制阀等方面取得了技术突破,样品保压效果好。图 8-45 所示为安装于潜水器机械手上的热液保真取样器在进行深海取样作业的画面。

图 8‑42　搭载于"Alvin 号"载人潜水器上的热液保压取样器

图 8‑43　搭载于"Jason Ⅱ号"ROV 上的热液保压取样器

3) 海底沉积物/生物取样器

海底沉积物/生物取样器用于采集不同深度海水中和底质中的生物/微生物样品、海底沉积物样品等,是现代海洋学研究的重要内容。随着各种海洋科学研究与海洋资源开发利用的不断深入,如何快速、方便和有效地对海洋生物进行调查采样,以获得第一手的海洋生物科学研究样品、全面了解特定海域的生物资源

图 8‑44　"Jason Ⅱ号"ROV 在热液硫化物喷口取样

图 8‑45　浙江大学研制的深海热液保真取样器

情况成了当务之急。海底沉积物/生物取样器的种类繁多,搭载于 ROV 上使用的多为管状(柱状)取样器,图 8‑46 所示为典型的管状取样器,由"海马‑4500 号"ROV 搭载进行钙质沉积物取样。除了最常用的管状(柱状)沉积物取样器,取样网篮对于海底生物采集是一种非常有效的取样手段,图 8‑47 所示为"海马‑4500 号"ROV 机械手手握生物采样篮进行取样作业的画面。

图 8-46　搭载于"海马-4500 号"ROV 上的管状沉积物取样器

图 8-47　"海马-4500 号"ROV 机械手与生物采样篮

4) 钻芯取样工具

海底多金属结壳(如富钴结壳)的采集大都是在水面母船上通过大型的船用多孔钻机完成采集,但是由于大水深和水面船只的定位困难,无法完成高精度海底定点取样。而 ROV 所具有的深海潜水器特性,使得它可以到达指定的海底精确位置,用搭载于其上的小型钻机完成高精度、高效率、高质量的多种结壳取样。图 8-48 所示为 Planet-Ocean 公司为作业级 ROV 开发的海底钻芯取样器,通过 ROV 机械手握持取样器,保持垂直于海底的姿态,下压 T 形手柄,插入海底以完成取样作业。图 8-49 所示为"海马-4500 号"ROV 搭载小型钻机在采薇海山进行结壳钻机取样作业的画面。

图 8-48　Planet-Ocean 公司的 ROV 钻芯取样器

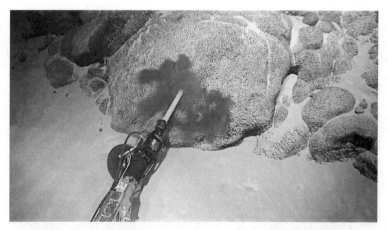

图 8－49　搭载于"海马－4500 号"ROV 上的水下钻机在取样

8.4　ROV 扩展作业底盘

ROV 本体一般只配备七功能机械手和五功能机械手这样的常规作业工具，这对于要承担更多、更复杂的水下任务的作业级 ROV 来说是远远不够的。以"海马－4500 号"ROV 为例，它属于科考作业级 ROV，其主要的海洋科学考察任务是海底探测和取样，工程作业任务是海底观测网络扩展缆布放、安装等作业任务。针对海底探测取样的作业需求，为提高水下作业效率，ROV 需同时搭载多个探测器和取样器，并具备储放样品的空间；而针对海底观测网络扩展缆布放和安装作业任务，ROV 需携带扩展缆到海底并进行布放和安装。由此，扩展底盘应运而生。"海马－4500 号"ROV 配置了两个可拆卸和更换的扩展底盘，一个为可伸缩的采样篮，用于海底探测取样；另一个为海底扩展缆及其布放作业底盘。扩展底盘均安装在 ROV 底部，因而被称为"底盘"。作业级 ROV 可能会配有一个甚至多个扩展底盘，以适应不同作业的需求。扩展底盘通常设计成可拆卸安装的形式，以针对不同作业需求而安装不同的扩展底盘。

作业工具底盘并无固定的设计，完全取决于实际需求，它的样式可以是多种多样的，当其应用在海洋科学考察时，存放样品的采样篮是非常有必要的，此时 ROV 会安装一个采样篮底盘。而在一些海底管道检测的应用中，一个安装有声学探测设备的工具底盘也是至关重要的。再比如，在海底电缆铺设作业中，布缆底盘就可使 ROV 变成一个能铺设电缆的海底机器。可以看出，ROV 本体本质上是一个水下平台，为各种不同的仪器设备和工具提供液压动力、电力和通信接口。

下面就以"海马‐4500 号"ROV 为例,介绍两种常用的作业工具底盘。

8.4.1 采样篮底盘

采样篮底盘通常是科考作业级 ROV 必备的扩展底盘,它用于存放探测仪器、取样器以及样品。采样篮通过一个固定在底盘上的油缸来实现伸缩功能,以使其在需要时伸出,在不需要时缩进。图 8‐50 所示为"海马‐4500 号"ROV 采样篮伸出并携带海底地震仪(OBS)至海底的作业画面。

图 8‐50 "海马‐4500 号"ROV 采样篮携带 OBS 至海底

由于 ROV 采样篮底盘由金属材料制成,密度大于水,在水中呈现负浮力状态,对于零浮力的 ROV 来说无疑会成为负担。所以采样篮底盘会另行安装浮力材料来平衡自身重力,使其在水中呈现微小的正浮力状态,这样的话,在拆装底盘时不用再另行配重,使用更加方便。

图 8‐51 所示为采样篮底盘结构的 3D 视图,其主体由铝合金框架制成,提供必要的结构强度,上面的 I 部分为浮力材料,为整个底盘提供浮力。II 的立方体机构即是可伸缩的采样篮,III 圆柱部分为伸缩油缸,为采样篮的伸缩提供动力。油缸上有 2 根油管,连接到电

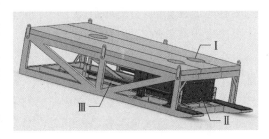

图 8‐51 采样篮底盘 3D 示意图

磁液压阀上,通过控制电磁阀来控制油缸的伸缩。一般情况下,AB 阀可以实现此功能。

为了清晰地说明采样篮底盘的工作方式,在图8-52中不再显示浮力材料部分。通常在默认状态下油缸为收缩状态,采样篮关闭,如图8-52所示。当采样篮需要推出时,控制电磁阀,从而控制油路使得油缸伸出,在油缸的推力作用下采样篮伸出,如图8-53所示。图8-54和图8-55中的2D视图更加清晰地显示了采样篮底盘的相关结构和布置。

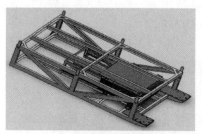

图8-52 油缸收缩,采样篮关闭

图8-53 油缸伸出,采样篮打开

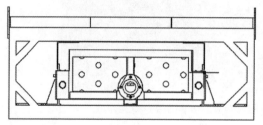

图8-54 采样篮底盘正视图

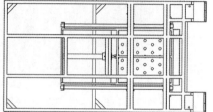

图8-55 采样篮底盘顶部视图

8.4.2 布缆底盘

布缆底盘作为海底布缆的一种扩展底盘,主要应用于海底光缆的水下布设。与采样篮底盘相同,布缆底盘与ROV本体之间可以拆卸,但不同的是布缆底盘上要携带被布放的光缆,且无须伸缩功能。

扩展缆布放底盘位于ROV主体正下方位置,与ROV主体通过连接板相连。不锈钢板位于布缆底盘框架顶端,配合ROV底部结构,由螺栓同主体相连。布缆底盘包括底盘框架、方形浮力材料、扩展缆缆毂、A形缆毂连接件、缆毂上下顶块、伸缩油缸等主要结构和零部件,同时还包括特种海缆和水密湿插拔连接件等附属设备,图8-56为布缆底盘的示意图。

扩展缆布放底盘有其固定作业模式,完成一次海底特种海缆的敷设需要严格执行工作流程。海底扩展光缆敷设为一次性永久作业类型,缆毂以及缠绕其上的海缆在布缆任务完成后不再回收。如果布缆任务失败或者在作业过程中出

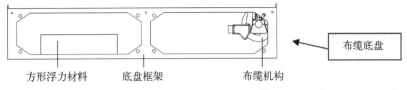

方形浮力材料　　　底盘框架　　　布缆机构

布缆底盘

图 8-56　布缆底盘示意图

现紧急危险情况,将直接卸下缆毂,中止布缆任务,ROV 返回水面母船,重新准备执行下一次敷设作业,缆毂如图 8-57 所示。

图 8-57　缆毂示意图

该套扩展缆布放系统的一般作业流程如下:

(1) ROV 在水面母船上完成缆毂安装、性能测试和海缆检查,确保 ROV 工作状态正常,海缆无损伤或断裂,缆毂可正常转动及卸下。

(2) ROV 入水,航行到达布缆指定起始位置,使用机械手完成缆首端水密连接件与海底科学仪器平台的接插作业。

(3) 按照预先设定好的布缆路径匀速航行,ROV 保持路径跟踪模式,随时关注 ROV 航行状态,一旦出现 ROV 偏离预设轨迹过多或者 ROV 出现重大故障,马上终止布缆任务返回水面。

(4) ROV 顺利到达布缆路径终点,卸下缆毂,使用机械手完成缆尾端水密连接件与海底接驳盒的接插作业。

(5) 布缆作业任务完成,ROV 返回水面,吊装上母船。

在第(3)个步骤中,随着海缆不断地敷设到海床上,ROV 总体重量减轻,因此需要设定 ROV 为定高航行模式,利用垂向推进器的垂向推力保持 ROV 在距离海底的一定高度上航行。应特别注意的是,要确保海缆的水中重量能够被 ROV 垂向推进器推力所抵消。图 8-58 为"海马-4500 号"ROV 布缆底盘在海底进行布放试验全过程中的 4 个截屏画面,从图 8-58(a)(b)(c)(d)中可以看出,缆毂上的缆存量逐渐减少,直至全部布放完,最终卸去缆毂。

通过以上采样篮底盘和布缆底盘的简单介绍,已经基本上清楚了不同底盘的工作原理和工作方式,但作业工具底盘远远不止这两种。不管是 ROV 的设计者,还是 ROV 的用户,都可以根据实际工作需求设计不同的作业工具底盘。

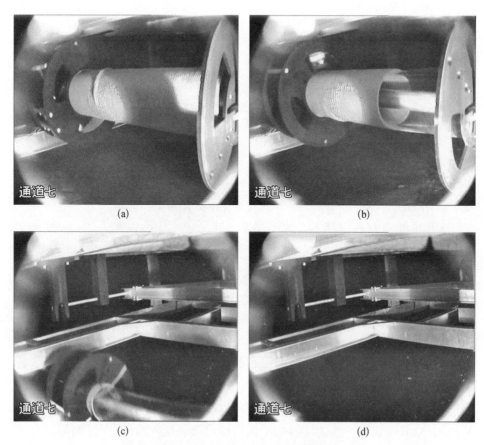

(a)　　　　　　　　　　(b)

(c)　　　　　　　　　　(d)

图 8 - 58　布缆底盘海试过程截图

它可以用于扩展数据采集能力,比如安装有声学设备和光学探测设备的底盘;也可以用于扩展 ROV 的作业能力,比如安装有作业工具的底盘。

　　总之,作业工具底盘具有非常大的灵活性,可以方便地扩展 ROV 的作业能力。另外,相同的 ROV 在搭载不同作用工具底盘的情况下,可以完成差异很大的功能。除了很少的设计要求,在满足和 ROV 本体的结构兼容性并能够为自身提供足够浮力的前提下,它的设计是多种多样的,设计良好的底盘能够为 ROV 带来很大的能力提升。而其最终实现的样式,完全取决于设计者对其作用的理解。

9

ROV的应用案例

全世界第一台 ROV 于 20 世纪 50 年代在美国问世。到现在为止已经过半个多世纪的发展,全世界已经形成了完整成熟的 ROV 产业。这在很大程度上扩展了人类开发利用海洋资源以及在海洋科学科研考察方面的能力。因此,从 20 世纪 80 年代开始,ROV 在国际海洋工程界和科学界得到了高度的重视,尤其深海作业级 ROV,由于其具有较强的作业和运载能力,得到了越来越多的关注。世界各国,尤其是一些发达国家投入了巨大的人力和物力资源,争相研制各种不同型号和种类的先进 ROV。目前,全世界正在应用的 ROV 型号大约有 200 种以上。毋庸置疑,在 ROV 工业和制造领域,美国、欧洲和日本等发达国家发展很早,具备传统优势,一直处于领先地位,ROV 技术也已发展得相当成熟。近几年,ROV 的发展在国内也受到重视,国家投入巨资资助 ROV 行业的发展,取得了显著的成绩。在国家政策和资金的扶持下以及在工程和科技需求的推动下,我国的 ROV 技术逐渐成熟和完善,正在逐渐赶超传统的 ROV 制造强国。另外,在我国民间资本和需求的推动下,ROV 应用领域也逐渐地扩大。除了大型 ROV 之外,小型 ROV 也相当普及。本章将从性能、应用以及取得的科研成果等方面,分别介绍来自国外包括美国、挪威和日本,以及中国目前比较有代表性的 ROV 应用案例。

9.1   国外具有代表性的 ROV

9.1.1   美国"UHD-Ⅲ™ 号"ROV

"UHD-Ⅲ™ 号"ROV[136](见图 9-1)是美国 FMC Technologies 公司生产的 Schilling Robotics 系列 ROV 中规格最高的。它满足美国石油组织 53 标准,主机 250 hp 和辅机 150 hp 的电源可以让它从事所有的海底作业,包括需求量最大的施工作业。因其作业能力强大,可以完成海底很多艰巨又耗能的作业任务,如吊放起重、装置移动和安装海底设备等。"UHD-Ⅲ™ 号"ROV

图 9-1   "UHD-Ⅲ™ 号" ROV 回收

的作业能力很全面,在海洋油气开发领域,可以为钻机以及监测、维护和维修(inspection,maintenance and repair,IMR)业务提供多级平台支持。"UHD-Ⅲ™号"ROV的系统不仅具备强大的作业能力和作业效率,而且由于具备高可靠性的自动控制模式,如智能电源管理、定点悬停、自主寻迹和自主运动等,使得操作员更加容易操作。因此它非常适合在复杂海底底质环境下进行高精度定点作业。表9-1提供了Schilling Robotics系列两种不同型号的ROV("UHD-Ⅲ™号"ROV和"HD™号"ROV)的基本参数对比,表9-2列出了"UHD-Ⅲ™号"ROV对应的中继器参数对比。

表 9-1 "UHD-Ⅲ™ 号" ROV 和"HD™ 号" ROV 参数对比

参　数	"UHD-Ⅲ™ 号"ROV	"HD™ 号"ROV
下潜深度/m	4 000	4 000
本体尺度(m×m×m)	3.5(长)×1.9(宽)×2.1(高)	2.9×(长)1.7(宽)×1.9(高)
HPU 功率/hp	250	150
辅助电源/hp	150	40
空气中重量/kg	5 500	3 700
能承受的最大拉力/kg	9 000	6 700
通过本体框架提供的最大拉力/kg	3 500	3 000
有效载荷/kg	450	250
推进器	7 个 SA420	7 个 SA380
正向拉力/kgf	1 200	900
垂直拉力/kgf	1 000	850
云台	2 个电动云台	2 个电动云台
阀门	14×8 LPM 4×32 LPM 2×160 LPM	16×8 LPM 2×32 LPM 1×160 LPM
灯光	120 V 交流	26 V 直流
机械手	1 个七功能机械手 1 个五功能机械手	可以安装任何 Schilling 型号的机械手

表 9-2 "UHD-Ⅲ™ 号" ROV 对应的中继器参数对比

参　　数	E425	E850	E1600
驱动方式	电动	电动	电动
下潜深度/m	4 000	4 000	4 000
脐带缆长度/m	425	850	1 600
尺度/(m×m)	1.8(长)×2.5(宽)	2.3(长)×2.2(宽)	2.4(长)×2.5(宽)
重量/kg	2 608	3 100	3 730
能承受的最大拉力/kg	9 700	13 025	13 025
通过框架提供拉力/kg	6 700	9 000	9 000
出缆速度/(m/min)	50	50	50
脐带缆直径/mm	28	28	28

由于"UHD-Ⅲ™ 号"ROV 的功率强大,非常适合完成复杂苛刻的海底作业任务,因此其应用非常广泛,其所涉及的作业任务包括海洋油气田、海底矿产资源开发、钻井支持、海底设备维修、海底电缆和管道埋设等。例如在 2013 年,"UHD-Ⅲ™ 号"ROV 就在美国墨西哥湾 2 000 m 水深处,完成了顶部张力达到 632mT 的管道铺设任务,这是在世界范围内管道铺设领域取得的巨大成就[1]。

9.1.2 美国"Jason/Medea 号"ROV

"Jason/Medea 号" ROV 是由美国伍兹霍尔海洋研究所的深海潜水器实验室负责设计和制造的,是由美国国家自然科学基金资助,其目的是让科学家不需要离开船的甲板就可以对深海海底进行考察[137]。第一代"Jason 号"ROV 是在 1988 年研制完成的,成功研制之后已经下潜作业几百次,用于在太平洋、大西洋和印度洋等海域观测和采集热液喷口样品。第二代的"Jason 号"ROV 于 2002 年研制成功,与第一代相比,第二代"Jason/Medea 号"ROV 更加先进和可靠,如图 9-2 所示。

"Jason/Medea 号"ROV 是由两部分组成的双体系统。由一个 10 km 长的加强光缆从母船通过中继器 Medea 向下给"Jason 号"ROV 本体供电并提供控制命令,ROV 本体也可以通过光纤向母船回传数据和实时的照片与视频。值得说明的是中继器 Medea 也可以充当吸振器的作用,避免"Jason 号"ROV 本体受到海面母船摇晃运动的影响。同时,在"Jason 号"ROV 本体作业时,中继器 Medea 还可以给本体提供灯光照明,也可以以鸟瞰的视觉对本体的作业调查活动进行监控。

图 9-2 "Jason/Medea 号"ROV 吊放入水准备下潜作业

　　"Jason 号"ROV 本体上装配有声呐、摄像机、照明系统、多种不同的采样系统以及机械手。而机械手可以采集岩石样品、沉积物、海洋生物等,机械手也可以将采集得到的样品存放在 ROV 本体携带的采样篮中。在深海作业时,科学家和 ROV 操作员可以在水面支持母船上遥控操作"Jason 号"ROV,控制其运动以及携带的作业工具,尽管"Jason 号"ROV 下潜作业时段最长可达 7 天,但每次下潜作业时长仅为 1~2 天。"Jason 号"ROV 从建造到现在在海洋地质调查和水下考古方面的应用非常成功,其中包括了对"泰坦尼克号"沉船的调查研究[137]。"Jason/Medea 号"ROV 的主要参数见表 9-3。

表 9-3 "Jason/Medea 号"ROV 主要参数

参　　数	"Jason/Medea 号"ROV
主尺度/(m×m×m)	3.4(长)×2.2(宽)×2.4(高)
重量/kg	4 000
下潜深度/m	6 500
最大运动速度/kn	向前速度为 1.5,侧向速度为 0.5,垂直速度为 1
采样时最大横移速度/kn	平坦海底为 0.4,倾斜海底上坡为 0.1
声学探测传感器	长基线应答器,中继发射机/接收机,多普勒速度计程仪,多波束声呐

（续表）

参　　数	"Jason/Medea 号"ROV
推进器	6 个无刷直流电机推进器,提供 13N 推力
机械手	1 个七功能 Schilling Titan 机械手 1 个七功能 Kraft Predator 机械手
摄像机	无色散位移光纤混合式高清摄像机,迷你宙斯高清摄像机
ROV 传感器	压力传感器,高度计,姿态与导航传感器
脐带	中性浮力缆,直径 20 mm,长度 50 m

9.1.3　挪威"Argus Bathysaurus XL 号"ROV

挪威具有很长的海岸线,深海油气田资源以及海洋资源异常丰富。作为北欧地区的发达国家,资源开发和科学研究的需求促使挪威在海洋工程以及潜水器等领域发展较早。挪威的船舶、海洋工程、海洋平台等已经非常发达。而相应的深海 ROV 研发也较早,技术非常成熟。目前虽然 ROV 市场上流行的很多大深度作业级 ROV 都是依靠液压驱动的,但是挪威独辟蹊径,在大深度作业级 ROV 方面开发了更加绿色环保的电动 ROV,其中比较经典的是 Argus 系列(见图 9-3)ROV 中的 100 hp "Argus Bathysaurus XL 号"ROV[138],该 ROV 为中型 ROV,最大下潜深度可达 6 000 m,如图 9-4 所示。

"Argus Worker 号"　　"Argus Bathysaurus XL 号"　　"Argus Bathysaurus 号"　　"Argus Mariner 号"

图 9-3　挪威 Argus 系列 ROV

"Argus Bathysaurus XL 号"ROV 的制造商 Argus 为挪威著名的深海设备制造公司,该公司制造了一系列 Argus ROV,涵盖小型 ROV、中型 ROV、大型 ROV 以及重载作业级 ROV。"Argus Bathysaurus XL 号"ROV 是 Argus 系列中的大深度电力驱动 ROV,是目前电动 ROV 中下潜最深的,其可用于深海科

图 9 - 4   挪威"Argus Bathysaurus XL 号"ROV

学研究、海底生物以及沉积物取样、海底打捞搜救、深海资源勘探等。与大部分
ROV 相似,"Argus Bathysaurus XL 号"ROV 具有开架式结构,因此易于检修。
开架式结构减轻了 ROV 本体的重量和尺寸,同时也减小了在水中运动时的阻
力。在海流速度很强的情况下,减小阻力意味着具备更好的顶流性能。"Argus
Bathysaurus XL 号"ROV 的基本参数见表 9 - 4。

表 9 - 4   "Argus Bathysaurus XL 号"ROV 主要参数

参 数	"Argus Bathysaurus XL 号"ROV
ROV 本体尺度/(m×m×m)	2.5(长)×1.6(宽)×1.6(高)
空气中重量/kg	2 900
有效负载/kg	200
最大作业深度/m	6 000
浮力材料	复合泡沫塑料
向前和向后拉力/kg	400
垂向拉力/kg	560
前后运动速度/kn	2.5~3
横向运动速度/kn	2
本体液压动力单元输入电源	3 相 440 V 交流,75 kW 电源
螺旋桨推进器	4 个水平推进器、4 个垂向推进器
机械手装置	1 个五功能 Schilling Rigmaster 机械手 1 个七功能 Schilling T4 机械手
本体携带的摄像机	1 个高清摄像机为 1 个 F/Z 1080i 黑白照相机 3 个 彩色照相机 2 个

（续表）

参　　数	"Argus Bathysaurus XL 号"ROV
传感器设备	声呐、高度计、深度计和罗盘等
智能化功能	自动定深、定高、定向航行
绞车输入电源	3 相 86 kW,60 Hz 电源
绞车尺寸/(m×m×m)	7(长)×2.6(宽)×3.9(高)
脐带缆	直径 17 mm,长度 6 500 m

9.1.4　法国"Victor－6000 号"ROV

"Victor－6000 号"ROV 是针对深海科学考察而研制的 ROV。该 ROV 进行了模块化的设计,可以携带多种不同的仪器和作业工具,完成高质量的图像数据以及样品采集等[139-142]。"Victor－6000 号"ROV 系统在本体底部配置了一个底盘,即采样篮。采样篮为一个高为 0.7 m 的结构,内部可以布置多种作业工具和特殊需要的工具。"Victor－6000 号"ROV 的水下定位主要依靠超短基线来完成。模块化的设计使得整个系统可以升级和扩展,以便安装新的作业设备来完成新的作业任务。"Victor－6000 号"ROV 如图 9－5 所示,其本体的主要技术指标见表 9－5,本体的采样篮技术指标见表 9－6。

图 9－5　"Victor－6000 号"ROV

表 9 - 5 "Victor - 6000 号"ROV 本体主要技术指标

参 数	"Victor - 6000 号" ROV
本体尺寸/(m×m×m)	3.1(长)×1.8(宽)×2(高)
空气中重量/kg	4 000
最大作业深度/m	6 000
运动速度/kn	1.5
推进器	在任意方向可以提供 200 kg 推力
本体携带的摄像机	1 个 3 - CCD 云台摄像机,可放大缩小转向 5 个附加彩色摄像机
传感器设备	声呐、深度压力传感器、高度计和罗盘等
照明	8 个漫光灯共 5 kW
机械手	一个七功能机械手,抓举力 100 kg 一个五功能机械抓取手臂,抓举力 100 kg

表 9 - 6 "Victor - 6000 号"ROV 采样篮技术指标

尺寸(m×m×m)	2.5(长)×1.9(宽)×0.7(高)
重量	水中 170 kg,空气中 600 kg
液压功率/kW	3
电动功率	500 W - 240 V,200 W - 48 V
数据通信	2 串行链路
采样篮尺寸(m×m×m)	1.1(长)×0.9(宽)×0.6(高)
传感器	3 个温度传感器
生物采样	8 瓶旋转采样器
地点标记	6 个被动式标记器
采水器	19×200 ml

如图 9 - 6 所示,"Victor - 6000 号"ROV 的主要系统包含水面支持母船、水面控制集装箱、液压脐带缆绞车、主缆、压载、中性浮力脐带缆以及 ROV 本体。压载和中继器的作业比较相似,也可以隔离水面母船上下运动对 ROV 本体的影响。图 9 - 7 所示为"Victor - 6000 号"ROV 传回的拍摄于 3 820 m 海底的"泰坦尼克号"沉船残骸照片。

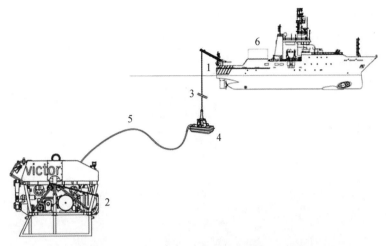

图 9‐6 "Victor‐6000 号"ROV 系统组成示意图

1—液压脐带绞车；2—ROV 本体；3—主缆；4—压载；5—中性浮力脐带缆；6—水面控制集装箱

图 9‐7 "Victor‐6000 号"ROV 拍摄的位于 3 820 m 海底的"泰坦尼克号"沉船残骸照片

9.1.5 日本 Kaiko 系列 ROV

日本海洋研发方面的重点是在深海潜水器技术，其潜水技术处于世界领先水平。日本政府投入了巨资支持其国家海洋地球科学与技术中心（JAMSTEC）的发展，并且建造了水面母船支持的多种类型深海潜水器，其中比较典型的是Kaiko 系列 ROV[143-145]，如图 9‐8 所示。Kaiko 系列的 ROV 都采用中继器，其系统大体的组成如图 9‐9 所示。

"Kaiko 号"ROV 是由日本海洋科学与技术中心 JAMSTEC 研制的，它可以下潜至 11 000 m 深的马里亚纳海沟底部进行探索和作业，是世界上下潜深度最大的 ROV,但于 2003 年 5 月在第 296 次下潜时丢失。之后于 2004 年,该技术中心又研制了"Kaiko‐7000 Ⅱ号"ROV 作为"Kaiko 号"ROV 的替代品,它的最大下潜深度只有 7 000 m,但仍然是目前世界上下潜最深的 ROV。

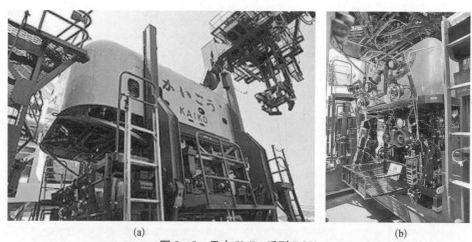

(a)   (b)

图 9‐8　日本 Kaiko 系列 ROV

(a)"Kaiko‐11000 号"ROV　(b)"Kaiko‐7000 Ⅱ号"ROV

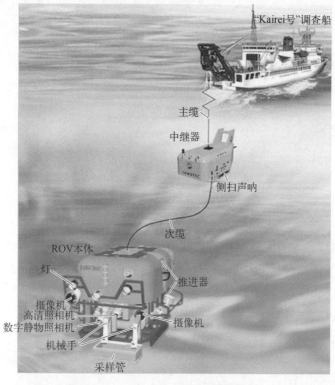

图 9‐9　Kaiko 系列 ROV 系统示意图

"Kaiko‑11000 号"和"Kaiko‑7000 Ⅱ 号"ROV 的基本参数见表 9‑7。另外,Kaiko 系列 ROV 的中继器见表 9‑8。

表 9‑7　两种 Kaiko 系列 ROV 基本参数对照表

参　　数	"Kaiko‑11000 号"	"Kaiko‑7000 Ⅱ 号"
主尺度/(m×m×m)	3.1(长)×2.0(宽)×2.3(高)	3.0(长)×2.0(宽)×2.1(高)
空气中重量/kg	5 600	3 900
最大下潜深度/m	11 000	7 000
有效载荷重量/kg	150(空气中) 76(水中)	100(空气中) 50(水中)
速度/kn	前进: 2.0 后退: 1.0 升降: 1.0	前进: 1.5 后退: 1.0 升降: 1.0
观测设备	探测仪、彩色摄像机、全景 TV 摄像机、35 mm 照相机、黑白摄像机等	CTD探测仪、2 台 TV 摄像机、2 台高清摄像机、500 万像素数码相机
导航设备	CTRM 声呐、测高声呐、罗经、姿态传感器、应答器	声呐、黑白摄像机、深度计、高度计、指南针、GPS/ARGOS
作业设备	2 个七功能机械手,举重载荷 30 kg	1 个六功能机械手、1 个七功能机械手

表 9‑8　Kaiko 系列 ROV 中继器(Launcher)基本参数

参　　数	中继器(Launcher)
主尺度/(m×m×m)	5.2(长)×2.6(宽)×3.2(高)
空气中重量/kg	5 800
最大下潜深度/m	11 000
拖曳速度/kn	≤1.5
观测设备	CTD、侧扫声呐、浅地层剖面仪
导航设备	障碍物探测声呐、用于监测中继器与 ROV 连接的黑白摄像机、罗经、深度计、高度计

Kaiko 系列 ROV 由于其下潜深度深、功能齐全,在深海观测、勘探等领域应用广泛,并取得了很多成就。

(1) 1995 年 3 月,"Kaiko‑11000 号"ROV 成功在马里亚纳海沟下潜至

10 911.4 m,拍摄到很多栖息在海底的深海生物。

（2）1996 年 2 月，"Kaiko - 11000 号"ROV 在马里亚纳海沟的"Challenger Deep"（10 898 m）首次成功采集了深海 1 万米以下的微生物沉淀物。

（3）1997 年 12 月，"Kaiko - 11000 号"ROV 与 JAMSTEC 的"Kairei 号"深海科研船和"Dolphin - 3K 号"ROV 合作，证实了"Tsushima Maru 号"学生疏散船在第二次世界大战期间沉没在冲绳海域。

（4）1998 年 5 月，"Kaiko - 11000 号"ROV 首次在马里亚纳海沟采集了极深海底新物种 *Hirondelleagigas*（短脚双眼钩虾），它的身长约 4.5 cm。

（5）1999 年 10 月，"Kaiko - 11000 号"ROV 在琉球海域 2 015 m 深的海沟，成功连接测量作业设备和海底电缆。

（6）1999 年 11 月，"Kaiko - 11000 号"ROV 在小笠原群岛海域的 2 900 m 深处，成功搜寻到因发射失败而坠毁的日本"H - 2, No. 8"火箭。

（7）2000 年 8 月，"Kaiko - 11000 号"ROV 在印度洋中部海域的 2 450 m 深处，发现了地质热液活动和生态系统。

（8）2004 年 5 月，"Kaiko - 7000 Ⅱ号"ROV 替代"Kaiko - 11000 号"ROV。

（9）2012 年 7 月，"Kaiko - 7000 Ⅱ号"ROV 参与"日本海沟钻探计划（Jfast）"，研究日本东北大地震和 2011 年海啸的成因。

9.2　中国"海马- 4500 号"ROV

我国于 2008 年底启动了国家高技术研究发展计划（"863"计划）海洋技术领域重点项目"4 500 m 级深海作业系统"的研发工作。项目研发团队经过 6 年的不懈努力，克服了核心技术受控于国外以及国内技术产业配套能力弱等不利因素，全面掌握了大深度 ROV 设计和研制的多项核心技术，实现了项目的总体目标，并最终成功研制出了 4 500 m 级"海马号"ROV，即"海马- 4500 号"ROV。这是我国深海高技术发展进程中具有历史性意义的标志性成果。"海马- 4500 号"ROV 在通过海试验收后迅速投入深海地质勘查应用，在 2015 年 3 月的南海水合物资源勘查中发现了"海马冷泉"。随后在 2015 年 6～7 月进行的大洋第 36 航次、在 2016 年 2～3 月的"海马冷泉"水合物资源详查和冷泉生态环境调查，以及于 2017 年 5 月进行的南海天然气水合物调查等多个航次任务中取得了突破性成果，创造了多项纪录。2017 年 9 月，"海马- 4500 号"ROV 在我国大洋矿产调查 41B 航次中同时搭载了国产钻机和结壳厚度声学在线探测设备，并成功进行了同步作业。这不仅在国内是首次完成,在国际上也没有先例,这证明我国在富钴结壳矿产资源探查领域的技术装备已经迈入了国际领先水平。"海马-4500号"ROV 已成为我国国产高新技术装备推动深海矿产资源探查工作的一个成功范例。2018年4月,"海马-4500号"ROV 与"深海勇士号"HOV 在"海马冷泉"区圆满完成了联合科考,取得了多方面的科学技术成果。这次考察是我国首次使用两台深海作业级潜水器进行海底协同作业,是我国重大科研成果快速转化和国产化深海高新技术装备业务化运作的典范。

9.2.1 "海马-4500号"ROV 作业系统简介

"海马-4500号"ROV 是我国首套自主研制的工作水深最大、国产化率最高(90%以上)、作业能力最强的作业级 ROV 系统。"海马-4500号"ROV 系统如图 9-10 所示,其主要系统包括作业母船("海洋六号"科考船),水面控制室系统,甲板吊放回收系统,脐带缆,推进、照明和视频系统,水下观测搜寻系统,以及机械手和水下作业工具系统。"海马-4500号"ROV 本体及配置如图 9-11 所示[39, 85, 146]。

"海马-4500号"ROV 主要技术指标如下。

工作水深:4 500 m。

最大功率:130 hp。

图 9-10 "海马-4500号"ROV 系统组成示意图

图9-11 ROV本体及配置

主尺度：3.3 m(长)×1.8 m(宽)×2 m(高)。

重量：4 396 kg(包括 260 kg 有效载荷)。

工作工况：4 级海况。

有效载荷：260 kg。

前进/后退速度：2.5 kn。

垂向速度：1.5 kn。

侧向速度：1.5 kn。

自动导航：自动定高、自动定深、自动定向。

机械手包括五功能机械手和七功能主从式机械手。

视频系统包括高清变焦摄像机、微型彩色摄像机、广角摄像机(可扩展)。

照明系统包括卤素灯 250 W(6 个)，HMI 灯 575 W(2 个)。

导航设备为 USBL、罗盘、深度计、高度计和避碰声呐。

紧急情况定位装置为超短基线 MINI 信标，无线定位信标 RF-700A1 和 ST-400A 闪光灯。

扩展接口提供液压接口、24 伏直流电源接口和通信接口。

作业底盘及工具包括采样篮工具底盘、插管取样器、网状取样器、机械触发式采水瓶、自容式 CTD、甲烷传感器、水下定位信标、侧扫声呐、多波束图像声呐、生物诱捕器等作业工具。

9.2.2 "海马–4500 号"ROV 在南海天然气水合物勘查中的应用

天然气水合物作为未来的战略性新型能源矿产,在我国南海已经成功实现了试开采,对推动新型清洁能源生产具有重要而深远的影响。而"海马–4500 号"ROV 在南海天然气水合物勘查中发挥了重要的作用[147]。

1. "海马–4500 号"ROV 在水合物调查中的任务

2015 年,"海马–4500 号"ROV 首次应用到天然气水合物的调查任务中,旨在发现海底"冷泉"活动和"冷泉"与天然气水合物赋存相关的微地貌特征。为完成这些任务,有针对性地配置了三视角高清摄像机、机械手专用工具、海水温度、甲烷含量测量、声呐、定位信标等探测设备和工具,进行了搜索、详查、观测、触探、取样和实验等海底作业,具体作业方法如下。

1) 高精度定位多视角全方位搜索

"海马–4500 号"ROV 配置有三路高清水下摄像机,如图 9–12(a)所示,包括带有云台功能的高清变焦摄像机、前视广角水下摄像机和垂直底部的普通变焦摄像机。高清摄像机可以对目标物进行细致观察,广角摄像机侧重于搜寻重要目标点,底部变焦摄像机用于对海底目标进行近距离观察和坐底后的细节观察,三路视频各有所长,能够很好地满足科学家对海底目标的观测。在水下精确定位下,对站位目标点进行了近海底详细搜索观察(见图 9–12(b))。相比较传统的海底摄像系统(见图 9–12(c)),"海马–4500 号"ROV 具有更好的灵活性和机动性,可以对目标区进行反复搜索,不会错失疑似目标,从而找到目标。

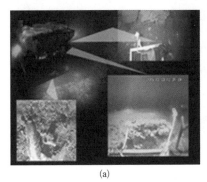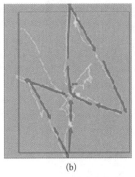

(a)	(b)	(c)

图 9–12 高精度定位下的全方位搜索

(a) 三视角高清摄像观察 (b) 站位的详细搜索 (c) 与传统手段对比效果

2) 定点触探及观测

利用"海马–4500 号"ROV 作业时间长的优势,在目标点进行长时间观察,通过

64 倍高速回放,可见大量生物,且生物活跃度非常高,如图 9-13(a)和图 9-13(b)的对比非常明显,图(b)中圆圈圈出部分为活跃的生物群落。此外,"海马-4500 号" ROV 灵活的多功能机械手可对典型目标进行触探,判断碳酸盐结壳硬度、大小和盖层下部情况,特别是其机械手触探海底结壳过程中,有大量甲烷气体渗出(见图 9-13(c)圆圈圈出部分),反映出该区海底甲烷气体渗漏明显,流量大。"海马-4500 号" ROV 携带的探测仪器数据表明该冷泉区存在近海底海水低温异常和超高甲烷含量异常,如图 9-13(d)所示,是冷泉下特有天然气水合物赋存的有力证据。

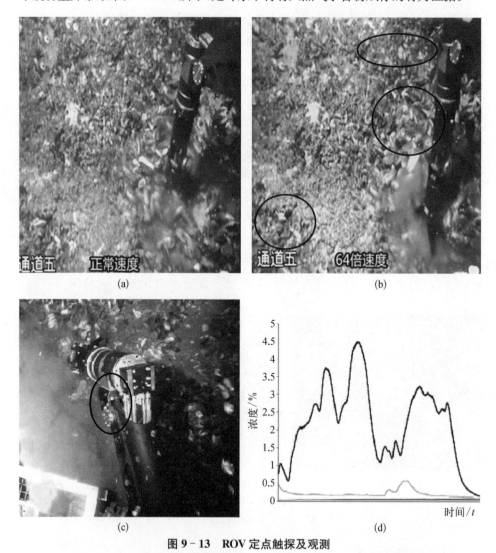

图 9-13 ROV 定点触探及观测

(a) 正常回放　(b) 64 倍回放,圆圈圈出部分为活跃的生物群落　(c) 机械手触探溢出的气泡(圆圈圈出部分所示)　(d) 甲烷测量曲线

3) 声学探测

基于调查区勘探的需要，"海马-4500 号"ROV 通过搭载的侧扫声呐和多波束图像声呐，成功搜索到并在图像上清晰显示出钻探区的钻孔（见图 9-14），并在钻孔周围进行了综合探查。

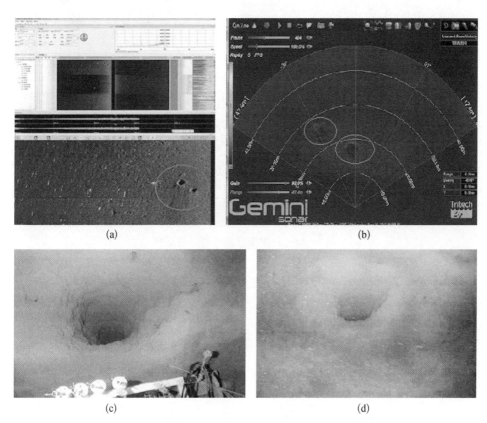

(a)　　　　　　　　　　　　　(b)

(c)　　　　　　　　　　　　　(d)

图 9-14　图像声呐和侧扫声呐实现了对钻孔的精确探测

(a) 侧扫声呐图像　(b) 多波束声呐图像　(c)和(d) 为拍摄的钻孔

4) 精准取样

根据不同目标特点，"海马-4500 号"ROV 配置了多管沉积物取样设备、插管取样器、生物取样器、采水瓶等取样工具，图 9-15 为部分取样工具。利用这些取样工具已经获取了大量的生物样品、沉积物、碳酸岩结壳、生物化学礁等珍贵样品。

5) 设备布放和回收

"海马-4500 号"ROV 在地勘调查任务中，多次出色地完成了海底勘探设备的布放回收。图 9-16(a)为"海马-4500 号"ROV 将生物诱捕器准确地布放至钻探区的钻孔周围，图 9-16(b)为"海马-4500 号"ROV 成功将生物诱捕器回

图 9 - 15　利用工具进行目标物取样

图 9 - 16　ROV 设备布放与回收

（a）布放生物诱捕器　（b）回收生物诱捕器　（c）发现海底设备　（d）回收海底设备

收,图 9-16(c)和(d)为"海马-4500 号"ROV 成功搜寻到海洋可控源电磁海底接收机并将其回收至甲板。

2. "海马-4500 号"ROV 在天然气水合物探查中的应用成果

根据中国地质调查局广州海洋地质调查局的工作部署,自 2015 年首次应用于地勘任务后,"海马-4500 号"ROV 已连续 4 年在南海北部陆坡的天然气水合物区开展调查勘探,在调查区获取了大量的海底视频图片、生物样品、沉积物、碳酸岩结壳、生物化学礁和实测数据等珍贵资料,为资源勘查和科学研究获取了第一手重要资料,并在各方面取得了重要成果。

1)首次在南海北部陆坡西部发现活动性"海马冷泉"。

2015 年,"海马-4500 号"ROV 在地勘应用中首战告捷,首次在南海北部陆坡西部发现了活动性冷泉,遂以"海马号"ROV 命名,即"海马冷泉"。海底冷泉是研究天然气水合物环境效应的最理想研究场所,海马冷泉的发现,开拓了我国活动冷泉探测和研究的新纪元,对全面认识南海北部陆坡冷泉的形成和分布、以及冷泉生态系统具有重要的科学意义[79, 148]。

2)天然气水合物资源勘查取得又一个突破性成果

"海马-4500 号"ROV 在冷泉区和钻探区的勘查,为开展天然气水合物有利区详查、圈定勘探目标区和评价天然气水合物资源潜力提供了宝贵的调查资料,为实施天然气水合物钻探奠定了坚实的基础。证实前期对海底渗漏型水合物分布预测方法的正确性,初步证实了勘查标区成矿条件优越,资源前景良好,对后续钻探部署有重要指导意义[149]。

3)揭示了"海马冷泉"流体来源、沉积环境和发育演化特征

通过"海马-4500 号"ROV 观察到大面积分布的碳酸盐结壳,揭示该区冷泉活动已有长久历史,而广泛分布的双壳类生物遗骸可能指示了冷泉喷溢的时空变迁。"海马-4500 号"ROV 获取的"海马冷泉"碳酸盐岩样品,为开展岩石学、矿物学、碳氧稳定同位素、微量元素组成以及 AMS 14C 年代学研究、揭示"海马冷泉"的流体来源、沉积环境和演化特征,也为天然气水合物环境效应研究提供了良好基础[150]。

4)进一步研究"海马冷泉"生态系统结构

在"海马冷泉"进行了详查和精确取样,获取了贻贝、管状蠕虫、囊蛤、铠甲虾、蛇尾、螺类等生物样品,为进一步研究"海马冷泉"的演化历史和生态系统结构提供了基础资料[79, 150]。图 9-17 为"海马-4500 号"ROV 发现的"海马冷泉"区甲烷礁及生物样品,图 9-18 为"海马-4500 号"ROV 在南海北部陆坡西部拍摄的活动性"冷泉"标志——双壳类生物群。

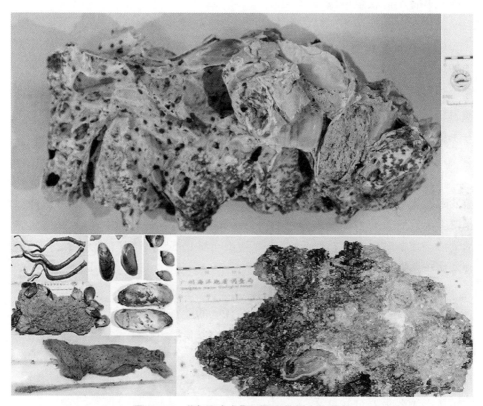

图 9‑17　"海马冷泉"区甲烷礁及生物样品

图 9‑18　被拍摄到的南海北部陆坡西部的活动性"冷泉"标志——双壳类生物群

5）创新了 ROV 的作业方法

"海马–4500 号"ROV 从科研成果到实用化深海调查装备的快速转化，是我国高科技成果在地质勘探领域投入实际应用并取得突破性成果的成功范例，创新了 ROV 的作业方法，填补了我国深海探查作业手段的一项空白，在我国深海技术装备研发领域具有里程碑式的意义。"海马–4500 号"ROV 在"冷泉"区海底作业过程中表现出色，证明我国在深海作业级 ROV 自主研发方面取得了实质性突破，同时体现了我国在天然气水合物资源领域具备了国际一流的科研水平和深海探查技术的设备研发和应用能力[149]。

9.2.3 "海马–4500 号"ROV 在大洋矿产资源调查中的应用

维嘉海山位于西太平洋麦哲伦海山链中部($12°40.00'$N，$156°35.00'$E），是我国与国际海底管理局签订的《富钴结壳勘探合同》合同区所在地。在 2017 年的调查航次中，"海马–4500 号"ROV 对维嘉海山富钴结壳矿区的资源分布状况进行了 7 个站位的探查作业，包括近海底观察、生物岩石取样、钻探、水文测量、声学测厚和工具试验，获取了大量海底高清视频图片、岩石生物样品、水文数据、结壳测厚数据，这是继 2015 年采薇海山区后的又一次探查作业，实现了海山富钴结壳的"体系化"勘探，极大地发挥了 ROV 勘探手段的优势，服务于小尺度富钴结壳分布和成矿规律研究，并进一步验证了维嘉海山区的富钴结壳的分布状况和成矿规律[151-157]。

现将"海马–4500 号"ROV 在西太平洋航次中的调查成果进行简单介绍。

1）小尺度富钴结壳分布规律

"海马–4500 号"ROV 在西太平洋航次中关于富钴结壳研究的测站位于维嘉海山西南角的山顶上，坡度变化大，变化范围 $2°\sim10°$。其中测站中部坡度最大，为 $8°\sim10°$，西侧和东南部坡度相对较小，为 $2°\sim6°$。ROV 观测轨迹及其对应的富钴结壳分布特征（见图 9–19）。据 ROV 浅钻钻探结果，板状结壳厚度为 14 cm。砾状结壳多分布于测站西部坡度较小的区域。

2）海山生物空间分布规律

维嘉海山山顶边缘共进行了 6 个 ROV 站的调查，其中 5 个站进行了生物采样，采集到的巨型底栖动物样品共计 48 只，来自 5 个门，包括海绵动物门、刺胞动物门、棘皮动物门、节肢动物门和脊索动物门。"海马–4500 号"ROV 获取的部分样品如图 9–20～图 9–23 所示。

由以上调查结果可知维嘉海山山顶边缘巨型底栖动物群落以海绵动物和海星、蛇尾、海百合等棘皮动物为主要优势类群。各站之间相比较，南侧的生物多样性和生物量均高于北侧和东侧。

图 9 - 19　富钴结壳分布特征

(a) 连片分布的板状结壳　　(b) 板状结壳表面发育典型瘤状凸起
(c) 砾状结壳,间隙分布薄层沉积物　(d) 沉积物分布区零星分布砾状结壳

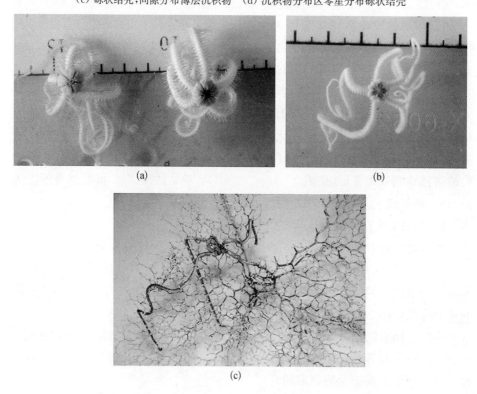

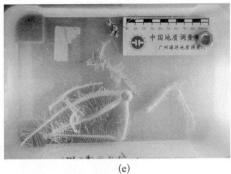

(d)　　　　　　　　　　　　　　(e)

图 9‑20　"海马‑4500 号"ROV 获取的部分样品

（a）海蛇尾、棘蛇尾　（b）半蔓蛇尾　（c）蔓蛇尾　（d）海百合　（e）海星

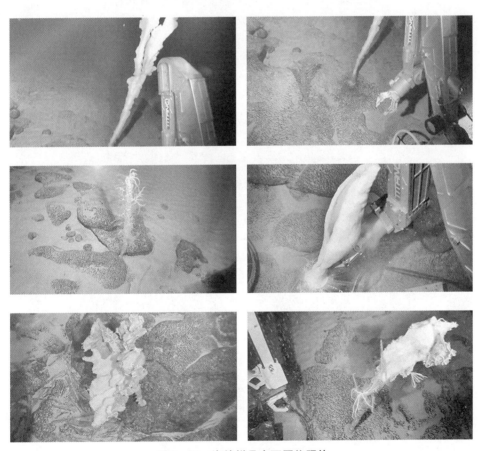

图 9‑21　海绵样品水下原位照片

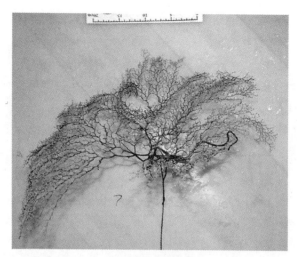

图 9-22 珊瑚

图 9-23 合鳃鳗

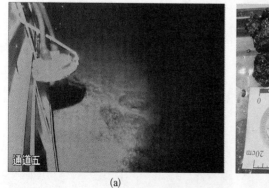

(a)

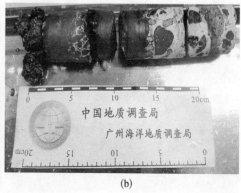

(b)

图 9-24 声学测厚成果

(a) 测厚点地形情况　(b) 同一地点获取的岩芯

3）声学测厚初步成果

在本航次中，"海马-4500 号"ROV 在维嘉平顶山共进行了 6 个站位作业。在 6 个 ROV 站位中，"海马-4500 号"ROV 通过搭载的钻机在 3 个站位成功获取到结壳岩芯样品，同时在该点进行了声学测厚，揭示了富钴结壳的具体厚度，如图 9-24 所示。结合声学测厚设备在这两个站位钻探点测得的数据，可以对声学测厚设备的精确度进行验证[158]。

4）海底目标物搜索回收成果

在本航次中，"海马-4500 号"ROV 总共进行了两种目标物高精度利用和回收，包括生物诱捕器和锚系。

（1）生物诱捕器的搜索回收。为了了解维嘉海山山顶及边缘巨型底栖动物群落等生物的多样性和分布规律，利用 ROV 强大的运载能力，将生物诱捕器搭载至海底，并进行精确布放，待 ROV 完成近海底观测和作业后，再搜寻生物诱捕器并进行回收。"海马-4500 号"利用高精度水下定位系统，在布放生物诱捕器时，对其精确定位，ROV 完成作业任务后根据定位点操控 ROV 近海底就进行搜索，成功收回，如图 9-25 和图 9-26 所示。

图 9-25　ROV 成功搜寻到生物诱捕器　　　　图 9-26　ROV 回收生物诱捕器

（2）锚系搜寻回收。利用 ROV 的机动性和灵活性，根据精准定位，成功在海底找到锚系（见图 9-27），再利用精准操控性能，沿着锚系缆绳慢慢上浮，在缆绳 80 m 高的定点成功将缆绳抓获（见图 9-28），利用机械手将锚系提升至甲板进行回收。

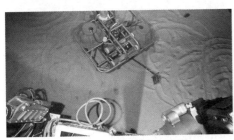 

图 9-27　成功搜寻到锚系　　　　　　　图 9-28　利用机械手回收锚系

9.2.4　"海马－4500号"ROV与"深海勇士号"HOV的联合科学考察

为了加速推进我国"冷泉"研究的进程,中国地质调查局和中国科学院组织了针对"海马冷泉"区的联合科考,2018年4月26日"海马－4500号"ROV和"深海勇士号"HOV分别搭载于"海洋六号"科考船与"探索一号"科考船在"海马冷泉"作业区会合[159]。"海马冷泉"位于我国南海珠江口盆地西部海域,水深1 350 m至1 430 m。本次联合科考汇聚了来自国内10家科研单位的近40名科学家,科考活动展开了3次潜水器海底协同作业,主要开展"海马冷泉"分布范围与微地形特征探查、流体活动观测与地球化学原位分析、冷泉碳酸盐取样和演化发育史研究、生物多样性和微生物采样研究、浅表层水合物实地形成与分解研究,并同时开展区域水文、地热流和沉积作用等调查研究工作。

这是我国首次使用两种具有自主知识产权的国产化大深度潜水器进行具有国际前沿科学技术水平的联合科学考察。"海马－4500号"ROV和"深海勇士号"HOV是两种不同类型的深海作业级潜水器,开展联合考察可有效发挥各自的功能优势。本次联合科考是我国在进军深海进程中的一次跨部门"强强合作",实现了组织和实施模式的创新,推动了我国深海科学与技术的紧密结合和相互促进,为国产深海技术装备的业务化运作起到了先行示范作用。图9－29为"海

图9－29　"海马－4500号"ROV拍摄的"海马冷泉"

马-4500号"ROV拍摄的"海马冷泉"。

9.2.5 "海马-4500号"ROV技术应用成果

"海马-4500号"ROV在4年的地勘作业中,通过多项新技术的应用,极大地提升了其科考和作业能力,取得了一系列创新成果。

1. 声学测厚技术应用

富钴结壳的覆盖厚度从有到无变化非常大,厚度从10～250 mm不等。目前唯一能测量富钴结壳厚度的方式就是取样后进行测量,但是取样耗时大,效率低,很难满足资源勘查的需要。"海马-4500号"ROV搭载声学探测设备对富钴结壳厚度进行了实时在线原位测量,有效地扩大了探测范围,结果表明,这种原位测量结壳厚度的技术是可行的,而且是一个非常有用和有效的工具。

2. 钻探技术应用

"海马-4500号"ROV搭载富钴结壳岩芯钻机,针对特定目标物进行钻进取样,成功获取了样品并揭示了富钴结壳的实际厚度。为了满足富钴结壳岩芯钻机的工作需要,对"海马-4500号"ROV的动力单元、液压推进系统、操作单元、控制系统和本体进行了适应性改造,满足了钻机的集成与搭载需求。

3. ADCP与CTD探测技术应用

"海马-4500号"ROV在探测作业时同步搭载了CTD和ADCP,从海表面以一定的速度下放到近底层,再从近底层提升到海面,得到每个测站由表及底的整个水柱的海流剖面资料。此外,ROV还将ADCP精确布放到海底目标点进行定点观测,实现了ADCP工作方法的又一次创新。

4. 取样技术应用

针对海底固体样品取样需求,兼顾机械手作业的灵活性,专门为机械手配置了一套强力抓手,获取了大量的岩石样品,不仅刷新了单个样品62 kg的纪录,也刷新了单潜次101.5 kg样品的纪录。此外,机械手利用其小巧灵活的抓手,获取了大量丰富多样的生物样品,同时对采样篮进行了改进,使之适合保存生物样品。

5. 搜索回收设备方法应用

进行了生物诱捕器和锚系的搜寻回收作业。其中,生物诱捕器利用水下定位系统的精确定位进行搜寻,锚系则利用其自身携带的声学释放器测距功能成功实现了精确定位。成功搜寻后,ROV作业人员利用自研的带缆挂钩,成功实现了生物诱捕器和深海锚系的打捞工作。

9.2.6 "海马–4500 号"ROV 取得的科学成果

"海马–4500 号"ROV 在投入使用后共取得以下科学成果：

（1）在 ROV 站位，通过 ROV 高清视频摄像对富钴结壳资源形态、产状和表面特征进行了调查。

（2）通过作业工具获取了结壳矿物标本，为研究海山构造演化和成矿机制、构建成矿过程、揭示小尺度成矿特征提供了实物基础。

（3）利用 ROV 钻机成功揭示了板状富钴结壳的实际厚度。

（4）利用原位声学在线实时测厚系统实时测量结壳厚度，为揭示富钴结壳矿区的资源分布状况和开展资源评价提供了基础数据。

（5）通过取样工具获取了大量的深海生物，为进一步研究海山生物多样性提供了宝贵的生物标本。

（6）利用 ADCP 和 CTD 综合测量为研究海山流场分布特征、高频混合作用以及底流对结壳小尺度分布的控制作用提供了测量数据。

（7）利用 ROV 技术进行综合探测，为开展富钴结壳规模取样设备的试验性应用，为富钴结壳资源开采服务。

（8）对"海马冷泉"进行了联合科考，获取了大量资料与样品，为进一步研究"冷泉"奠定了基础。

10 展望

随着陆地资源被大量开采而日益匮乏，人类要维持自身生存、繁衍和发展，就必须充分认识和利用海洋，而 ROV 是未来海洋资源开发不可缺少的工具。根据 Douglas-Westwood 的市场报告得知[160]，全球用于工作级 ROV 的花费从 2013 年的 16 亿美元增长至 2017 年的 24 亿美元，年增长率为 11.3%。在过去 5 年间，整个 ROV 市场价值约为 97 亿美元，增长了 79%。该报告在对 ROV 市场的预测中指出，深海海底勘探和测井支持以及资源开采，是 ROV 市场最重要的驱动力，在未来 5 年将贡献 75% 的增长份额。海底工程建造与支持将会贡献 20% 的增长率，维护和维修按贡献 5% 的增长率。ROV 的创新和发展将适应于未来社会需求的牵引和科学技术的推动，从目前情况来看，有以下几个比较明显的发展趋势：

(1) 作业能力更强大。

(2) 搭载和扩展能力更强大。

(3) 导航定位、控制精度更高。

(4) 智能化、小型化、低成本。

(5) 协同作业。

(6) 高性能浮力材料、结构材料。

(7) 轻质、高强度、耐磨损和可反复收放的新型非金属铠装缆。

可以预见，随着人类探索开发及利用海洋与深海资源所应用的 ROV 关键技术日趋成熟，ROV 将会在作业能力、可靠性和关键技术等方面得到突破，自动化程度将会更高，适应能力也会更好，其应用也将会更广泛。

另外，在 ROV 发展过程中仍有一些关键技术需要克服和提高，尤其需要我国的科技工作者和 ROV 技术人员共同努力，以便攻坚这些核心技术，达到国际水平，这些关键技术主要包含以下几个方面[161]。

1. 总体设计技术

ROV 是典型的多学科交叉复杂系统。在设计 ROV 时，需要涉及吊放作业模式和回收系统、本体结构布局形式、推进系统、运动性能以及作业技术等。目前对于广泛应用于深海，具备多模式运动、多工具和作业方式的 ROV 系统，其总体设计仍是一个首要面临的难题。

在总体设计时，ROV 各子系统和功能都是紧密联系且相互影响的。吊放回收系统是为 ROV 提供出入水的起吊和回收系统，是保障 ROV 安全的重要设备。过去，在 ROV 收放过程中曾多次发生事故。ROV 吊放作业模式直接关系到其水下运动范围以及水下作业安全等，是总体设计首先需要考虑的问题。本体结构形式和子系统布置方式是 ROV 设计的重要环节，直接决定着其重量、水下姿态、承载能力、推进效能、运动性能以及是否易于维护检修。

为执行特定的作业任务,ROV 需要装备不同的作业工具包,其中包括探测工具、取样工具、钻机、液压剪切器、清洗工具、带缆挂钩器、夹持器、扭力工具和吸附器等。ROV 的作业工具包是水下作业的最重要附加设备,往往决定了其作业的成败。这些都是在总体设计时需要考虑的。

总体上来说,ROV 的总体设计会朝着多功能、模块化和可扩展的方向发展。

2. 导航定位技术

导航定位是通过自身感知系统从所在环境中获取与定位相关的信息数据,然后再经过一定的算法处理,进而对 ROV 当前的位置和航向进行准确估计的过程。随着现代卫星技术的发展,在陆地和水面锁定目标的具体位置相对比较容易,而水下定位至今仍是一个比较艰巨的难题。因此导航定位是保证 ROV 完成作业任务首先必须解决的问题。操作员首先必须知道处于深海中的 ROV 现在处于什么地方,将要到达的目标在哪里,并引导其接近目标,这些导航与定位任务的实现都需要借助特定的设备来完成。

ROV 导航定位的具体技术方法和设备包含视觉导航、仪表传感器导航和多传感器数据融合导航等综合导航方式,可最大限度地提高 ROV 在水下的定位精度。目前 ROV 的导航定位技术都有其局限性,都存在一定的误差。因此开发高精度综合水下导航定位技术,对 ROV 快速抵达作业区域、搜寻营救以及提高其作业效率都具有至关重要的意义。

3. 综合控制技术

ROV 的综合控制系统主要用于实现整个系统的能源分配、设备控制、航行控制和状态监测功能。从功能上该系统可分为航行控制系统、视频监控系统、照明控制系统、云台控制系统、漏水与绝缘监测系统、电源系统等。

综合控制系统技术含量高、构成复杂,是 ROV 的"大脑",也是国际上 ROV 生产商最大的卖点,通常不单独销售,而是与 ROV 系统捆绑销售。其关键技术包括 ROV 系统控制方法、数据实时监测、预警、紧急隔离、多数据融合、姿态实时仿真、触摸控制、水下自动定向、定深、定高航行等运动控制、数据记录与分析、ROV 系统控制软件等。

随着计算机网络技术和现场总线技术的发展,工业控制系统经历了从封闭到开放,从单点控制、组合式模拟控制系统、集中式数字控制系统、集散式控制系统,发展到当前现场总线控制系统和开放嵌入式控制系统阶段。ROV 综合控制技术发展呈现出向分散化、网络化、智能化发展的方向。

4. 浮力材料技术

ROV 大多采用开放式框架结构,排水体积小,金属框架和携带的设备一般都比海水密度大,所能提供的浮力有限。为了克服这一问题,目前绝大多数 ROV 都使用高强度耐压浮力材料进行配平,使其整体密度与水相近,达到仅仅依靠少量能量消耗和推力即可在水中悬浮的目的。

深海作业级 ROV 采用的浮力材料块具有低密度、低吸水率、高剪切强度、高抗压强度、耐低温和易加工等特点。浮力材料的密度要尽可能的小,使其单位体积提供尽可能大的浮力;在所需浮力一定的前提下,浮力材料的体积越小,对其运动性能影响也越小。ROV 在水中每下潜 100 m,其承受的水压将增加 1 MPa。随着水深增加,压力也急剧增大,当 ROV 处于大深度时,长时间处于高压环境中增加了海水渗入的可能,也可能使浮力材料发生爆炸。美国的"海神号"混合式潜水器就曾经在全深海工作时因浮力材料爆炸而丢失。

另外,浮力材料需要具有抗海水腐蚀性能,这关系到 ROV 能否在水下长时间安全工作。因此研制新型低密度、高强度、不溶于水、低吸水率、无毒以及不易燃的浮力材料,对增加 ROV 的作业深度,提高负载和安全性等都至关重要。

5. 脐带缆技术

作为深海 ROV 本体与母船的连接件,脐带缆具有动力传输、光纤通信、铜缆通讯、遥控指令传递、视频影像传输和本体收放承载等综合功能。脐带缆一般包含光、电、机、填充物和凯夫拉等多种部件,采用螺旋缠绕等复合结构形式,需要具备综合程度高、机械强度大、耐腐蚀性能好、耐磨损和可反复收放等特点。可根据工作水深和使用环境来决定 ROV 的吊放模式,从而选择脐带缆。总体上说,脐带缆有铠装和非铠装之分。在单缆吊放模式下,通常使用铠装缆,并在与 ROV 连接端加装浮子以使其处于竖直状态,从而避免与 ROV 本体发生剐蹭或缠绕。在中继器吊放模式下,水面母船与中继器由铠装缆连接,中继器至 ROV 本体之间采用中性浮力缆连接。两种吊放模式各有利弊。但是,由于铠装缆自重较大,其极限使用长度一般不超过 6 000 m。对于全海深 ROV 系统来说,脐带缆技术是制约其发展的关键技术之一。因此,轻质、高强度、耐磨损和可反复收放的新型铠装缆是研究开发热点和趋势。

参 考 文 献

［1］ 陈鹰,连琏,黄豪彩,等. 海洋技术基础 [M]. 北京：海洋出版社,2018.

［2］ 崔维成. "蛟龙号"载人潜水器关键技术研究与自主创新[J]. 船舶与海洋工程,2012(1)：1-8.

［3］ Xie J Y(谢俊元),Xu W B(须文波),Zhang H(张华),et al. Dynamic modeling and investigation of maneuver characteristics of a deep-sea manned submarine vehicle [J]. 中国海洋工程(英文版),2009,23(3)：505-516.

［4］ 崔维成,刘正元,徐芑南. 大型复杂工程系统设计的四要素法[J]. 中国造船,2008,49(2)：1-12.

［5］ 胡勇,崔维成,刘涛. 大深度载人潜水器钛合金框架试验研究[J]. 船舶力学,2006,10(2)：73-81.

［6］ Research submersible alvin completes depth certification to 4500 meters [EB/OL]. http://www. whoi. edu/news-release/alvin-4500m.

［7］ Deep submergence research vehicle SHINKAI 6500 [EB/OL]. http://www. jamstec.go. jp/e/about/equipment/ships/shinkai6500. html.

［8］ Nautile [EB/OL]. https://en. wikipedia. org/wiki/Nautile

［9］ Bingham B, Mindell D, Wilcox T, et al. Integrating precision relative positioning into JASON/MEDEA ROV operations [J]. Marine Technology Society Journal, 2006, 40(1)：87-96.

［10］ Barry J P, Hashimoto J. Revisiting the challenger deep using the ROV Kaiko [J]. Marine Technology Society Journal, 2009, 43(5)：77-78.

［11］ 晏勇,马培荪,王道炎,等. 深海 ROV 及其作业系统综述. 机器人[J]. 2005,27(1)：82-89.

［12］ 探秘 4500 米深海中国籍"海马号"ROV 实现零突破[EB/OL]. http://sh. Eastday. com/m/20140514/u1a8087948. html.

［13］ Antonelli G, Fossen T I, Yoerger D R. Underwater robotics[M]//In Siciliano B, Khatib Oussama. Springer handbook of robotics. Heidelberg：Springer Berlin Heidelberg, 2008：987-1008.

[14] Perrett J R, Pebody M. Autosub - 1. Implications of using distributed system architectures in AUV development [J]. 1997, Jun 23 - 25: 9 - 15.

[15] Healey A J, Lienard D. Multivariable sliding mode control for autonomous diving and steering of unmanned underwater vehicles [J]. IEEE Journal of Oceanic Engineering, 1993, 18(3): 327 - 339.

[16] Healey A J, Good M R. The NPS AUV Ⅱ autonomous underwater vehicle testbed: Design and experimental verification [J]. Naval Engineers Journal, 1992, 104(3): 191 - 202.

[17] Feezor M D, Sorrell F Y, Blankinship P R, et al. Autonomous underwater vehicle homing/docking via electromagnetic guidance [J]. IEEE Journal of Oceanic Engineering, 2001, 26(4): 515 - 521.

[18] Smith S M, Dunn S E, Hopkins T L, et al. The application of a modular AUV to coastal oceanography: Case study on the ocean explorer [C]//OCEANS'95. MTS/IEEE. Challenges of Our Changing Global Environment. Conference Proceedings. IEEE, 1995, 3: 1423 - 1432.

[19] REMUS 6000 Deep ocean, large area search/survey [EB/OL]. http://www. whoi. edu/page. do? pid=38144.

[20] Search for MH370: Underwater vehicle Bluefin - 21 deployed to find plane's wreckage [EB/OL]. http://www. smh. com. au/national/search-for-mh370-underwater-vehicle-bluefin21-deployed-to-find-planes-wreckage-20140 414-36n2k. html.

[21] 6000 米 AUV"潜龙一号"三大突破支撑 29 次大洋科考[EB/OL]. http://roll. sohu. com/20130524/n376966425. shtml.

[22] "潜龙二号"——"黄胖鱼"说 [EB/OL]. http://www. sohu. com/a/ 154786428_726570

[23] 张奇峰,张艾群. 基于能源消耗最小的自治水下机器人-机械手系统协调运动研究[J]. 机器人,2006, 28(4): 444 - 447.

[24] Yuh J, Choi S K, Ikehara C, et al. Design of a semi-autonomous underwater vehicle for intervention missions(SAUVIM)[C]. Proceedings of the 1998 International Symposium on. IEEE, 1998: 63 - 68.

[25] Marty P, "Alive: An autonomous light intervention vehicle. " Advances In Technology For Underwater Vehicles Conference, Oceanology International. Vol. 2004.

[26] Webb D C, Simonetti P J, Jones C P. SLOCUM: An underwater glider propelled by environmental energy [J]. IEEE Journal of oceanic engineering, 2001, 26(4): 447 - 452.

[27] Eriksen C C, Osse T J, Light R D, et al. Seaglider: A long-range autonomous underwater vehicle for oceanographic research [J]. IEEE Journal of oceanic Engineering, 2001, 26(4): 424 - 436.

[28] Sherman J, Davis R E, Owens W B, et al. The autonomous underwater glider "Spray" [J]. IEEE Journal of Oceanic Engineering, 2001, 26 (4): 437 - 446.

[29] 天大"海燕"连续游泳 119 天,创造国产水下滑翔机新纪录[EB/OL]. https://www. thepaper. cn/newsDetail_forward_2136660.

[30] 我国自主研发"海翼"水下滑翔机印度洋入海[EB/OL]. http://tech. sina. com. cn/roll/ 2018 - 01 - 04/doc-ifyqiwuw6158807. shtml.

[31] Bowen A D, Yoerger D R, Whitcomb L L, et al. Exploring the deepest depths: Preliminary design of a novel light-tethered hybrid ROV for global science in extreme environments[J]. Marine Technology Society Journal, 2004, 38(2): 92 - 101.

[32] Bowen A D, Yoerger D R, Taylor C, et al. (2008, September). The Nereus hybrid underwater robotic vehicle for global ocean science operations to 11,000 m depth[C]. OCEANS, 2008, 5151993: 1 - 10.

[33] http://www. yi7. com/sell/show-171466. html.

[34] http://water. yi-win. com/html/product/unmanned_surface_vessel/58. html.

[35] https://www. laureltechnologies. com/zh-hant/products/edgetech -公司- 2400 型组合式深海拖曳系统/.

[36] https://www. caigou. com. cn/product/20160516260307. shtml.

[37] http://www. qdsurvey. com/product/showproduct. php? lang=cn&id=87.

[38] http://roll. sohu. com/20131019/n388492857. shtml.

[39] 连琏,马厦飞,陶军,"海马 号"4500 米级 ROV 系统研发历程[J]. 船舶与海洋工程[J],2015,31(1): 9 - 12.

[40] Machin J. The Arctic region from a trenching perspective [J]. The Journal of Pipeline Engineering, 2011, 10(2).

[41] Christ R D, Wernli Sr R L. The ROV manual: A user guide for

remotely operated vehicles [M]. Oxford：Butterworth-Heinemann, 2013.

[42] Barry J P, Hashimoto J. Revisiting the challenger deep using the ROV KAIKO[J]. Marine Technology Society Journal, 2009, 43(5)：77－78.

[43] Nakajoh H, Miyazaki T, Sawa T, et al. 2016, September. Development of 7000m work class ROV "KAIKO Mk-IV"[C]. OCEANS, 2016, 7761063：1－6.

[44] 陈宗恒,盛堰,胡波. ROV 在海洋科学科考中的发展现状及应用[J]. 科技创新与应用,2014,(21)：3－4.

[45] 那些爷爷辈的水下机器人[EB/OL]. http://www.kepu.net.cn/gb/moving/201512/t20151231_17768.html.

[46] 俄罗斯再向联合国申请北极主权 曾在海底插国旗 [EB/OL]. http://news.sohu.com/20150805/n418226781.shtml.

[47] 马乐天,李家彪,陈永顺. 国际大洋中脊第三个十年科学计划介绍(2014—2023) [J].海洋地质与第四纪地质,2015,35(5)：56－56.

[48] https://web.whoi.edu/hades/.

[49] Smith L M, Cowles T J, Vaillancourt R D, et al. Introduction to the special issue on the ocean observatories initiative [J]. Oceanography, 2018,31(1)：12－15.

[50] El-Sharkawi M A, Upadhye A, Lu S, et al. North east pacific time-integrated undersea networked experiments (NEPTUNE)：Cable switching and protection [J]. IEEE Journal of Oceanic Engineering, 2005,30(1)：232－240.

[51] 朱继懋. 潜水器设计[M].上海：上海交通大学出版社,1992.

[52] 宋辉. ROV 的结构设计及关键技术研究[D]. 哈尔滨：哈尔滨工程大学, 2008.

[53] Pedrazzi C, Barbieri G. Launch and recovery smart crane for naval ROV handling[C]. Paris：13th European ADAMS Users' Conference, 1998.

[54] 滕宇浩,张将,刘健. 水下机器人多功能作业工具包[J]. 机器人,2002, 24(6)：492－496.

[55] 曹晓旭,顾临怡,周彤,等. 水下机器人收放装置液压系统参数最优化设计 [J].仪器仪表学报,2015,36(S1)：109－115.

[56] 陈先,张树华. 新型深潜用固体浮力材料[J].化工新型材料,1999,27(7)：

15 – 18.

[57] Leonard J，Durrant-Whyte H F. Mobile robot localization by tracking geometric beacons[J]. IEEE Transactions on Robotics and Automation，1991，7(3)：376 – 382.

[58] 商承超. 水下机器人定位方法综述[J]. 兵工自动化，2003，32(12)：46 – 50.

[59] 蒋新松，封锡盛，王棣唐. 水下机器人[M]. 沈阳：辽宁科学技术出版社，2000.

[60] 陈宗恒，田烈余，胡波，等. "海马号" ROV 在天然气水合物勘查中的应用[J]. 海洋技术学报. 2018，37(02)：24 – 29.

[61] 景荣春，刘建华. 材料力学简明教程[M]. 北京：清华大学出版社，2015.

[62] 谢小龙. 深海 ROV 及组合结构设计与分析关键技术[D]. 上海：上海交通大学，2011.

[63] Fossen Thor I. Guidance and Control of Ocean Vehicles[M]. New York：John Wiley & Sons Ltd，1994.

[64] 马聘，连琏. 水下运载器操纵控制及模拟仿真技术[M]. 北京：国防工业出版社，2009.

[65] Craig J J. 机器人学导论[M]. 负超，等译. 北京：机械工业出版社，2006.

[66] 刘金琨. 先进 PID 控制 MATLAB 仿真[M]. 第 3 版. 北京：电子工业出版社，2011.

[67] 高飞. MATLAB 智能算法超级学习手册[M]. 北京：人民邮电出版社，2014.

[68] 陶永华. 新型 PID 控制及其应用[M]. 北京：机械工业出版社，2002.

[69] 左朝胜，陈惠玲. 我国成功研发首台 4500 米级深海遥控作业型潜水器(海马号 ROV)[J]. 黑龙江科技信息，2014，12：I0002.

[70] 潘劲松，光纤连接器插入损耗的机理及降低插入损耗的关键技术[J]. 光纤光缆传输技术，2008，(2)：20 – 22.

[71] 范美林. 光纤连接器损耗与面型及端接力关系研究[D]. 大连：大连理工大学，2015.

[72] 戚佳金，陈雪萍，刘晓胜. 低压电力线载波通信技术研究进展[J]. 电网技术，2010，34(5)：161 – 172.

[73] 何海波，周拥华，吴昕，等. 低压电力线载波通信研究与应用现状[J]. 电力系统保护与控制，2001，29(7)：12 – 16.

[74] 高磊，顾玉民，赵金花. 大洋调查设备有缆通信系统研制及技术展望[J]. 海

洋信息,2015,(1)：46-50.

[75] 赵俊海,张美荣,王帅,等.ROV中继器的应用研究及发展趋势[J].中国造船,2014,(3)：222-232.

[76] 周明明.观测型ROV车库式TMS研究[D].杭州：浙江大学硕士学位论文,2012.

[77] 方少吉.水下机器人故障诊断与容错控制系统的研究[D].哈尔滨：哈尔滨工程大学,2007.

[78] 赵福龙.水下机器人故障诊断与容错控制研究[D].哈尔滨：哈尔滨工程大学,2008.

[79] Cao J L, Liu C H, Yao B H, et al. Simulation and stability analysis of the 200-ROV in the absence of one thruster[C]. Oceans-San Diego, 2013.

[80] 朱大奇,杨蕊蕊,袁芳.具有冗余推进器的水下机器人故障诊断与容错控制[J].南京理工大学学报,2011,35：261-266.

[81] 傅丰林.模拟电子线路基础[M].人民邮电出版社,2008.

[82] ADI公司编译.ADI放大器应用笔记[M].北京航空航天大学出版社,2011.

[83] PT 100温度传感器的正温度学数补偿[EB/OL].https://www.maximintegrated.com/cn/app-notes/index.mvp/id/3450.

[84] MAX1420 datasheet[EB/OL].https://www.maximintegrated.com/cn/products/analog/data-converters/analog-to-digital-converters/MAX1402.html.

[85] 陶军,陈宗恒."海马号"无人遥控潜水器的研制与应用[J].工程研究：跨学科视野中的工程,2016,8(2)：185-191.

[86] Schilling robotics[EB/OL]. http://www.schilling.com.

[87] ISE[EB/OL]. http://www.ise.bc.ca/rov.html

[88] 孟庆鑫,张铭钧等.水下作业机械手的研究与发展[J].海洋技术.1995,14(4)：108-111.

[89] 马夏飞.主从式多功能水下机械手结构设计要点浅析[J].海洋技术.1991,10(4)：60-65.

[90] 章艳.压力适应型深海水下液压机械手主从式多关节复合控制研究[D].杭州：浙江大学,2006.

[91] Spong M W. Robot Dynamics and Control [M]. New York：Jonh Willey and Sons, 1989.

[92]　Ishitsuka，M，Ishii K．Development of an underwater manipulator mounted for an AUV [J]．OCEANS，2005，P1640020．

[93]　Frost A R，McMaster A P，Saunders K G，et al．The development of a remotely operated vehicle（ROV）for aquaculture [J]．Aquacultrual Engineering，1996，15(6)：461．

[94]　Shim H，Jun B H，Lee P M，et al．Workspace control system of underwater tele-operated manipulators on an ROV [J]．Ocean Engineering，2010，37(11－12)：1036－1047．

[95]　Rivin E I．Mechanical Design of Robots [M]．McGraw-Hill，New York，1998．

[96]　王峰.基于海水压力的水下液压系统关键技术研究[D].杭州：浙江大学，2009．

[97]　Ziegler J G，Nichols N B．Optimum settings for automatic controllers [J]．IEEE Transactions of the ASME，1942，November：759－768．

[98]　Aidan O D．Handbook of PI and PID controller tuning rules[M]．London：Imperial College Press，2006．

[99]　Good M C，Sewwt L M，Strobel K L．Dynamic models for control system design of integrated robot and drive systems [J]．Journal of Dynamic Systems Measureuent and Control，1985，107(1)：53－59．

[100]　Luh J Y S．An anatomy of industrial robots and their controls [J]．IEEE Tans．Automation Control，1983，28(2)：133－153．

[101]　Rivin E I．Mechanical Design of Robots [M]．St．Louis：MCGRAW-HILL 1988．

[102]　Khosla P K．Some Experimental Results on Model-Based Control Schemes[C]．Philadelphia：IEEE Conference on Robotics and Automation，1988

[103]　Leahy M，Valavanis K，Saridis G．The effects of dynamic modles on robot control [C]．San Francisco：IEEE Conference on Robotics and Automation，1986．

[104]　Khatib O．A Unified Approach for Motion and Force Control of Robot Manipulators：The Operational Space Formulation[J]．IEEE Journal of Robotics and Automation，1987，3(1)：43－53．

[105]　An C H，AtKenson C G，HollerBach J M．Model-based control of

direct drive arm, part II. control [C]. Philadelphia: IEEE Conference on Robotics and Automation, 1988.

[106] Forrest-Barlach, M G, Babcock, S M. Inverse Dynamics Position control of a compliant manipulator [C]. San Francisco: Proc. IEEE conference on Robotics and Automation, 1986: 196 - 205.

[107] Slotine J J E, Li W. Applied Nonlinear Control [M]. 北京: 机械工业出版社, 2006.

[108] Utkin, V I. Variable structure systems with sliding mode: A survey [J]. IEEE Trans. Automatic Control, 1977, 22(2): 212 - 222.

[109] Yorger D R, Slotine J J. Task-resolved motion control of vehicle manipulator systems[J]. Int. J. Robotics and Automation, 1966.

[110] Young K K D. Controller design for a manipulator using theory of variable structure systems [J]. IEEE Transaction Systems Man and Cybernetics, 1978, 8(2): 101 - 109.

[111] Guan C, Zhu S. Adaptive time-varying slinding mode control for hydraulic servo system [C]. China: 8th International Conference control. Automation Robotics and Vision Kunming, 2004.

[112] Astrom K J, Wittenmark B. Adaptive control[M]. Boston: Addison-Wesley, 1989.

[113] Goheen K R, Jefferys E R. Multivariable self-tuning autopilots for autonomous and remotely operated underwater vehicle [J]. IEEE Journal of Oceanic Engineering, 1990, 15(3): 144 - 151.

[114] Slontine J J E, Li W. Adaptive manipulator control: A case study [J]. IEEE Transaction on Automation Control, 1988, 33 (11): 995 - 1003.

[115] Slotine J J E. Putting physics in control-the example of robotics [J]. IEEE Control Systems Magazine, 1998, 8(6): 12 - 18.

[116] Ortega R, Spong M. Adaptive motion control of rigid robots: A tutorial [C]. Austin: Proc. 27th Conferrence on Decision and Control, 1988.

[117] Spong W M. On the robust control of robot manipulators [J]. IEEE Transactions On Automation Control, 1992, 37(11): 1782 - 1786.

[118] Kristic M, Kanellakopoulos I, Kokotovic P. Nonlinear and Adaptive

Control Design [M]. New York: John Wiley And Sons, 2005.

[119] Yao B, Bu F, Reedy J, et al. Adaptive robust motion control of single-rod hydraulic actuators: Theory and experiments [J]. IEEE Transaction on Mechatronics, 2000, 5(1): 79 – 91.

[120] Bu F, Yao B. Adaptive robust precision motion control of single-rod hydraulic actuators with time-varying unknown inertia: A case study [C]. IFAC Workshop on Motion Control, 1997.

[121] Yao B, Tomizuka M. Smooth robust adaptive sliding mode control of robot manipulators with garanteed transient performance [J]. Journal of Dynamic systems Measurement and Control, 1994, 1(4): 1176 – 1180.

[122] Luenberger D G. Observing the state of a linear system [J]. IEEE Transactions on Military Electronics, 1964, 8(2): 74 – 80.

[123] R E Kalman, R C Bucy. New results in linear filtering and prediction theory [J]. Transactions on ASME, 1961, 83(D): 95 – 107.

[124] 刘豹,唐万生. 现代控制理论[M]. 北京: 第三版, 机械工业出版社, 2006.

[125] Luenberger D G. High gain observer for structured multi-output nonlinear systems [J]. IEEE Transactions on Automatic Control, 2010, 55(4): 987 – 992.

[126] Craig J J. Introduction to robotics mechanics and control [M]. NewYork: Addison Wesley Longman, 1995.

[127] Huang L. A concise introduction to mechanics of rigid bodies [M]. NewYork: Springer, 2011.

[128] Luh J Y S, Walker M W, Paul R P C. Resolved acceleration control of mechanical manipulators[J]. IEEE Trans. Automatic Control, 1980, 25(3): 468 – 474.

[129] Ortega R, Spong M W. Adaptive motion control of rigid robots: A tutorial[J]. Automatica, 1989, 25: 877 – 888.

[130] Merrit H E. Hydraulic control systems [M]. New York: Willey, 1967.

[131] Whatton, J. Fluid power systems [M]. Upper Saddle River: Prentice Hall, 1989.

[132] 施生达. 潜艇操纵性[M]. 北京: 国防工业出版社, 1995.

[133] 王春行. 液压控制系统[M]. 北京：机械工业出版社，2004.

[134] 王占林. 近代电气液压伺服控制[M]. 北京：北京航空航天大学出版社，
       2005.

[135] Matlab. SimMechanics Link User's Guide. 2012.

[136] Schilling robotics，UHD-IIITM ROV [EB/OL]. http://www.
       fmctechnologies. com/en/SchillingRobotics/Products-Systems/Schilling-
       ROV-Systems. aspx.

[137] Remotely operated vehicle Jason/Medea [EB/OL]. http://www.
       whoi. edu/ndsf Vehicles/Jason/.

[138] Argus Remote Systems AS，Argus Bathysaurus XL ROV [EB/
       OL]. http://www. argus-rs. no/products/electrical-rovs/mini.

[139] Sarradin P M，Leroy K O，Ondréas H，et al. Evaluation of the first
       year of scientific use of the French ROV Victor 6000[C]. Underwater
       Technology, 2002：11-16.

[140] Cadiou J F，Coudray S，Leon P，et al. Control architecture of a new
       deep scientific ROV：VICTOR 6000[C]. OCEANS'98 Conference
       Proceedings, 1998：492-497.

[141] Nokin M. Sea trials of the deep scientific system Victor 6000[C].
       OCEANS'98 Conference Proceedings，1999：1573-1577.

[142] Michel J L，Klages M，Barriga F J，et al. Victor 6000：design，
       utilization and first improvements. Honolulu：The Thirteenth International
       Offshore and Polar Engineering Conference. International Society of
       Offshore and Polar Engineers，2003.

[143] JAMSTEC，KAIKO 7000II ROV [EB/OL]. http://www. jamstec. go. jp/
       e/about/equipment/ships/kaiko7000. html.

[144] Hidehiko N，Takashi M，Hiroshi Y. 7000m operable deep-sea ROV
       system，"KAIKO7000" [C]. Halkidiki：ASME 24th Internation
       Conference on Offshore Mechanics Arctic Engineering，2005.

[145] Remotely Operated Vehicle KAIKO [EB/OL]. http://www. jamstec.
       go. jp/e/about/equipment/ships/kaiko. html

[146] 陶军,陈宗恒,吴庐山. 45 00 米级深海无人遥控潜水器"海马号"海试成
       功[J]. 中国地质调查成果快讯. 2015,(3)：1-3.

[147] 陈宗恒,陶军等,海马号 ROV 在天然气水合物勘查中的应用[J]. 海洋

技术学报.2018,(2):24-29.

[148] 席世川,张鑫,王冰.海底冷泉标志与主要冷泉区的分布和比较,海洋地质前沿[J].2017,33(2):7-18.

[149] 杨胜雄,陶军,沙志斌等.南海北部陆坡西部海域首次发现天然气水合物赋存有关的活动性"冷泉"[J].中国地质调查成果快讯.2015,(8):1-3.

[150] 陈忠,杨华平,黄奇瑜.海底甲烷冷泉特征与冷泉生态系统的群落结构[J].热带海洋学报,2007,26(6):73-82.

[151] 武光海,周怀阳,陈汉林.大洋富钴结壳研究现状与进展[J].高校地质学报,2001,7(4):379-389.

[152] 马维林,初凤友,金翔龙.富钴结壳资源评价和圈矿方法探讨[J].海洋学报(中文版),2007,2:67-73.

[153] 任江波,何高文,姚会强,等.西太平洋海山富钴结壳的稀土和铂族元素特征及其意义[J].地球科学,2016,41(10):1743-1757.

[154] 杨胜雄,龙晓军,祁奇,等.西太平洋富钴结壳矿物学和地球化学特征——以麦哲伦海山和马尔库斯-威克海山富钴结壳为例[J].中国海洋大学学报,2016,46(2):105-116.

[155] 任向文,刘季花,石学法,等.麦哲伦海山群M海山富钴结壳成因与成矿时代:来自地球化学和Co地层学的证据[J].海洋地质与第四纪地质,2011,06:65-71.

[156] 程振波,石学法,苏新,等.西太平洋麦哲伦海山铁锰结壳生物地层,生长年代及沉积环境[J].海洋科学进展,2006,23(4):422-430.

[157] 张昕倩.西太平洋海山富钴结壳及古海洋环境研究[D].北京:中国地质大学,2006.

[158] 曹金亮,刘晓东,张方生.DTA-6000声学深拖系统在富钴结壳探测中的应用[J].海洋地质与第四纪地质,2016,36(4):173-181.

[159] "深海勇士"号完成南海试验应用航次 成功返航三亚[EB/OL].http://news.cctv.com/2018/06/04/ARTIaNtda0cFshvJoiECBEK1180604.shtml.

[160] Douglas-Westwood,水下机器人ROV市场报告[EB/OL].http://c.blog.sina.com.cn/profile.php?blogid=eba78c5f89000j3h.

[161] 连琏,魏照宇,陶军,等.无人遥控潜水器发展现状与展望[J].海洋工程装备与技术,2018,5(4):223-231.

索　引